邛海流域地震诱发滑坡的持续活动性与灾害效应分析

魏学利　陈宁生　陈宝成　齐云龙　著

科　学　出　版　社

北　京

内 容 简 介

本书紧密围绕地震滑坡的持续活动性与灾害效应的关键科学问题，以四川西昌市的邛海流域为研究区，利用野外调查和航空影像对邛海流域滑坡发育和分布规律进行研究，通过史料搜集、统计分析和数据类比等手段，探究流域滑坡的地震成因及其历史地震激发事件；进一步采用统计分析、理论计算、试验分析和典型案例研究相结合方法揭示震后滑坡长期活动的主控因素和复活启动机理；最后通过建立和应用历史地震诱发滑坡反演模型，探讨地震诱发滑坡作为“媒介”对地表剥蚀过程与隆升动力过程的反馈，揭示历史地震诱发滑坡对流域侵蚀产沙的贡献作用。研究成果极大地提升了人们对地震诱发滑坡活动的长久影响效应的认识，为地震灾区在震后的综合规划管理和减灾防灾工作提供了长期的参考依据，对邛海流域生态旅游开发和邛海的生命价值提升具有重要意义。

本书可供地质灾害防治、工程地质、地震地质、环境治理等领域的科研人员和工程技术人员，以及高等院校相关专业的师生参考。

图书在版编目（CIP）数据

邛海流域地震诱发滑坡的持续活动性与灾害效应分析 / 魏学利等著.—北京：科学出版社，2020.6

ISBN 978-7-03-064222-6

Ⅰ.①邛… Ⅱ.①魏… Ⅲ.①地震危险区-滑坡-研究-西昌 Ⅳ.①P642.22

中国版本图书馆 CIP 数据核字（2020）第 017794 号

责任编辑：孟美岑 李 静 / 责任校对：王 瑞
责任印制：吴兆东 / 封面设计：北京图阅盛世

科学出版社 出版
北京东黄城根北街 16 号
邮政编码：100717
http://www.sciencep.com

北京建宏印刷有限公司 印刷
科学出版社发行 各地新华书店经销

*

2020 年 6 月第 一 版 开本：787×1092 1/16
2020 年 6 月第一次印刷 印张：13 1/2
字数：296 000

定价：188.00 元

序　一

在中高山区，滑坡是地表重力侵蚀的主要类型，控制着山谷边缘地貌的形成和演化过程，同时大量滑坡碎屑物质不仅为泥石流提供丰富的物质来源，也是造成下游河流和湖泊产生泥沙淤积的主要原因。地震活动在全世界被认为是诱发滑坡发生的最重要因素之一。一次强烈地震往往可以激发大量的滑坡，强震过后山区泥石流和泥沙淤积灾害将会呈现出增强或增多趋势，严重威胁下游区人类社会生产活动和区域经济发展。目前，地震诱发滑坡对河流系统短期的强烈影响效应已清楚地被人们所认知，但地震诱发滑坡在震后所产生的灾害效应将持续多长时间并未被完全理解。当前一些学者只是认为震后这一灾害增强的现象将持续相当长一段时间，而对于多久以后灾害加重现象才能显著降低并逐渐恢复至震前状态，仍无法给出准确回答。因此，开展对震后地震诱发滑坡长期活动性及对流域侵蚀淤积灾害的长久时效研究是一个非常有意义的课题。

魏学利博士、陈宁生研究员等编写的《邛海流域地震诱发滑坡的持续活动性与灾害效应分析》，紧密围绕地震滑坡的持续活动性与灾害效应的关键科学问题，以四川西昌的邛海流域为研究区，研究邛海流域滑坡发育和分布规律，探究震后滑坡长期活动的主控因素和复活启动机理，探讨地震诱发滑坡作为“媒介”对地表剥蚀过程与隆升动力过程的反馈，揭示历史地震诱发滑坡对流域侵蚀产沙的长久贡献作用。本书将极大提升人们对地震诱发滑坡活动的长久影响效应的认识，使人们从更长时间尺度和区域跨度认清和理解区域灾害形成和发展的根源，增加对青藏高原东界区域大地震、滑坡侵蚀和地表过程演化的理解，特别对邛海流域生态旅游开发和邛海的生命价值提升具有重要意义。

本书付梓之前，有幸先阅之，深信该书的出版将使从事地震滑坡泥石流的研究人员深受启迪，愿为之序。预祝他们取得更大进步！

中国工程院院士 刘锡江

序　二

近年来，全球进入地震活跃期，地震的暴发规模和成灾范围都呈增加趋势。在地形复杂山区，一次强烈地震会激发大量的同震滑坡，并且在强震过后，山区泥石流和泥沙淤积灾害将会呈现出持续增多趋势。特别是 2008 年汶川地震后，众多学者对地震滑坡的发育特征、分布规律、形成机理及防治对策进行了深入的研究，地震诱发滑坡对河流系统短期的强烈影响效应已清楚地为人们所认知，但由于时间尺度和观测资料缺乏等客观条件的限制，地震诱发滑坡在震后所产生的灾害效应将持续多长时间仍需要更精细的研究来确定，这对科学规划山区防灾减灾空间布局和风险管控具有实际价值。当前人们只是认为震后滑坡侵蚀产沙将持续相当长一段时间，但仍无法给出准确回答。因此，开展对震后地震诱发滑坡持续活动性及对流域侵蚀淤积灾害的时效研究是非常有意义的。

魏学利博士、陈宁生研究员等所著《邛海流域地震诱发滑坡的持续活动性与灾害效应分析》，紧密围绕地震滑坡的持续活动性与灾害效应的关键科学问题，并以四川西昌市的邛海流域为例，系统研究青藏高原东缘地区历史大地震、滑坡侵蚀和地表过程演化特征，比较系统地回答人们所关心的“强震过后地震诱发滑坡对流域侵蚀产沙影响的时效性”等问题，对提升地震诱发滑坡泥石流及相关研究具有重要意义。本书可为地震灾区在震后的综合规划管理和减灾防灾工作提供长期的参考依据，为区域地质灾害的预测和评估提供基础信息。

在著述付梓之前有幸阅读，受益良多，希望该书早日出版，惠及更多从事地震滑坡泥石流研究与防治的科技工作者。

国际欧亚科学院院士　（签名）

2020年6月20日于成都

前　　言

近年来，全球进入地震活跃期，地震的爆发规模和成灾范围都呈增加趋势。在地形复杂的山区，一次强烈地震往往能激发大量的同震滑坡，并且对一定范围内地质环境产生强烈影响，造成震动影响范围内山体产生震裂、松弛现象，因此，强震过后，山区泥石流和泥沙淤积灾害将会呈现出增强或增多趋势。地震诱发滑坡对河流系统短期的强烈影响效应已清楚地被人们所认知，但地震诱发滑坡在震后所产生的灾害效应将持续多长时间并未被人们完全理解，使人们对灾害形成机理和发育过程的认识受到局限，严重影响流域中长期管理规划和防灾减灾方案。当前一些学者只是认为震后滑坡侵蚀产沙将持续相当长一段时间，而对于多久以后灾害加重现象才能显著降低并逐渐恢复至震前状态，仍无法给出准确的回答。因此，开展对震后地震诱发滑坡持续活动性及对流域侵蚀淤积灾害的长久时效研究是非常有意义的。

目前国内外对强震触发滑坡的发育与分布规律的研究已取得较大进展，特别是 2008 年汶川地震后，众多学者对当前地震滑坡的发育特征、分布规律、形成机理及防治对策进行了深入的研究，但由于时间尺度和观测资料缺乏等客观条件的限制，人们对强震后滑坡的活动性研究还更多停留在案例积累的基础上，致使人们缺乏对地震诱发滑坡的长期活动性及其主要控制因素的正确认识，这一结果常常导致人们对某一区域灾害频发原因不清楚，特别是距大地震事件发生时间较长或距离较远的区域，人们往往难以将近年来灾害频发和灾情加重的原因与历史大地震事件联系起来，而总是归咎于极端气候变化和人类活动影响，即使认为附近区域地震对坡体变形有所影响，也只是停滞在定性描述和评价阶段，对地震诱发滑坡的活动性及长久灾害效应认识不清。

邛海作为青藏高原东南边界的半封闭构造断陷湖，被称为四川西昌市的“母亲湖”。邛海流域山洪泥石流频发，大量泥沙被携带进入邛海，造成邛海面积和库容逐渐减小，降低了邛海的生命空间尺度和旅游服务价值，对当地生态环境和社会经济发展带来极大影响。自 1850 年西昌 7.5 级大地震至今，邛海流域并未发生大于 6.0 级的地震，为地震滑坡的持续活动性与灾害效应分析提供了天然研究场所。本书以四川西昌的邛海流域为例，系统研究青藏高原东界区域大地震、滑坡侵蚀和地表过程演化特征，回答人们所关心的“强震过后地震诱发滑坡对流域产沙影响到底持续多久？为什么能延续这么长时间？地震诱发滑坡对流域侵蚀产沙贡献多少？”等问题，对提升人们对地震诱发滑坡活动的长久影响效应的认识，以及地震诱发滑坡泥石流及相关学科的发展具有重要意义。此外，邛海流域是西昌少数民族人口密集和区域经济发达地区，本书将加强人们从更长时间尺度和区域跨度认清和理解区域灾害形成和发展的根源，为地震灾区在震后的综合规划管理和减灾防灾工作提供长期的参考依据，为区域地质灾害的预测和评估提供基础信息。

本书共包括 7 章，第 1 章介绍了研究背景、研究意义、研究内容及拟解决的关键科学问题等，由魏学利负责编写；第 2 章阐述了邛海流域的自然地理环境，由魏学利、陈宝成负责编写；第 3 章阐述了邛海流域滑坡的分布规律与地震成因分析，由魏学利和陈宁生负责编写；第 4 章阐述了邛海流域地震诱发滑坡长期活动的控制要素和机理分析，由魏学利、齐云龙负责编写；第 5 章阐述了地震诱发滑坡对邛海流域侵蚀淤积长久效应分析，由魏学利、陈宁生和齐云龙负责编写；第 6 章阐述了邛海流域泥沙综合治理与生态效益评价，由魏学利、陈宝成负责编写；第 7 章为绪论与展望，由魏学利、陈宁生负责编写。全书由魏学利和陈宝成进行汇总，魏学利完成统稿和定稿工作。

本书得到了国家自然科学青年基金项目“东帕米尔公格尔山地区冰川融水诱发冰碛土形成泥石流的机理研究”（41602331）、中国博士后基金面上项目“中巴公路盖孜河段雨型特征及对降雨泥石流启动影响机理”（2016M602951XB），以及新疆维吾尔自治区高层次人才引进工程（2017～2019 年）的资助。在研究过程中，中国科学院成都山地灾害与环境研究所程尊兰研究员和李德基研究员、西南交通大学程谦恭教授和胡卸文教授、四川大学艾南山教授等给予了多方面的帮助，新疆交通规划勘察设计研究院领导和同事给予了大力支持。借此机会，特向对本书提供帮助、支持和指导的所有领导、专家和同行表示衷心的感谢！

因时间仓促，又限于作者水平，书中难免存在不妥之处，恳请读者不吝赐教。

魏学利

2018 年 9 月

目　　录

第1章 绪　　论

1.1 概　　述

1.1.1 研究背景

在中高山区滑坡是地表重力侵蚀的主要类型，控制着山谷边缘地貌的形成和演化过程，同时大量滑坡碎屑物质不仅为泥石流提供丰富的物质来源，也是造成下游河流和湖泊产生泥沙淤积的主要原因。虽然滑坡的激发因素很多，如地震、降水和河流下切等，但地震活动在全世界被认为是诱发滑坡发生的最重要因素之一，特别是我国青藏高原东边界的南北构造带区域。在新构造运动活跃山区，一次强烈地震往往可以激发大量的滑坡，当今，众多学者也认识到斜坡破坏大多是被地震活动直接激发或间接扰动而加剧形成。

我国地处环太平洋和地中海-喜马拉雅两大地震带的接合部位，横跨这两大地震带，境内存在的深大地震断裂带有23条之多，其中22条位于山区，在青藏高原东南缘人口密集区分布3条重要的活动性走滑断裂：则木河断裂带、安宁河断裂带和小江断裂带。它们不仅是我国南北地震带的主要集聚部分，也是地震活动的易发区和频发区，区内不仅海拔高、地势起伏大，而且河流纵横、深度切割，在高强度地震动载荷激发下，将会呈簇状发育崩塌-滑坡-泥石流-堰塞湖等次生山地灾害链。

在构造活跃的造山带，周期性强震的同震累积垂直位移被认为是山脉隆升的重要驱动因素之一[1]，同时地震也诱发了大量山体滑坡，滑坡的侵蚀又造成大量地表物质迁移，改变了原地形地貌，这一构造-侵蚀的地貌循环过程，实质就是坡面物质和能量的重新再分配过程，在一些地壳变形速率高的区域，地形起伏主要是由大地震活动所控制的。单个地震事件和历史地震记录分析显示，大地震能在上千平方千米范围内诱发成千上万个滑坡，并从斜坡体上卸载几十亿立方米的松散碎屑物质，这些松散物质堆积在沟道内，将为泥石流提供大量的物源，对下游河道系统产生淤积危害。在数千年以前，地震能够激发大量滑坡灾害已被人们所认识，在中国公元1789年和希腊地区的公元373年或372年的历史史料中，地震诱发滑坡的极大破坏性就已经被记录。在最近发生的地震事件中，滑坡灾害也被认为是破坏力强和受灾人数多的主要因素，如2008年5月12日的汶川大地震直接触发了大量崩塌、滑坡、堰塞湖等灾害，其中滑坡、崩塌和碎屑流等总数达到3万～5万处，固体物质总量达到 $28\times10^8\text{m}^3$，并造成四川、甘肃和陕西的部分地区严重受灾，总受灾范围达 $44\times10^4\text{km}^2$，同时确认69225人遇难，374640人受伤，失踪17939人[2,3]。2002年发生在伊朗Avaj的6.5级（M）地震曾在 3600km^2 范围内激发了550～600个滑坡，并同时造成了233人死亡，1500人受伤和50000人流离失所[4]。2005年发生在巴基斯坦克什米尔地区的7.6级（M）地震是发生在南亚地区人员伤亡最为严重的地震，造成了至少86000人死亡，69000人受伤，32000座建筑被破坏和400万人无家可归，其中在至少

$7500km^2$ 范围内激发成千上万的滑坡，并因此造成至少 1000 人死亡[5]。2010 年发生在中国青海的 7.1 级玉树地震在 $1194km^2$ 区域内激发了大约 2036 个滑坡，同时造成 2698 人死亡，270 人失踪和 12135 人受伤[6]。在一次大地震后，地震激发的滑坡物质被水流携带并输移至流域外，并且地震过程中造成的破碎岩土体和不稳定斜坡体在降水等作用下也会逐渐发生破坏，并被输移至下游沟道系统内，造成流域内不同规模泥石流活动频发和下游沟道系统的泥沙淤积灾害，同时也严重威胁下游区人类社会生产活动和区域经济发展。

高侵蚀速率和严重泥沙淤积：如果大量地震诱发滑坡物质堆积于沟道和坡脚转化为可输移的泥沙，且被从震中区输移出来，则滑坡侵蚀作用应被认为是地震过程中物质平衡的重要因素。最近研究认为滑坡能产生持续很高的侵蚀速率（1～10mm/a）[7]。地震通过岩土体振动激发滑坡和不稳定斜坡体，进而提供了大量泥沙，台湾在 1900～1998 年，侵蚀速率和历史地震动量释放存在紧密的联系，如侵蚀速率在台湾西南和东部中心山区是高的，在西部山脚下逆冲地带南部，活动逆冲断层带处的侵蚀速率达到 60mm/a，而台湾北部和西部仅为 1～4mm/a，这主要是因为聚积的地震动量释放与侵蚀率有好的线性关系，在逆冲带西南部经历了 11 个震级大于 6 的大地震（1900～1998 年），然而只有 3 个大于 6 级的地震发生在北部[8]。在 1950 年西藏喜马拉雅山区的 8.6 级地震激发了方量约 $47\times10^9m^3$ 的滑坡堆积物，这一方量相当于在 $2.5\times10^4km^2$ 地表破裂范围内地表被侵蚀降低约 2m[9]。1935 年在巴布亚新几内亚 Torricelli 山区爆发了 7.9 级大地震，地震激发滑坡的侵蚀造成地表平均降低了 74～400mm[10]。台湾 1999 年发生 7.6 级集集地震，诱发了大量滑坡，其中在 0.2g 烈度区内产生了 0.5×10^4～1.3×10^4Mt 滑坡碎屑物质，如果这些物质完全被输移出流域外，则将造成地表平均降低 0.6～1.7m[11]，这一数值是地震同震垂直位移的几倍。2008 年汶川"5·12"大地震造成地表最大同震垂直位移为 9～10cm[12]，同时也触发了大量崩塌滑坡[13]，Parker 等研究发现汶川地震同震剥蚀物质量大于地震同震抬升的物质增量，从而提出汶川 8.0 级强震在龙门山地区没有产生显著造山运动[14]。Ouimet 认为汶川地震诱发的滑坡增加了龙门山地区千年尺度的侵蚀速率[15]。故我们认为地震诱发滑坡的侵蚀作用控制着流域的山地剥蚀和产沙速率，并可能超过地震所造成的山地隆升幅值，但这一物质侵蚀输移过程的时间尺度是不为我们所知的，堆积于坡面的地震滑坡碎屑物质可能需要消耗一个地震周期才能到达河流沟道系统，如果这样，粗颗粒的滑坡碎屑可能需要数十年到几个世纪才能被运移至下游河道而成为河道推移质[1]，从而造成河道淤积严重和河床持续抬高，如 2009 年 8 月和 2010 年 8 月汶川地震灾区再次暴发群发性泥石流，将约 $600\times10^4m^3$ 固体物质输入绵远河，将清平乡所在地长约 3km 的河床淤高 5～10m，同期都江堰龙溪河流域也有 27 条沟谷同时暴发泥石流，将龙池镇至猪槽沟约 10km 的龙溪河沟道淤高 4～7m[16]。

高频率和大规模泥石流灾害：震后某一区域内崩塌、滑坡等灾害活动的时间持续效应十分明显，除体现在高侵蚀速率和严重的河道泥沙淤积外，还体现在震后异常活跃的泥石流活动，震后沟道中的松散物质得到源源不断的补给造成泥石流的规模和频率增大。台湾 1999 年"9·21"集集地震后发生了大规模的泥石流灾害，震后泥石流的易发性大大增加，大量滑坡在震后大都转化成了泥石流[17]。Lin 等研究发现 1999 年集集地震震前泥石流形成的沟道坡度通常大于 10°，流域面积小于 $0.1km^2$，而震后甚至在流域面积只有 $0.03km^2$ 的流域内就可以暴发泥石流，震前泥石流的暴发周期大于 5 年，而在震后暴发的周期却只有2年，震后激发泥石流的小时雨强和累积雨量仅为震前的1/3[18]。2008年5月12日汶川地震后同年的9月24日北川县城附近暴发群发性泥石流，致使原本受损严重的老县城——曲山镇几乎全部被淤埋，造成42人死亡[19]；2010年8月13日绵竹清平乡、都江堰龙池镇、汶川映秀镇等地同时暴发了特大泥石流灾害，绵竹清平场镇沿岸3km的11条冲沟同时暴发泥石流，冲出泥石流体达$800\times10^4m^3$；都江堰龙池镇近50条沟同时暴发泥石流，冲出固体物质量达$600\times10^4m^3$，严重破坏龙池景区；映秀红椿沟泥石流两次堵断岷江，致使岷江河道改道，冲断213国道，洪水直冲进岷江右岸汶川县映秀新区，此外，泥石流将大量泥沙带入主河道，造成主河道剧烈抬升，河床演化剧烈，两岸生态环境遭到严重破坏[20]。2008年汶川地震后连续两个雨季暴发群发性泥石流，说明汶川地震灾区已经进入了泥石流的活跃期，泥石流活跃期将可能持续相当长的一段时间[21,22]。另外，我国地震活动的区域往往也是泥石流多发区域，如我国著名的小江断裂带是地震异常活跃的区域，泥石流暴发频繁。研究表明：大于8.0级强震在距震中300km范围内或VII度地震烈度区内均能激发大量滑坡，在极震区内滑坡面积占20%～50%[23]，当地震伴随着暴雨发生，将有可能同时诱发大范围泥石流灾害。

通过上面分析可知，地震诱发滑坡对河流系统短期的强烈影响效应已清楚地被人们所认知，但对地震诱发滑坡在震后所产生的灾害效应将持续多长时间并未被人们完全理解和认识，当前一些学者只是认为震后滑坡侵蚀产沙将持续相当长一段时间，而对地震诱发滑坡活动的长期持续性和时效性还是不清楚的、局限的，致使人们对地震诱发滑坡的长久灾害效应的说法不一，如台湾成功大学林庆伟教授的研究表明：台湾集集地震后滑坡活动性持续时间在10年以上[24]；崔鹏等认为地震诱发的滑坡为泥石流提供了大量的物源，震后5～10年将是泥石流活跃期，震后活动时间可持续长达10～30年，甚至更长[22]；黄润秋认为汶川地震后地质灾害的活动强度将持续20～25年[25]；日本学者Nakamura研究日本1923年关东地震后滑坡活动规律发现：震后震区的滑坡活动持续40～50年[26]。Bovis将泥石流按成因分为松散固体物源存量控制型和输移控制型两大类[27]，大量崩塌滑坡和不稳定斜坡体所形成的松散固体物质，在降雨作用下震后一段时间内呈现输移控制型泥石流，这些松散固体物质一部分可能被输移走，但剩下部分则仍堆积在沟道和山坡上，随着时间发展，在重力和降雨渗透作用下逐渐固结稳定，要诱发这些固体物质重新复活启动则需要更大的暴雨强度，泥石流活动将由输移控制型向松散固体物源存量控制型转变。随着泥石流将大量的松散固体物质向下游输移，以及剩余松散固体物质的固结稳定，泥石流活动最终转变为松散固体物源存量控制型（图1-1），其形成模式从物源控制型向降水控制型转化。

然而，Koi等[28]结合同一区域（Nakagaw流域）调查发现，1923年关东大地震所激发的大量滑坡物质被输移至下游沟道且保持在流域内，这巨大地震影响流域产沙量超过了80年，虽然近年来大部分滑坡已被植被所覆盖，但其流域年产沙量达到$2897m^3/km^2$，而日本一般森林覆盖区年产沙量仅为$20\sim200m^3/km^2$，并指出年输沙量与年降水量之间并无明显相关性，年降水量可能仅对年季之间的输沙量变化有一定影响（图1-2）。Nakayama等指出在Nakagaw流域1972年的降水虽然产生了明显较高的输沙量，但大量泥沙却来自沟道堆积物，而降水产生新滑坡对产沙量贡献不显著[29]。另外西北大学李昭淑教授对秦岭东部北坡进行考察后发现，现今发生泥石流活动与1556年华山大地震存在必然联系，说明华县地震后443年泥石流灾害依然处于活跃期[30]。因此我们认为地震滑坡长期活动性先期可能主要受降水作用控制，随着松散土体固结稳定和部分碎屑物质被输移至流域外，降水作用对滑坡活动作用逐渐减弱，而震后地震诱发滑坡对流域产沙的长久影响则可能受控于地球内外营力的共同驱动，即附近频繁地震扰动和极端降水事件的时空耦合作用。

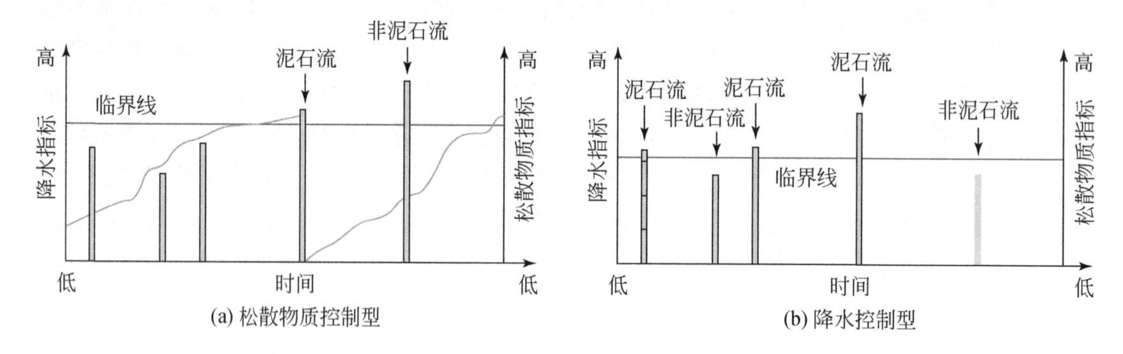

图1-1 泥石流形成特征[23]

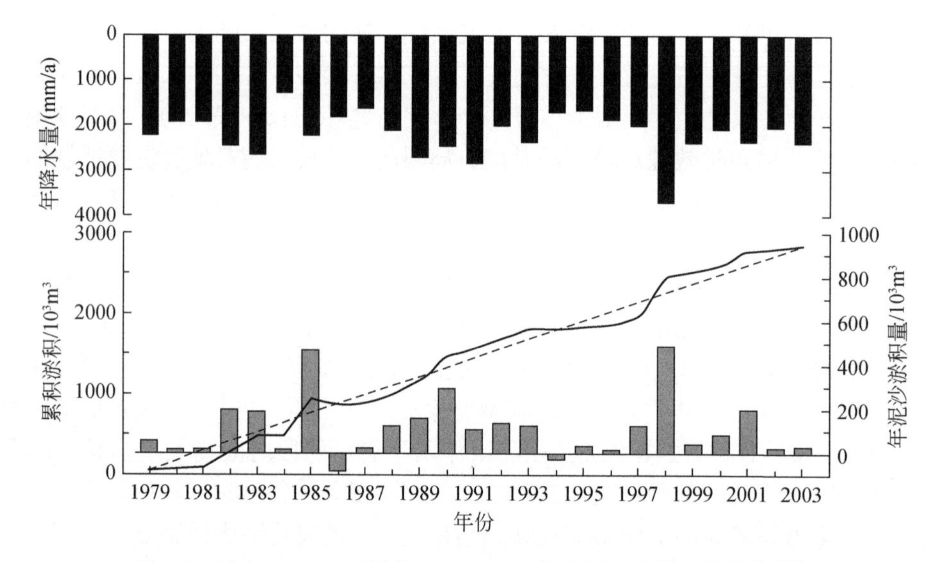

图1-2 日本Nakagaw流域1979～2003年库区泥沙量变化曲线[28]

固体线表示库区累积淤积量；灰色条块表示库区年泥沙淤积量；黑色条块表示年降水量

时间尺度和观测资料缺乏等客观条件的限制，致使人们缺乏对地震诱发滑坡的长期活动性及其主要控制因素的正确认识，这一结果常常导致人们对某一区域灾害频发原因不清楚，特别是距大地震事件发生时间较长或距离较远的区域，人们往往难以将近年来灾害频发和灾情加重的原因与历史大地震事件联系起来，而总是归咎于极端气候变化和人类活动影响，即使认为附近区域地震对坡体变形有所影响，也只是停滞在定性描述和评价阶段，如2010年8月8日发生在距汶川震中303km的甘肃舟曲特大泥石流事件[31]。但根据世界上地震滑坡数据，地震所诱发最远滑坡距离已远远超过以往所划定的地震滑坡影响范围极限[32~34]，即使可能远距离并未发生滑坡，但由于强震动的扰动造成坡体产生变形，在接下来的雨季，滑坡泥石流灾害将会加重增多。这主要是因为：①长期以来，在我国地震诱发滑坡与地震的关系研究中，人们给定的地震烈度范围总是局限在≥Ⅵ度区以内，而且对斜坡体变形破坏研究更是局限在地质灾害的重灾区，缺少地震对远距离斜坡变形破坏的认识和研究，从而造成对未来一定时期内区域灾害形成机理认识不清；②地震诱发的大量滑坡不能立即被全部输移走，而是堆积于坡面和沟道内，在接下来的降水作用下逐渐将碎屑物质携带至下游沟道系统内堆积，运动和堆积过程的时空变化极其复杂；③由于地震对山体强烈的影响，常常造成斜坡岩土体处于极不稳定状态，当附近地震频繁发生时，可能对原本脆弱的地质环境再次产生影响扰动，促使原有裂缝的扩展和延伸，以及新的微小裂隙的产生，如果这期间有暴雨发生，则极易诱发新的滑动破坏。故我们认为大地震诱发滑坡具有长期活动性，可能主要是在地球内外营力地质作用共同驱动下，对原本脆弱的地质环境再次扰动破坏的结果，进而对流域产沙产生长久影响效应。因此，有必要从更长时间尺度对地震诱发滑坡的长期活动性及其引发的严重灾害效应进行分析与评价，加强对地震诱发滑坡长期活动的控制因素和启动机理的研究，进一步揭示地震诱发滑坡对区域泥沙侵蚀和淤积的贡献作用，这不仅有助于增加人们对地震诱发滑坡长久活动性的重新认识，更增加了人们对区域灾害形成机理和灾情加重原因的深入认知，对流域灾害管理和防灾减灾具有重要现实意义，对区域山地灾害的长期发展趋势和预测评价具有重要的指导意义。

1.1.2 研究意义

在地形复杂山区，一次强烈地震总是能激发大量的同震滑坡，并且对一定范围地质环境产生强烈影响，造成震动影响范围内山体产生震裂、松弛现象。因此，强震过后，山区泥石流和泥沙淤积灾害将会呈现出增强或增多趋势，但当前一些学者只是认为震后这一灾害增强的现象将持续相当长一段时间，而对于多久以后灾害加重现象才能显著降低并逐渐恢复至震前状态，人们仍无法给出准确回答。为此，对震后地震诱发滑坡长期活动性及对流域侵蚀淤积灾害的长久时效研究是一个非常有意义的课题。本书将极大提升人们对地震诱发滑坡活动的长久影响效应的认识，加强人们从更长时间尺度和区域跨度认清和理解区域灾害形成和发展的根源，为地震灾区在震后的综合规划管理和减灾防灾工作提供长期的参考依据，为区域地质灾害的预测和评估提供基础信息，增加对青藏高原东界区域大地震、滑坡侵蚀和地表过程演化的理解，对地震诱发滑坡泥石流及相关学科的发展也具有重要意义。

（1）本次研究可以从更长时间尺度揭示地震诱发滑坡长期活动性，突破人们当前对地震诱发滑坡影响流域次生灾害的时效性的认识极限，对灾后重建选址和灾区防灾减灾提供借鉴和依据，为中长期流域管理和风险评估提供依据。

（2）对区域地质灾害和附近频发地震活动和极端降水事件的时空耦合研究，有助于揭示地震诱发滑坡长期活动性的主控因素，也有助于人们从更长时间尺度和区域跨度考虑和衡量区域灾害形成机理和灾情加重的根本原因，研究成果将有利于完善地震滑坡泥石流形成学科理论体系，也有助于土动力学的发展。

（3）汶川地震诱发滑坡完整编目模型的建立，有助于反演历史地震诱发滑坡的信息，揭示地震诱发滑坡侵蚀特征，以及对流域输沙和湖泊淤积的贡献作用，为青藏高原东缘地震滑坡侵蚀与地表过程演化、滑坡与泥石流研究提供基础数据，也可对其他区域历史地震与地貌过程演化和地壳隆升等地质环境效应的研究提供指导。

1.2 国内外研究现状

2008年汶川大地震这一极端事件发生后，在国内外立即引起了针对地震诱发滑坡发育规律、形成机理及防治对策的研究。在构造活动强烈的地区，一旦发生地震，在高强度地震载荷激发下，将会形成群发性、大规模崩塌-滑坡-泥石流-堰塞湖次生山地灾害链；同时地震作为动载荷必然引起岩土骨架的损伤破坏和孔隙水压力的变化，岩土体因而发生软化和液化，导致岩土体强度降低；遭受一次强震后的山地地质环境极其脆弱，震前地质灾害的多发区在地震后灾害将变得更为频繁，且原本地质灾害不活跃的区域也有可能发生灾害。为此，大地震后滑坡活动仍将活跃一段时间，地震诱发滑坡的活动性将产生十分明显的滞后效应。

1.2.1 地震诱发滑坡类型

滑坡是高陡斜坡的岩土体在重力作用下沿坡体内的软弱结构面发生的整体向下滑动的地貌过程和现象，地震诱发滑坡是由地震作用而引起的滑坡现象[35]，它既可以伴随地震的发生而同时产生，也可以在震后一定时间内发生[36]。

依据地震诱发滑坡运动的特性、地质环境等，Keefer[37]将地震诱发滑坡分为三大类：第一类滑坡发生了严重高度破裂，滑坡物质是以大块石为主的粗细颗粒混杂物，起源于陡峭的斜坡；第二类滑坡是存在分离的剪切面，起源于坡度中等的斜坡，厚度一般大于3m；第三类滑坡以流相为主，表面块体主要由内部裂缝的破裂而成，块体之间可能填充液相物质。依据我国西南地区的地震诱发滑坡运动特征，周本刚等将地震诱发滑坡划分为牵引式滑坡、推移式滑坡、溜滑性滑坡和崩塌性滑坡四类[38]。孙崇绍等[39]将地震诱发的黄土滑坡归纳为三种类型：①厚层黄土陡崖崩塌性滑坡；②黄土梁顺层滑坡；③河谷阶地或黄土质坡积物中的滑坡。从构成滑坡的岩性角度，许强将滑坡分为硬岩类滑坡、表层剥皮型滑坡和松散堆积物滑坡三种类型[40]。依据汶川地震诱发滑坡成因机理及运动特点，孔纪名等将地震诱发滑坡分为震滑型和崩滑型两大类型，震滑型滑坡又分为整体滑动型和碎裂滑动型两个亚类，崩滑型滑坡又分为块体坠落-滑动型、块体倾倒-滑动型和坠落-弹射-滑动型三个亚类[41]。

可根据不同分类依据进行表格化。

1.2.2 地震诱发滑坡的发育特征与分布规律

地震诱发滑坡的发育和分布特征明显受到内动力地质作用的控制，即主要是震源机制对滑坡的影响，包括震级、烈度、震源深度和震中距等地震参数；另外，斜坡体的坡度、坡向、岩性和地下水等因素对孕育地震滑坡也至关重要。目前，国内外关于地震诱发滑坡的发育特征与分布规律的研究，主要集中在从统计学角度分析地震滑坡与地震参数（烈度、震级、震中距等）和斜坡环境参数（坡度、坡向、岩性和潜水等）之间的关系[42]，前者侧重于对多次历史地震诱发滑坡数据的统计分析，后者则多是针对单次地震事件中的滑坡进行研究，且研究已经较为深入，并获得了许多规律性的认识。

1. 地震诱发滑坡与地震震级的关系研究

研究发现，地震震级大于 $M4.0$ 时就可触发滑坡灾害，而在 $M\geqslant 6.0$ 强震下，随着震级增大地震诱发滑坡灾害将更为突出和显著[42]。Keefer[37] 对美国 1958～1977 年 300 个历史地震数据进行整理，指出诱发滑坡的最小地震震级为 $M4.0$。在《中国地震目录》中记载了发生在 5 级地震以下的 34 个边坡崩滑事件，其中最小地震为 $M4.0$ 级[43]。理论上，如果一个斜坡处于或接近临界滑动状态，则只需一个很弱的地震震动就可能触发滑坡启动。在现实中确实存在较小的地震（$M\leqslant 4.0$）偶然触发处于临界滑动状态滑坡的例子，如美国俄亥俄州的 Gros Ventre 山谷在 1925 年 6 月 23 日发生了一次岩崩，在此之前 18～20 小时内此地曾发生了 $M\leqslant 3.5$ 级的地震。还有在加拿大的不列颠哥伦比亚省的 Hope 附近，1965 年 1 月 9 日某一分钟内连续发生了 $M3.2$ 和 $M3.1$ 的两次小地震，且几乎在发震的同时暴发了山崩。1974 年 5 月 11 日在我国云南昭通发生了 $M7.1$ 级大地震，之后在 1974 年 7 月 8 日凌晨 2 点 35 分发生一次 $M2.6$ 余震，促使 5 分钟后一次巨大的崩塌发生。在对四川地区崩塌滑坡特征研究基础上，杨涛等指出诱发边坡崩滑的最小地震震级定为 $M4.7$ 更为合理，且历史地震中曾经发生过崩塌滑坡区域，往往在新的地震下会再次复活启动而形成新滑坡[35]。

在对世界上 30 个历史地震的震级与地震诱发滑坡区域面积进行统计分析的基础上，Keefer[37] 发现大多数地震诱发滑坡区域在形态上是不规则的，与震中或断层破裂的不对称有关，但震级和滑坡区域面积还是存在强烈的相关性，表现为对数-线性关系，其表达式为

$$\lg S = M - 3.46(\pm 0.4) \tag{1-1}$$

式中，S 为滑坡区域的面积（km^2）。

在 Keefer 的研究基础上，Rodriguez[44] 进一步补充统计了 1980～1997 年全球地震诱发的滑坡，分析了地震诱发滑坡的类型、数量、主要分布范围和最大密度；Papadopoulos 等[45] 根据希腊公元 1000～1995 年 47 次震级 $M5.3$～7.9 的地震造成滑坡的统计分析，提出了震级与滑坡距离震中最远距离的关系经验公式：

$$\lg R = 0.75M - 2.98 \tag{1-2}$$

式中，R 为滑坡距离震中最远距离（km）。

根据我国区域地质和地貌特征，李天池[46] 通过回归计算给出了单个地震Ⅶ度以上烈度区的面积和震级的关系近似为

$$\begin{aligned}&\text{南部片区:}\lg S = 0.9246M - 3.10 \quad (R^2 = 0.72)\\&\text{北部片区:}\lg S = 1.0719M - 3.5899 \quad (R^2 = 0.87)\end{aligned} \tag{1-3}$$

式中，S 为滑坡区域面积（km^2），南部地区主要是川滇黔藏，北部地区主要是华北和西北地区。

辛鸿博等[47] 通过对地震Ⅵ度区内边坡崩滑的面积进行分析计算指出：①边坡崩滑区的面积随着震级的增大而增大；②单个边坡崩滑面积和震级不是一一对应关系；③边坡崩滑区的最大面积与震级之间存在着一定的关系，可以近似地表示为

$$S = 24.061 - (M/4)^{13.252} \tag{1-4}$$

式中，S为滑坡区域的面积（km^2）。

许冲[48]在对2008年汶川地震滑坡完整编目基础上，提出滑坡面积与滑坡数量累加之间的幂律关系式：

$$\lg N_{LC} = bA_L + a \tag{1-5}$$

式中，A_L为滑坡面积；N_{LC}为面积大于该滑坡面积的滑坡数量；a与b为常数，地震滑坡在滑坡面积1×10^4～$1\times10^6 m^2$的段落表现出良好的幂律关系式。

2. 滑坡与地震烈度的关系

地震烈度是描述某个地区地面对某次地震强烈影响程度的反映。人们常将地震诱发滑坡作为权衡烈度的一个参照指标，在实际调查时滑坡指标所确定的烈度比烈度表中描述值要低[43]。Richter[49]对存在的这种差异进行了研究，指出按相关滑坡指标划定，在MMI（修订麦卡利烈度）Ⅶ度区内不出现滑坡，但一个大地震是可能在MMIⅥ度区内产生滑坡的。在对世界历史地震统计分析后，根据地震烈度与地震触发滑坡关系，Keefer[37]将滑坡分为三大类，对于Ⅰ类滑坡，触发滑坡的占优势的最小烈度为MMIⅥ度，而最小的触发烈度为MMIⅣ度，对于Ⅱ类滑坡，触发滑坡占优势的最小烈度为MMIⅦ度，而最小的触发烈度为MMIⅤ度，Ⅲ类的触发滑坡占优势的最小烈度和最小的触发烈度与Ⅱ类相同，与地震烈度表描述的内容进行对比发现，烈度水平均低于烈度表中的描述。Prestininzi等[50]对意大利公元前461～1992年的地震数据进行了研究分析，指出地震烈度与地震诱发滑坡之间存在图形关系。在对中国1500～1949年地震资料统计分析基础上，孙崇绍等[39]认为地震诱发的崩塌滑坡多发生在5级以上的区域，6级以上的区域内崩塌滑坡的数量显著增多，且崩塌滑坡灾害大多发生在Ⅶ度及Ⅶ度以上的地区，Ⅷ度以上发生的可能性急剧增大。在对历史地震中的崩塌滑坡灾害与烈度关系统计分析基础上，辛鸿博等[47]发现：①地震诱发的边坡崩塌滑坡主要发生在Ⅶ～Ⅸ度烈度区；②边坡地震崩塌滑坡次数的概率分布近似于正态分布，其数学期望值为Ⅷ度；③Ⅴ度以下烈度区没有出现边坡地震崩塌滑坡事件，而Ⅴ度区内发生边坡崩塌滑坡数量极少，所占比例不足3%。周本刚等[38]通过对1970年以来西南地区的$M\geq6.7$的11次地震的分析发现，一般Ⅵ度区内不产生新滑坡，而产生新滑坡的最小地震烈度应为Ⅶ度，诱发地震之前存在的老滑坡，所需的地震烈度要比产生新滑坡低1°，也就是最小地震烈度为Ⅵ度。

3. 地震诱发滑坡与震中距关系

根据世界范围内40个地震数据库资料，Keefer[32]提出地震诱发滑坡的最远距离与地震能级之间存在一定函数关系，并给出了最远距离的上限范围曲线，认为滑坡常常被众多因素所激发，所以当振动伴随其他因素发生时，或者在振动前斜坡逼近发生时，很难发现最小地震震级所激发的滑坡。一些学者认为是一系列因素造成了距震中很远距离发生滑坡，并且超过Keefer所预测的最远距离曲线范围，这些因素或单独发生作用，或联合发生作用。Delgado等[33]通过搜集世界范围内270个地震数据资料对Keefer的研究成果进行修正，重新提出最远距离滑坡与地震震级关系图，并分析了超出人们想象的最远距离滑坡的特性。

另外，之前存在的滑坡也能影响地震动场地反应的方向性，其主要通过沿着潜在滑动方向产生地震波放大极大值，从而造成之前存在的滑坡体附近再次产生滑坡，如2002年9月6日发生的Palermo *M*5.89级地震，造成了距震中50km处一个远端滑坡的复活，同时这个滑坡位于在1823年3月5日Sicily的*M*5.9级大地震所激发的Collesano大滑坡附近[51]。Mahdavifar等[4]在2002年伊朗AVAJ地震后也发现新滑坡产生总是在之前存在滑坡的区域内，且主要为表层扰动滑坡。2011年弗吉尼亚地震触发的最远滑坡距离震中为245km，而1988年加拿大萨格奈地震（*M*5.8）触发的滑坡距离约为180km[34]。王雁林等[52]调查发现发生在陕西咸阳黄土塬边的滑坡灾害距汶川震中距离约600km，远超过历史地震滑坡极限记录。在智利2010年2月27日发生的*M*8.8级地震所激发最远滑坡距离（410km）在Keefer提出的边界上限范围内，但与其相隔不到半个月的两次余震所诱发的最远滑坡距离却超过了同级震级的历史地震滑坡极限记录，分别达到230km和220km[33]。

在某一地质构造活动区域内，地震活动总是重复性地发生，一定范围内的地质环境将承受多次地震动的扰动影响，如甘肃昌马断裂带附近分布的滑坡是该断裂带多次地震造成的[53]。在对强震区岩土体地震动力破坏特征分析的基础上，梁庆国等[54]指出岩体松动是震后次生地质灾害频发的重要原因，岩体松动是指在地震动作用下，岩体发生了应力释放、结构面张开、完整性显著下降[55]，但未出现显著破坏的宏观特征，是一种隐性的、内在的岩体损伤，是产生震后次生灾害的主要原因[56]，如1974年5月11日云南昭通地震发生后两个月，即1974年7月8日在老寨堡附近大槽村一带发生*M*2.6级的小余震，震后5分钟在距老寨堡南1km处发生了一次巨大崩塌[57]。地震动力对岩体破坏的5个特点：不均匀性、丛集性、重复性、广泛性和结构控制性。一般来说，震级6级或烈度达Ⅷ度以上的地震就可造成岩体破坏，但这并不是绝对的，如陕西秦岭区在1982年3月曾发生过一次4.5级地震，造成近1000m长的范围出现了大量岩体崩塌、裂缝[58]。许多震例中常出现破坏严重地区却出现了破坏相对较轻的异常区，这说明强震对岩土体的动力破坏是不均匀的，这种不均匀性是地震动传递的不均匀性、局部地形地貌的起伏不平、岩体本身物理和力学属性的不均匀性等因素共同作用的结果。

地震造成的岩体松动作为一种客观存在普遍的破坏形式和现象，是许多地质灾害发生的主要诱因之一[56]，为其他次生灾害发生提供了物质基础，继而在降水作用下极易发生滑动破坏。在通过遥感技术对汶川地震后北川区域地震诱发滑坡进行分析的基础上，齐信等[59]发现2008年汶川地震诱发滑坡1999个，同年“9·24”强降水诱发滑坡828个，强降水导致原有地震诱发滑坡面积扩大的有150个，强降水不仅诱发新滑坡，而且促使之前地震诱发滑坡复活，并扩大其面积，增加了原面积的68.7%。近300年来云南小江流域山地灾害的频发，与百年发生一次的6级以上大地震及其对地表的破坏紧密相关[56]。甘肃陇南地区频繁的滑坡泥石流灾害是1879年文县8.0级地震起了控制性的作用[60]。由此可见，地震不仅对岩体松动和土体变形是极为普遍的破坏形式，而且这种松动、损伤的程度要大于一般风化、卸荷等作用[54]。周本刚等在研究我国西南山区地震滑坡基本特征时发现，产生新的滑坡所需的最小地震烈度为Ⅶ度，而诱发老滑坡的最小烈度则仅为Ⅵ度[38]。

4. 地震震级与滑坡体积及剥蚀量的关系

滑坡的体积和下滑物质剥蚀量是地震诱发滑坡在地貌演化过程中的两个重要衡量标准。Keefer 等[37]统计历史地震资料得出了震级与滑坡体积的关系式，虽然震级与剥蚀量的关系比较散乱，但总的来说，剥蚀量随震级的增加而加大。

$$\lg V_{\mathrm{L}} = 1.44(\pm 0.21)M - 2.34(\pm 1.5) \tag{1-6}$$

式中，V_{L}为滑坡体积（km^3）。

基于汶川地震诱发滑坡完整编录，许冲等[61]计算了地震斜坡物质响应率：

$$\mathrm{Thick}_{\mathrm{Average}} = \frac{400}{10^6}\sum_{1}^{n}\mathrm{Thick}_i \tag{1-7}$$

式中，$\mathrm{Thick}_{\mathrm{Average}}$为 1km 正方形区域内斜坡物质响应率；$\mathrm{Thick}_i$为该区域内第 i 个点的物质剥蚀堆积厚度；n 为该区域内的从滑坡面积数据中提取出的 20m 间隔的点数。通过计算，RRSSMM（地震斜坡物质响应速率）随着坡度、地震烈度、PGA 的增加而增加；随着与震中距离、与北川-映秀断裂距离、与水系距离的增加而减少，最大的 RRSSMM 值高程范围为 1600～1800m，最大 RRSSMM 值对应坡向为东方向，曲率越接近 0，RRSSMM 越小；在中坡、下坡与谷底的 RRSSMM 值最高；砂岩-粉砂岩、硅质岩-板岩这两类岩组是 RRSSMM 的高值岩性组合；沿着北川-映秀断裂的 RRSSMM 统计结果表明，逆冲运动习性的断裂比走滑习性的断裂对斜坡物质响应率具有更强烈的控制作用。

5. 地震诱发滑坡与地形地貌关系

所有的地震诱发滑坡与地形、地貌及地质环境息息相关。地貌条件对地震诱发滑坡和崩塌的影响，主要考虑两方面因素：一是坡度和坡高的影响；二是坡形的影响，前者的影响远大于后者。在地震时，由于水平分量变化大，斜坡上的振动幅度随着高度有所提高。斜坡的测震观测结果显示[43]：斜坡上的地震烈度相对于谷底增加 I 度左右，在角度超过 15°的截圆锥状山体上部点的位移幅值比其下部幅值局部可增加 7 倍，也就是说地形坡度越陡越容易诱发滑坡崩塌发生。在某一地区条件下存在着一个容易触发滑坡的角度范围，在我国西南地区最容易触发滑坡的坡角为 35°～45°，如 1974 年昭通地震的滑坡发生在 35°～45°的坡地上，1973 年的炉霍地震坡度为 30°～50°，1996 年的云南丽江地震滑坡坡度范围为 25°～45°。康来迅[53]曾研究得出昌马断裂带的地震诱发滑坡主要发生在坡度为 30°～50°和地形高差为 100～300m 的山坡部位。周本刚等[38]研究认为我国西南地区的地震诱发滑坡以浅层扰动小型滑坡为主，最容易触发滑坡的坡度为 35°～45°，其分布强烈受地震断层的控制，其整体分布主方向和地震断层的方向大致相同。

在对 2004 年日本新潟县 6.6 级地震触发的大量滑坡分析的基础上，进行了调查，Chiriga 等[62]指出地震诱发的深层滑坡主要与古滑坡复活和切坡相关，这与我国 1996 年丽江地震引发的滑坡中约 80%为老滑坡复活的现象基本一致。Liao[42]对台湾集集 7.7 级地震诱发的滑坡研究发现，由于地震过程中发震断层的错动方向不同，发震断层上盘滑坡主要发生在南一南东向斜坡上，发震断层下盘滑坡主要发生在南一南东和南西向斜坡上。Hiroshi[63]等对 Kashmir 地震诱发的约 2400 处滑坡进行了研究，发现约 73%的大型滑坡均发生在坡面南和南西向的凸形坡，且其主要滑动方向与发震时所在地块的主运动方向基本一致。孙崇绍等[39]根据过去450年间的地震资料研究发现，地震诱发的崩塌滑坡主要集中在南北地震带上，自北向南由宁夏一直延伸到滇越边界附近，总长度约1600km，在此范围内地震次数多、强度大，且地形复杂，非常利于滑坡崩塌的发生。

在汶川地震发生后，国内地震诱发滑坡的研究不断深入，许多学者围绕汶川地震诱发滑坡做了大量的工作。黄润秋等[64]对汶川地震诱发的11000处地质灾害的空间分布规律进行了统计分析，发现地质灾害沿地震发震断裂条带状和沿水系线状分布以及显著断层上盘效应。许强[65]以汶川地震重灾区112处大型滑坡（面积均大于50000m^2）为基础，得出大型地震诱发滑坡空间分布规律可归结为距离效应、锁固段效应和上下盘效应；吴树仁等[66]则重点对汶川地震诱发滑坡的活动强度进行了分析评价。

总体来讲，地震诱发滑坡的发育是地壳震动以及地质构造特征和地形地貌条件等多因素耦合作用的结果。虽然影响地震滑坡的地貌因子等参数具有相似性，但斜坡的地质环境也起到了很大的作用，任何单纯的力学分析方法都难以得出此种山坡失稳的结论。因此，进行地震诱发滑坡的深入研究，野外调查与滑坡发育的地质条件分析都是必不可少的。

1.2.3 地震诱发滑坡动力学机理研究

地震诱发滑坡的动力学机理是深入研究滑坡形成及其动力响应规律的基础，尽管目前国内外对强震触发滑坡的发育与分布规律的研究已经较为成熟，但对地震诱发滑坡的动力响应机制仍处于探索阶段，尤其2008年汶川地震后，发现其触发的许多巨型、高速、远程滑坡的形成机制与原有的认知存在着较大的不同，同时受到地震滑坡动力响应机制研究程度的局限，限制了人们对区域性范围内滑坡成因的认识。

在许多地震中都发现场地条件对地震响应与地形地质有密切的关系，尤其对于地震诱发滑坡的研究来说，复杂地形与地震引起的地形变化都是不容忽视的，当地震波传播至某区域场地地形地质急变处，由于波动受阻而产生强烈的反射散射效应，或共震叠加作用，进而诱发地震滑坡。1971年Davis等美国地质学家在对San Femando地震余震的监测中，首次发现了斜坡坡顶的地震动峰值加速度具有明显的放大效应[67]；Celebi[68]研究发现地形放大效应发生在入射波长与地形坡宽近似相等的坡顶，P波的放大效应大于S波，另外地形放大效应随入射角度的增大而减小，随坡度的增加而增大。Hartzell[69]等研究了1989年洛马-普雷塔地震对Robinwood山脊的破坏，认为对山脊破坏程度起较大作用的因素包括：瑞利波与勒夫波的复杂作用，山脊内体波的多向反射及散射，以及主震源的方向性及波的扩散状态。刘洪兵等[67]进行国内外相关文献总结时，提出了相同的认识，同时也认为地形放大效应与方向效应关系密切。

当前国内外许多学者也基于地震液化来研究强震诱发滑坡的失稳机理，如Hutchinson[70]基于现场滑坡模拟试验及室内试验，提出了“结构破坏”致使“孔压上升”，从而导致土质发生液化形成滑坡的认识。周维垣[71]指出，地震等动荷载对岩质边坡稳定性的影响主要表现在两个方面：一是地震波通过岩层面及岩体结构面时发生的反射及折射作用导致的超压增大；二是地震荷载与其他因素（水的作用）对斜坡体的共同破坏，多基于土质滑坡。胡广韬等[72]认为斜坡在动力作用下的变形和失稳机制存在一定的差异，并于1995年提出了边坡动力失稳机制的坡体波动振荡加速效应假说。张倬元等[73]认为地震对边坡稳定性的影响表现为触发效应和累积效应。毛彦龙等[74]认为地震时的坡体波动震荡在斜坡岩土体变形破坏过程中产生累进破坏效应、启动效应和启程加速效应等，其中的累进破坏效应是指在某一强度的地震动作用后，岩土体可能并不被破坏，但这一强度的地震动反复作用多次后却能够引起岩土体的破坏，这一结论指出并不是任何强度的外力都会引起岩土体的最终破坏，低于某一强度的外力只要在反复多次作用后就有可能引起岩土体的破坏。祁生文等[75]则认为地震边坡的失稳是由地震惯性力的作用和地震产生的超静孔隙水压力迅速增大和累积作用这两个原因造成的。

1.2.4　地震诱发滑坡的预测分析方法研究

由于地震诱发滑坡的运动机理极其复杂，还存在许多未知之处，难以对区域范围内地震滑坡进行合理的预测评价。在 20 世纪 80 年代中后期至 90 年代中期，区域性的地震滑坡研究基本处于停滞状态[76]，但是国内外学者还是初步建立起一些地震滑坡预测模型，这类方法大多是基于地震参数的位移判别法，大体可分成拟静力法、有限滑动位移法和物理模拟方法三类，其中最具代表性的为拟静力法和有限滑动位移法。

拟静力法比较简单实用，该方法最早主要应用于土力学领域，研究斜坡动力稳定性问题。1948 年 Terzaghi[77]首次将这种分析方法应用于斜坡动力稳定性评价，此后拟静力法在大量斜坡动力稳定性评价中得到广泛应用，并纳入了有关规范。Seed 等[78]以力的多边形法则为理论基础，对斜坡上各土条静应力进行了计算，通过岩体动三轴试验并考虑到地震过程中强大的惯性力，测得总应力和动剪切强度，进而采用力多边形法则计算出土条的动力稳定安全系数。丁彦慧等[79]提出了采用谷本系数法求取具有明确保证率指标的预测地震崩滑的统计判别式，虽然拟静力法应用广泛，但其本身存在缺陷，该方法在评价土石坝及堤坝的动力稳定性时错误地将坝体及坝肩斜坡假定为绝对刚体，再者其没有考虑拟静力的变化性。

Newmark 法的理论基础是极限平衡理论，指出当施加于最危险滑动面处的加速度超过临界加速度时，块体即沿破坏面发生滑动[80]。1965 年 Amin[81]创新提出并建立了一种预测地震作用下的滑坡位移量简便方法，即 Newmark 方法，Newmark 方法认为滑坡位移量达到某个临界值后，边坡便可能会失稳，而临界加速度与岩土的特性、孔隙压力、边坡的地貌特征等有关。Wieczorek[82]研究认为岩石边坡失稳的临界位移值为 5cm。Jibson 等[83]研究得到黏性土边坡的滑坡或崩塌临界值为 10cm。1971 年 Gundall 等提出离散有限元法，其基本原理是假定斜坡岩土体由刚性块体组成，在建立单个刚性块体运动方程的基础上，分析并求解整个块体运动状态的方程，得出单个块体的速度-加速度及位移等特征参量[84]。1988 年 Ambrasys 等[85]提出把临界加速度比作为回归方程的变量来估算地震边坡的永久位移，他们使用加速度时程中的最大峰值作为表征地震动特性的变量，把坡体的临界加速度和地面峰值加速度的比值定义为临界加速度比，但此模型仅仅在震级 6.6～7.2 级的范围内才有效。Jibson[86]建议使用 Arias 强度来描述强震特性，Arias 强度用地震动过程中单质点弹性体系所消耗的单位质点能量作为地震动总强度，包含了整个时程中的地震动信息，更适合描述强震特性。Romeo[87]根据意大利 17 个地震事件中的 190 个地震加速度记录，应用 Newmark 法原理计算出意大利地震滑坡 Newmark 位移的预测量。Jibson 等[88]以 1994 年美国加利福尼亚的 Northridge 的 6.7 级地震为实例，应用 Newmark 法对地震附近一个区域制作了地震滑坡灾害图，该图所显示地震滑坡危险区域与震后的滑坡实际情况吻合得非常好。王涛等[80]初步提出了基于简化 Newmark 位移模型，利用经验式获得了汶川地震 Arias

强度和区域滑坡位移 D_N 分布，实现了汶川地震重灾区地震滑坡危险性的快速评估。王秀英等[89]根据 Newmark 方法提出一种在已知强震记录和滑坡数据的情况下，推导斜坡临界加速度的方法。

物理模拟方法以相似性理论和量纲分析法为基础，通过对斜坡原型的模拟，并采用振动台试验研究斜坡模型在振动下的反应及强震下失稳机理[74]，通过模拟试验手段来分析模型内应力状态，是对原型斜坡响应过程的反演，常用的方法包括模型试验法、光测弹性法和离心试验法。土质滑坡尤其是黄土滑坡由于原型模拟较容易实现，应用此方法较多，如王兰民等对随机地震荷载下黄土的动本构模型、弹性模量、阻尼比和动强度进行了较广泛的研究，并对不同地震荷载作用下的黄土动力参数进行了对比试验研究[42]。

上述基于地震参数的位移判别法虽然经过多次改进后已相对较为准确，但由于需要参数较多且获取困难等，在利用斜坡场地特征探讨地震与滑坡的复杂关系方面明显不足，尤其在区域性地震群发滑坡的研究上。然而进入 20 世纪 90 年代中后期，遥感技术的迅速发展为地震滑坡失稳和危险性的预测提供了新的技术平台，遥感技术对区域性地震滑坡进行评价在一定程度上提高了地震群发滑坡研究的深度和广度，但由于缺乏实验模拟和实地监测等可靠数据，其精度还有待检验。

1.2.5 震后地质灾害活动性研究

1. 震后滑坡活动性研究

在 2008 年汶川地震后，大量国内外学者深入研究了汶川地震地质灾害的发育特征、分布规律、形成机理及防治对策等，并取得了大量研究成果，人们在关注同震地质灾害的同时，对今后地质灾害的活动强度和发展趋势也产生了浓厚的兴趣。当前由于山区强震典型案例数量和代表性的局限性，国内外对强震后滑坡的活动性研究还更多停留在案例积累的基础上[25]，致使人们对地震诱发滑坡的活动性及长久灾害效应的说法不一，如台湾成功大学林庆伟教授[24]的研究表明：1999 年台湾集集地震后滑坡数量呈显著上升趋势，其变化与台风强降雨有密切关系，2000～2004 年滑坡极为活跃，活动强度较高，之后其强度虽逐年降低，但仍未恢复其震前水平，持续时间在 10 年以上（图 1-3）。黄润秋[25]

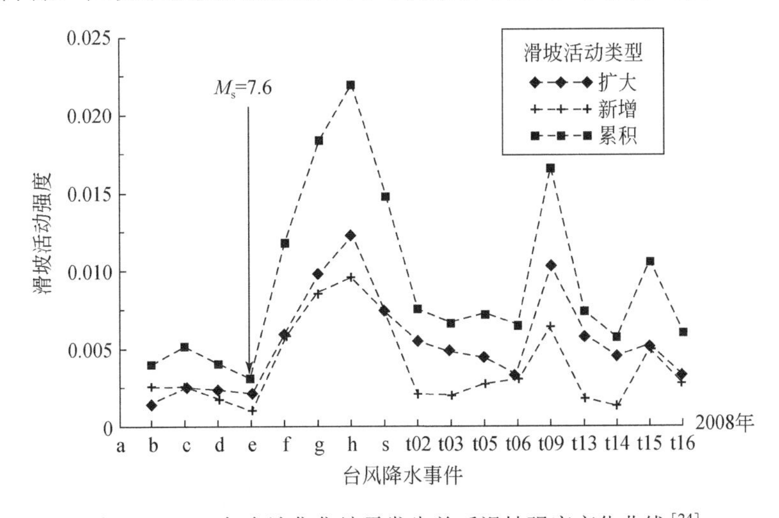

图 1-3 1999 年台湾集集地震发生前后滑坡强度变化曲线[24]

认为汶川地震的地质灾害将持续20～25年，并以4～5年高峰周期呈震荡式的衰减下降，直至恢复到震前的水平（图 1-4）。在研究 1923 年关东地震后滑坡活动规律基础上，Nakamura[26]发现地震后滑坡活动共持续 40～50 年，可分产生阶段、不稳定阶段、恢复阶段和稳定阶段 4 个阶段，其中处于滑坡的强活动期的不稳定阶段持续时间为 15 年，恢复阶段持续时间约为 24 年，在后面约 10 年的稳定阶段滑坡活动逐渐恢复到震前水平（图 1-5）。

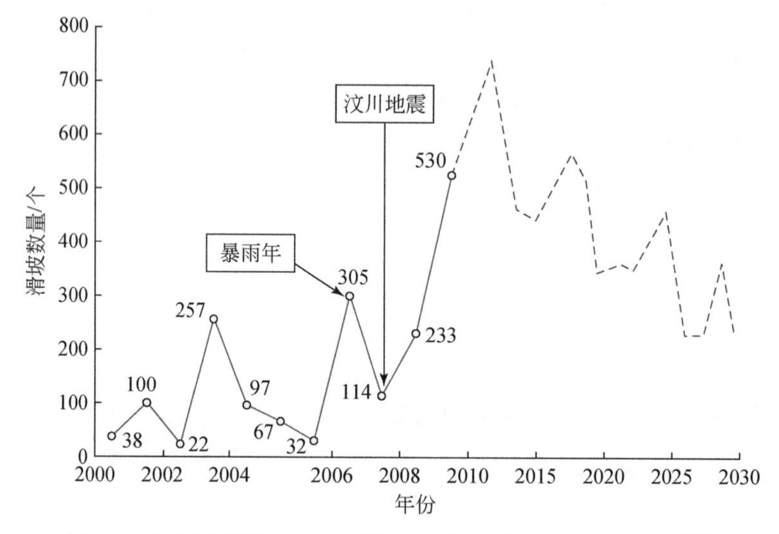

图 1-4　汶川地震区 2000 年后地质灾害数量随时间变化曲线[25]

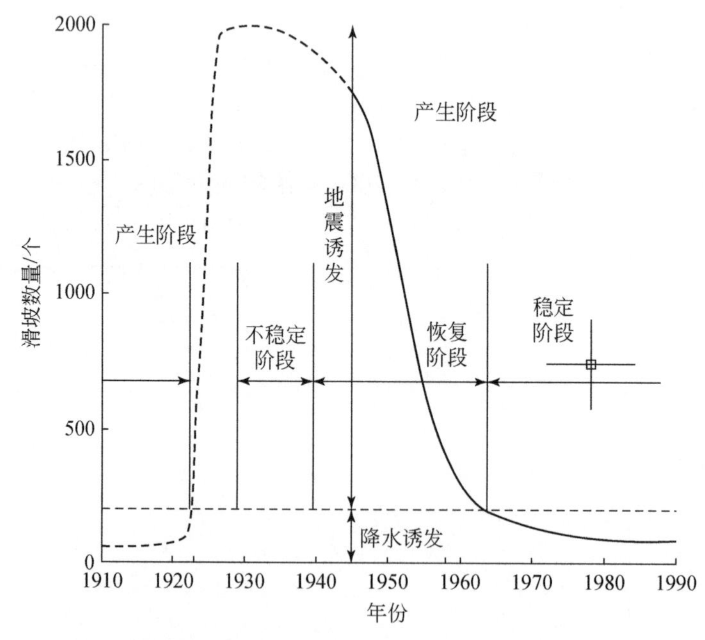

图 1-5　1923 年日本关东地震至 1980 年灾区滑坡活动变化[26]

颜照坤等[90]通过汶川地震对龙门山地区平通河沉积物输移的影响研究发现，震后河流输沙率较震前提前达到较高水平（6 月），且在雨季晚期（9 月）仍有较高输沙率，并认为今后很长一段时间内，河流输沙量将会逐年增长。Keefer[7]通过对比全世界12个地区产沙量发现，在地震活动区地震诱发滑坡控制着流域长期产沙量。Korup[91]调查新西兰南部西部陆地区域的各种类型滑坡的产沙量，认为大地震诱发滑坡产沙淤积可以持续至少100年。Pierson等[92]指出在新西兰一次7.7级地震滑坡的松散物质大部分停留在流域内至少50年。Koi等[28]结合区域调查发现1923年关东大地震所激发的大量滑坡物质被输移至下游沟道且保持在流域内，大地震影响流域产沙量超过了80年。刘锋等[1]在汶川大地震后定量估算了岷江流域地震滑坡卸载和产沙时效，指出汶川地震产生的大量滑坡物质完全被卸载输移将需要3100年，而这与龙门地震区发生像2008年汶川大地震的重复周期（3000年）相近。

2. 震后泥石流活动性研究

震后泥石流灾害频繁，当前人们更关注震后泥石流形成机理，世界各国的科学家在震后泥石流灾害方面开展了大量的研究工作[3, 18]，而对其持续时长不清楚。强震后泥石流灾害的发生发展规律研究无论是对灾区重建，还是对泥石流学科的发展都很重要。以往国内外研究显示，大地震灾区泥石流活动存在十分明显的时间滞后持续效应。强烈地震动对山体结构产生巨大影响，致使大量地表松散物质进入沟道，在随后的强降水作用下起动形成泥石流，同时斜坡上大量不稳定松散物质，最终也会进入沟道为泥石流持续活动提供物源，致使地震后相当长一段时间内灾区的泥石流活动异常活跃。例如，台湾1999年“9·21”集集地震后发生了大规模的泥石流灾害，地震后泥石流的易发性大大增加，地震诱发的大量滑坡物质大都转化成了泥石流[17]。Shieh等[93]通过对1999～2006年集集地震区激发泥石流临界雨强的进一步深入研究发现，集集地震后激发泥石流的临界雨强显著降低，直到现在仍然低于地震前的水平。Lin等[18]通过对1999年集集地震前后泥石流的活动研究，发现震后激发泥石流的小时雨强和临界累积雨量只有震前的1/3，相对于震前暴发周期大于5年，震后泥石流暴发的周期只有2年。这主要是因为在高烈度区泥石流源区的滑坡更加发育，松散物质非常丰富，后期强降水作用促使之前存在的滑坡进一步复活，为泥石流提供充足物源，致使强震区泥石流暴发规模增大、频率增高。

20世纪以来我国发生的几次强烈地震，都在震后不同程度地暴发了泥石流活动，且活跃期持续时间很长[94]，如1950年8月15日西藏察隅地区发生了8.5级地震，造成之后40多年临近古乡沟暴发规模不等泥石流近1000次，仅在1953～1973年就有600余次[95]，古乡沟泥石流活动统计图显示（图1-6），泥石流频次和规模虽然都逐渐减小，但泥石流活动总体呈波动式变化，呈现平静-活跃区交替发展，并且一直持续到了现在。

目前2008年汶川地震灾区泥石流活动已经进入活跃期，并将持续相当长的一段时间[3]。唐川等[97]对北川县2008年9月24日暴雨泥石流的研究，表明汶川震区已进入一个新的活跃期，并提出该区域在汶川地震后泥石流起动的前期累积雨量降低14.8%～22.1%，小时雨强降低25.4%～31.6%。胡凯衡等在基于物源条件对震后泥石流发展的影响研究的基础上，指出存在降水控制型和物源控制型两种泥石流活动，前者发生主要取决于降水条件，在震后很长一段时间内都不衰减，后者在地震后的短时间内泥石流活动强烈，而后泥石流活动随时间显著减弱[98]。邓太平[99]对汶川地震后龙溪河流域调查发现，震前以小规模为主，在地震影响下，龙溪河流域内泥石流的发育数量是震前的10倍，泥石流规模明显增大，且促使老泥石流复活并呈现出大型规模泥石流。这种变化主要和泥石流起动源区松

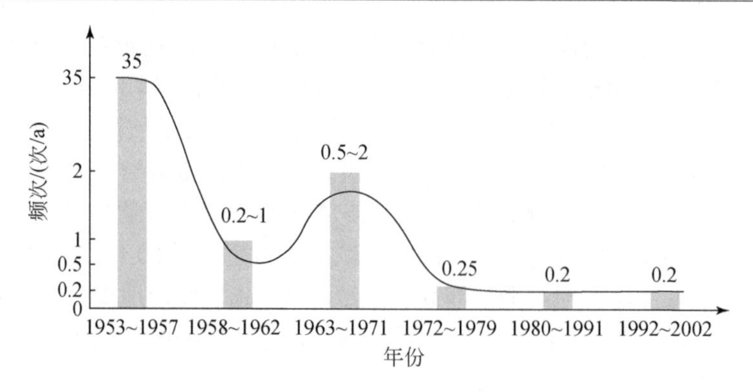

图 1-6　西藏古乡沟泥石流暴发频次特征图[96]

散物质量关系密切，这些松散物质主要是地震引发的崩塌滑坡提供的。在震后短期内由于松散物质异常丰富，泥石流起动的临界雨量很低，随着松散物质被泥石流不断带走和残留物质的自身固结，临界雨量逐渐恢复至震前水平，要启动这些物质形成泥石流则需要更强的暴雨来激发。

通过上面分析可知，目前国内外对强震触发滑坡的发育与分布规律的研究已取得较大进展，主要集中于从统计学角度分析地震诱发滑坡与地震参数和斜坡环境参数之间的关系，且获得了许多规律性的认识；对地震滑坡的动力响应机制仍处于探索阶段，还存在许多未知之处，难以对区域范围内地震滑坡进行合理的预测评价；2008 年汶川地震后众多学者对当前地震滑坡的发育特征、分布规律、形成机理及防治对策进行了深入的研究，但由于对山区典型强震案例认识限制和时间尺度的局限性，人们对强震后滑坡的活动性研究还更多停留在案例积累的基础上，致使人们对地震诱发滑坡的活动性及长久灾害效应的认识不清。为此，有必要选择典型研究区域，从更长时间尺度研究地震诱发滑坡的活动性，并采用理论计算和试验分析方法探索其长期活动动力学机制，进而对地震诱发滑坡长久灾害影响效应做出合理的预测评价。

1.3　研究内容与特色

1.3.1　拟解决的关键科学问题

大地震活动往往激发大量滑坡，在初期降水作用下可诱发泥石流并产生泥沙淤积灾害，这种严重灾害的短期效应已被发现，但其长久的灾害效应和控制因素仍不被理解和认知，造成人们对灾害形成机理和发育过程的认识受到局限，严重影响流域中长期规划管理和防灾减灾方案的制定。为此本书在总结前人关于地震诱发滑坡研究的基础上，主要研究以下科学问题，以使我们能更好地从科学上发现和理解震后滑坡的长期活动特征及影响因素，回答人们所关心的“强震过后地震诱发滑坡对流域产沙影响到底持续多久？为什么能延续这么长时间？以及地震诱发滑坡对流域侵蚀产沙贡献多少？”等问题。

（1）地震诱发滑坡的长期活动性研究；

（2）地震诱发滑坡长期活动的控制因素和复活启动机理分析；

（3）地震诱发滑坡对流域侵蚀淤积的贡献作用和长久灾害效应研究。

1.3.2 主要研究内容

本书研究内容分为三个主要部分：邛海流域滑坡的分布规律及地震成因分析、邛海流域地震诱发滑坡长期活动的控制要素和机理分析，以及地震诱发滑坡对邛海流域侵蚀淤积的长久影响效应。

1. 邛海流域滑坡的分布规律及地震成因分析

对邛海流域滑坡的发育特征和分布规律进行分析，总结历史地震诱发滑坡的相关判别标准，分析历史地震诱发滑坡事件和当前滑坡活动状况，综合确定流域内滑坡的地震激发特点、形成年代和持续活动时效。

2. 邛海流域地震诱发滑坡长期活动的控制要素和机理分析

研究历史地质灾害发育与附近频繁地震活动和极端降水事件的时空耦合关系，探讨脆弱斜坡体对频繁地震扰动变形和强降水渗透破坏的动力响应机制，分析典型滑坡泥石流形成条件和激发过程，以揭示邛海流域地震诱发滑坡长期活动的主控因素。

3. 地震诱发滑坡对邛海流域侵蚀淤积的长久影响效应

分析地震诱发滑坡对邛海流域产生的严重灾害效应，建立历史地震诱发滑坡反演模型，估算并对比分析不同历史时期邛海流域侵蚀淤积速率，以揭示历史地震诱发滑坡对流域侵蚀产沙的贡献作用和长久影响效应。

1.3.3 研究特色和创新点

1. 研究特色

（1）区位特色：选择青藏高原东南缘的邛海流域为研究区域，区位典型性优势突出。该区域是当前地震科学研究的一个焦点地带，是强构造活动、高地势差异、快河流切割的典型地区，同时也是四川省凉山彝族自治州首府——西昌所在区域，是少数民族人口密集和区域经济发达地区。区内地震诱发滑坡而形成的泥石流灾害，以及导致湖泊泥沙淤积等重大灾害长期困扰当地人口安全和社会经济发展。

（2）创新特色：综合考虑了内动力和外动力对滑坡的作用，揭示了由构造运动形成的滑坡控制作用背景，进一步通过史料分析、力学机理和实例验证来揭示震后滑坡长期活动的控制要素，形成一个由构造运动和气候变化组成的耦合关系所反映的滑坡长期活动的控制关系，探讨地震诱发滑坡作为“媒介”对地表剥蚀过程与隆升动力过程的反馈，其引发的地表剥蚀反映的控制效应组成了一个控制系统。

2. 创新点

（1）对邛海流域滑坡发育特点和邛海泥沙淤积灾害进行详细调查分析，指出当前邛海流域大量滑坡为1850年西昌7.5级大地震所激发，且其活动已持续了160多年，并初步提出了邛海流域内附近的频繁地震和极端降水的内外动力地质耦合作用对地震诱发滑坡的长期活动具有显著的控制作用。

（2）远距离地震对邛海流域斜坡体扰动变形主要是场地地层放大效应、地形放大效应和盆地边缘断层放大效应三者相叠加的结果，计算分析了2008年汶川8.0级地震（相距约360km）对邛海流域斜坡土体的扰动变形位移。

（3）基于前人整理的汶川地震滑坡编目，利用三参数反Gamma函数建立历史地震滑坡反演模型，推演出邛海流域1850年7.5级大地震的触发滑坡数量为2884个（1479～5623个），滑坡总体积为$0.25\times10^9m^3$（0.12×10^9～$0.54\times10^9m^3$），并估算出1850年大地震后区域侵蚀速率为1.88（0.88～4.02）mm/a，从而初步揭示了地震诱发滑坡对邛海流域侵蚀淤积的重要贡献作用，甚至有可能影响一个大地震周期（300年）。

1.4　研究方法与思路

1.4.1　研究方案

本书以青藏高原东南缘邛海流域为研究对象，针对流域内频繁泥石流活动对邛海的严重泥沙淤积，以及由此造成的人员伤亡和财产损失等重大安全问题，进行流域内地震诱发滑坡长期活动性与控制因素，以及对流域侵蚀产沙贡献作用和长久影响效应研究。在研究过程中，对流域内滑坡进行现场调查分析，并总结历史地震诱发滑坡特点，判断邛海流域滑坡的地震激发特点，进一步对区域地震活动调查分析，利用地震震级与滑坡规模统计关系确定地震诱发滑坡的长期活动时效；再通过对历史地质灾害发育与附近频繁地震活动和极端降水事件的时空耦合关系的分析，揭示频繁地震和极端降水的内外动力地质耦合作用可能是促使地震诱发滑坡长期活动根本原因，并进一步采用理论分析和室内试验手段揭示斜坡体对频繁地震扰动变形和强降水渗透破坏的动力响应机制；典型案例进一步验证滑坡泥石流的暴发与当年附近频繁地震活动和强降水事件的时空耦合存在必然的因果关系；最后在对地震诱发滑坡对邛海严重的泥沙淤积危害分析基础上，利用汶川地震诱发滑坡完整编目建立历史地震诱发滑坡反演模型，估算并对比分析不同历史时期邛海流域侵蚀淤积速率，从而揭示历史地震诱发滑坡对流域侵蚀产沙的贡献作用和长久影响效应，以此增加人们对大地震、滑坡侵蚀和地表过程演化的认识和理解。

1.4.2　技术路线

本书以现场调查数据为基础，在搜集区域地质、气象和灾害资料基础上，采用遥感分析、钻探、统计分析、类比判别、岩土体物理力学实验、数值计算、室内动三轴和渗透试验、数学模型等方法相结合，系统地研究了邛海流域地震诱发滑坡的长期活动性及其灾害效应，其具体技术路线见图1-7。

（1）选择青藏高原东南缘的邛海流域进行野外考察，对流域内滑坡发育特征和分布规律进行调查，采用与历史地震诱发滑坡特点类比的方法判断流域内滑坡的地震激发特点。

（2）对历史地震诱发滑坡与地震震级进行统计分析，探讨邛海流域历史大地震诱发滑坡事件，并在对典型滑坡活动状况调查和土样颗分试验对比分析基础上，揭示当前流域内地震诱发滑坡的长期活动时效。

（3）对流域区域地质构造和气候背景进行统计分析，揭示历史地质灾害发育与附近频繁地震活动和极端降水事件的时空耦合关系。

（4）采用地震动时程记录数据分析场地条件对附近地震动的放大效应，并利用Newmark方法定量计算了附近地震对斜坡体的扰动变形位移，同时利用室内动三轴试验模拟频繁地震动累加对土体强度和变形的影响，从而实现从理论分析和室内试验手段揭示流

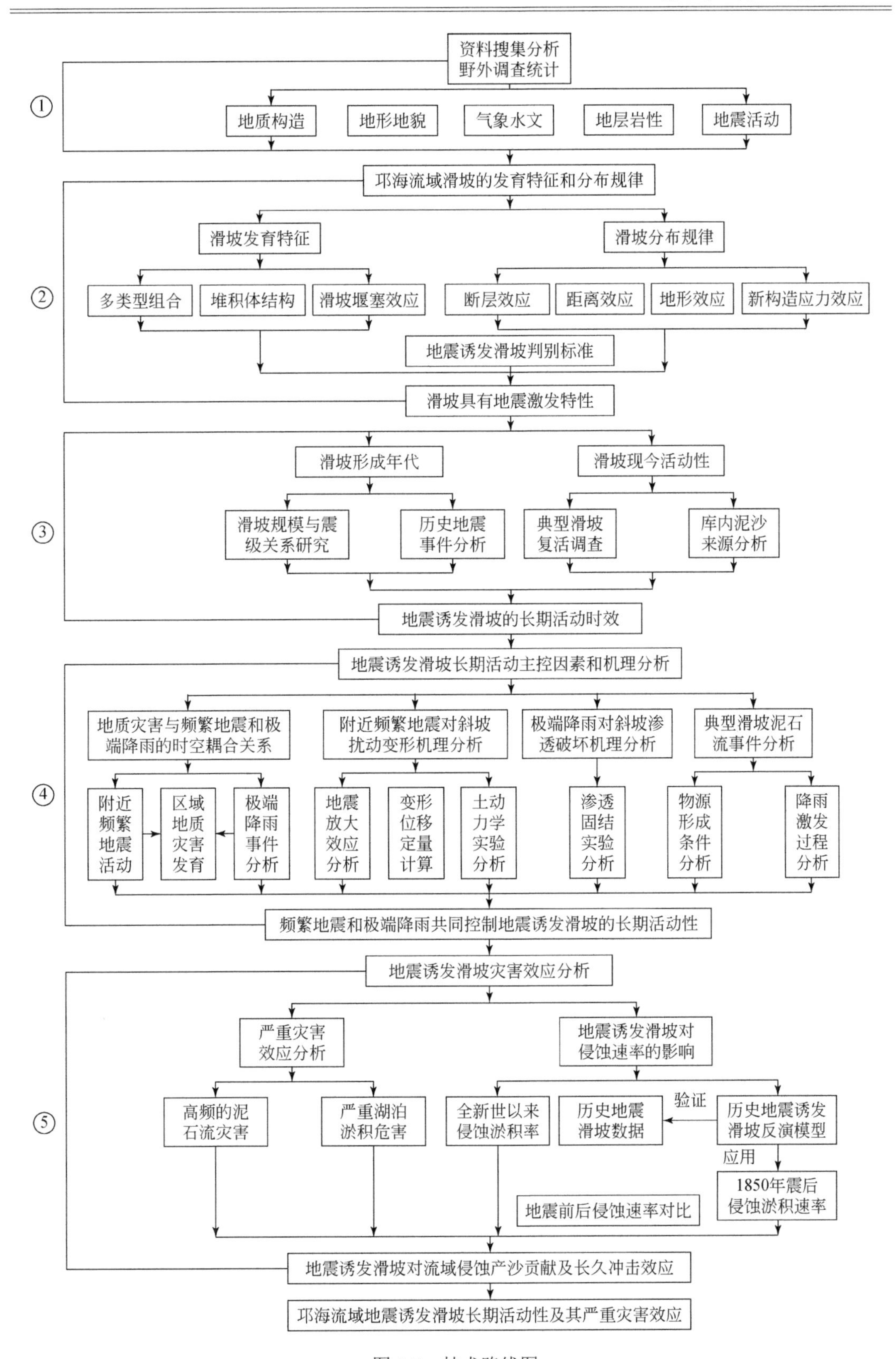

资料搜集分析
野外调查统计
①
地质构造
地形地貌
气象水文
地层岩性
地震活动
邛海流域滑坡的发育特征和分布规律
滑坡发育特征
滑坡分布规律
②
多类型组合
堆积体结构
滑坡堰塞效应
断层效应
距离效应
地形效应
新构造应力效应
地震诱发滑坡判别标准
滑坡具有地震激发特性
滑坡形成年代
滑坡现今活动性
③
滑坡规模与震级关系研究
历史地震事件分析
典型滑坡复活调查
库内泥沙来源分析
地震诱发滑坡的长期活动时效
地震诱发滑坡长期活动主控因素和机理分析
④
地质灾害与频繁地震和极端降雨的时空耦合关系
附近频繁地震对斜坡扰动变形机理分析
极端降雨对斜坡渗透破坏机理分析
典型滑坡泥石流事件分析
附近频繁地震活动
区域地质灾害发育
极端降雨事件分析
地震放大效应分析
变形位移定量计算
土动力学实验分析
渗透固结实验分析
物源形成条件分析
降雨激发过程分析
频繁地震和极端降雨共同控制地震诱发滑坡的长期活动性
地震诱发滑坡灾害效应分析
⑤
严重灾害效应分析
地震诱发滑坡对侵蚀速率的影响
高频的泥石流灾害
严重湖泊淤积危害
全新世以来侵蚀淤积率
历史地震滑坡数据
验证
历史地震诱发滑坡反演模型
应用
1850年震后侵蚀淤积速率
地震前后侵蚀速率对比
地震诱发滑坡对流域侵蚀产沙贡献及长久冲击效应
邛海流域地震诱发滑坡长期活动性及其严重灾害效应

图 1-7 技术路线图

域斜坡土体对附近频繁地震扰动的动力响应机制。

（5）运用渗流装置和 GDS 三轴仪研究在固结前后不同细颗粒含量和含水率下土体渗透系数变化规律，以模拟震后松散土体在降水入渗和自身固结作用下的渗透系数变化，揭示强降水作用对脆弱斜坡土体渗透破坏的动力变化过程。

（6）对典型滑坡泥石流事件进行调查分析，揭示滑坡泥石流的发生与频繁地震扰动和强降水激发的耦合作用关系。

（7）对邛海泥沙淤积变化和来源进行调查分析，探讨地震诱发滑坡对流域侵蚀淤积的动态过程和严重灾害效应。

（8）利用汶川地震诱发滑坡完整编目进行三参数反 Gamma 函数统计分析，建立历史地震诱发滑坡反演模型并进行验证，进而估算当时大地震后滑坡的侵蚀速率，并与前人研究的全新世以来侵蚀和淤积变化速率对比分析，揭示地震诱发滑坡对流域侵蚀产沙贡献和长久影响效应。

第 2 章　邛海流域自然地理环境

2.1　邛海流域概况

邛海位于四川省凉山彝族自治州西昌市东南郊 4km，102°15′～102°18′E，27°42～27°55′N，东、北、南三面高山围绕，邛海的出口位于西北部，经海河入安宁河后汇入雅砻江，邛海流域由西昌、昭觉、喜德三市（县）的部分区域构成，其中西昌市所辖的范围最大，占流域面积的 70%，被西昌市民称为“母亲湖”（图 2-1）。邛海流域面积 307.64km^2，海拔为 1510～3264m。邛海形状如蜗牛，南北长 10.3km，东西最宽处 5.6km，平均湖宽 3.8km，周长 37.2km，2010 年实测水面面积 27km^2，蓄水量 2.93×10^{8}m^3，平均水深 10.95m，最大水深 18.32m，湖周有多条河流汇入湖内，其中较大河流有 8 条，官坝河流域面积最大（图 2-2）。

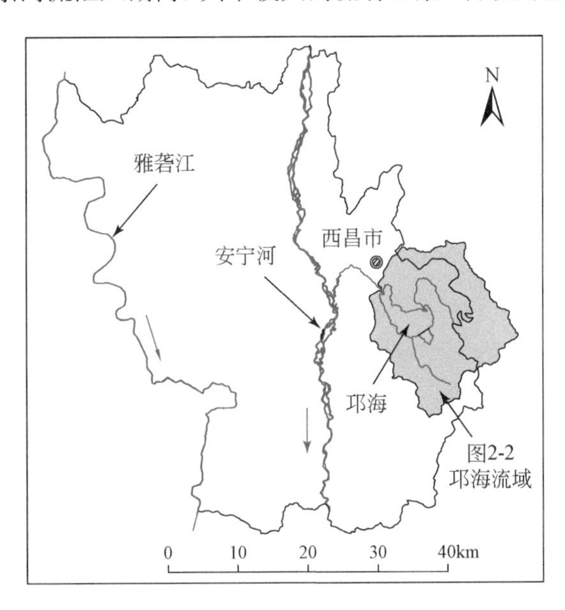

图 2-1　邛海区位图

2.2　地 形 地 貌

邛海流域以山地为主，形成“八分山地，二分坝”和坝内“八分山地、二分水”的比例状态，其中高山、中山和平地面积分别为 27.85km^2、173.13km^2 和 106.66km^2。流域地形地貌形态为东、南、北方向高山环绕中高山和向西侵蚀开口的断陷盆地地形，山高较陡，山坡坡度为 30°～50°［图 2-3（a)］。受川滇南北向构造作用影响，流域内地形地貌较为复杂。整个流域分为三个不同的地貌单元，即流域上游平均海拔 2550m 以上为构造剥蚀

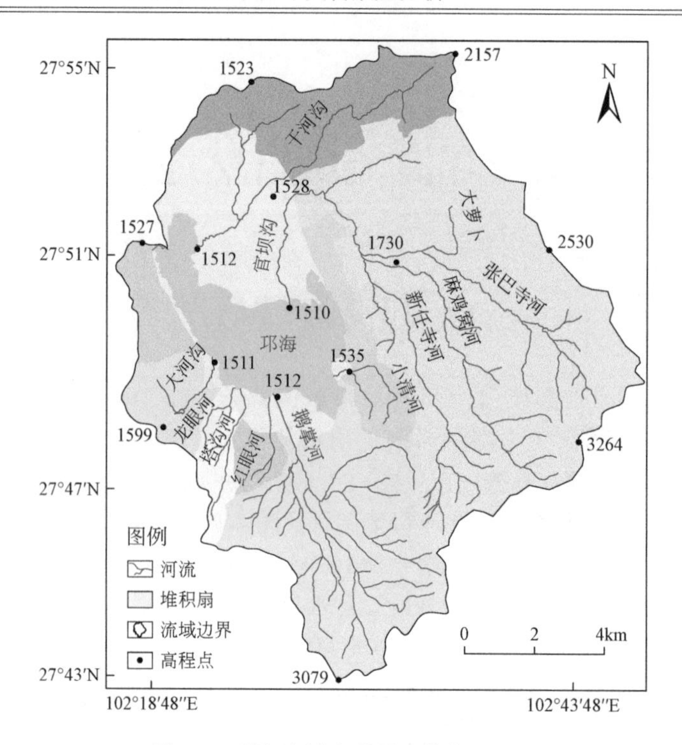

图 2-2　邛海流域水系图（单位：m）

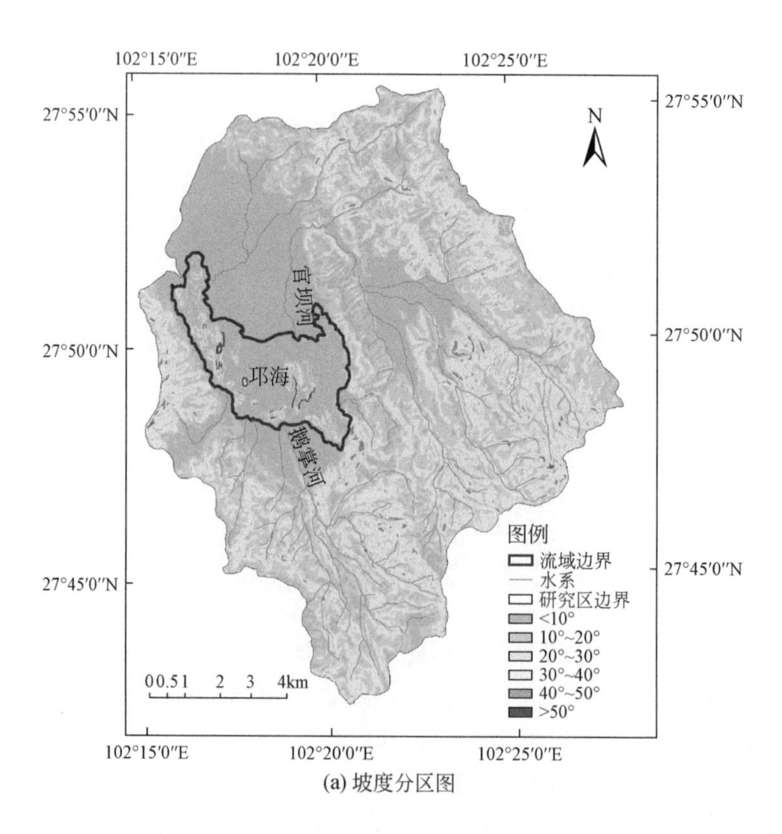

(a) 坡度分区图

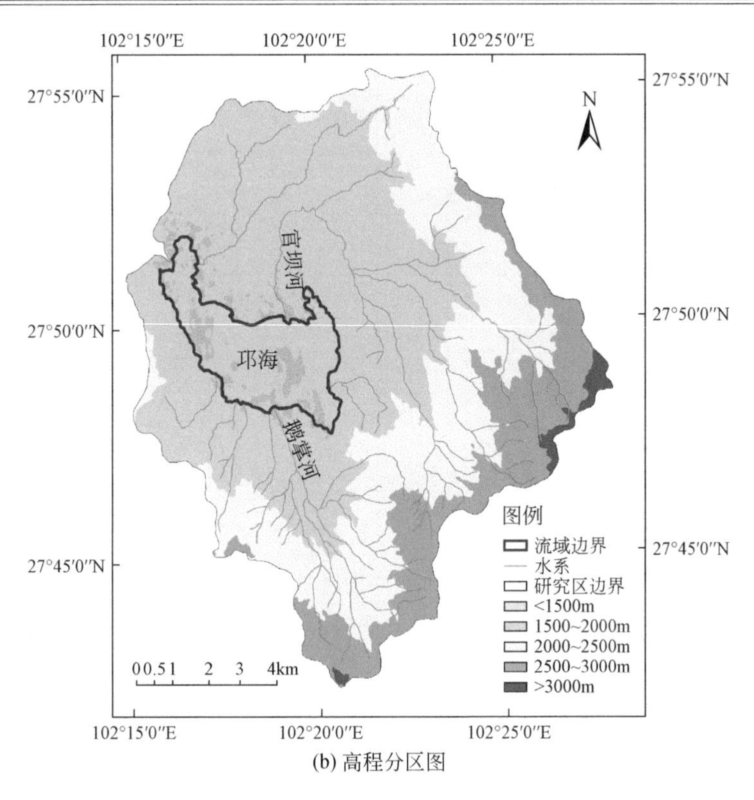

(b) 高程分区图

图 2-3　邛海流域地形地貌分区图

地貌，山体为中深切谷、剥蚀、侵蚀构造中高山，又加上受安宁河断裂带和则木河断裂带控制，次级断裂密集，岩性软弱，主要表现为褶皱、断层和断块山，表层为第四纪山麓坡积层覆盖，基底岩石以砂岩、泥岩和泥质页岩为主；流域下游平均海拔 1735m 以下为河湖相沉积，主要由河湖相堆积的砂卵石层、粉砂层和粉细沙层及黏土层等组成，厚 4～60m，基底为泥岩及砂岩；中游海拔为 1735～2550m，区域主要为深切峡谷，河谷深切，斜坡陡峻，岩体破碎，坡面充满崩塌滑坡体［图 2-3（b）］。

2.3　地质构造

西昌的构造体系位于扬子地台的二级构造单元的康滇地轴内，位于川滇南北向构造体系中段，长期以东西向挤压应力为主，在地质历史上产生大量的南北向和北西-南东向压性断裂及褶皱。根据构造活动性质及构造形迹组合特征，西昌地区可分为三个构造带[100]：凉山褶皱断层带、安宁河断陷褶皱断层带及属歹字形构造体系的则木河断裂（图 2-4）。邛海流域属于青藏高原东南部螺髻山系，川滇南北 II 级构造——安宁河断裂带内，区域构造稳定性主要受安宁河和则木河断裂控制，安宁河断裂带规模宏大，由东、西两支组成，总体走向南北，局部地段为北西-南东向，东支断裂断层面总体倾向东，倾角 70°～80°，延伸达 350km，破碎带宽度 0.15～1km，西支断裂断层面倾向北西，倾角 70°～72°，全长 200km；木河断裂为川滇棱形体的一条边界断裂，为一条逆断层，走向为北西-南东向，在西昌安宁镇附近斜接于安宁河东支断裂。

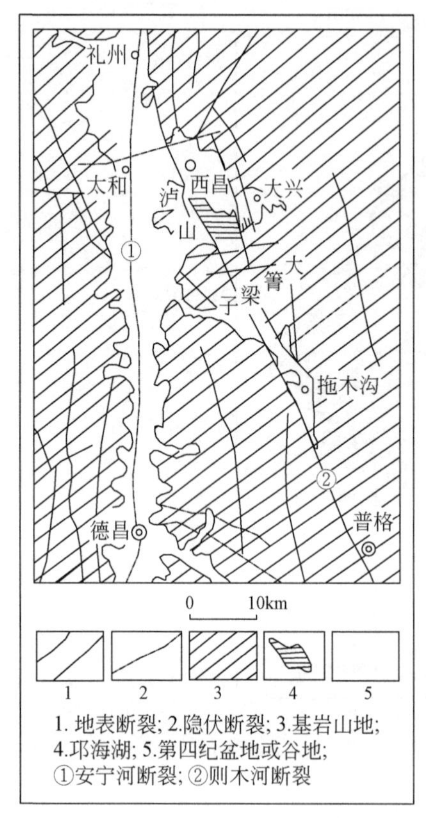

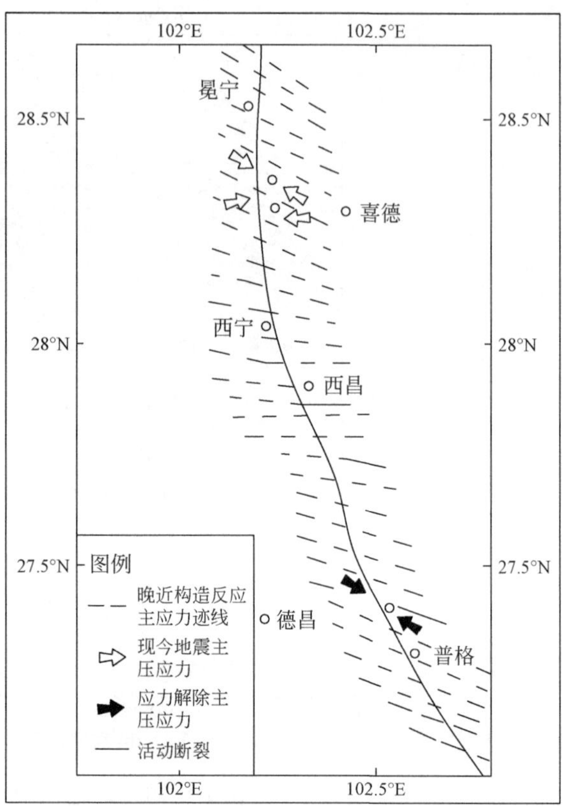

图 2-4　西昌地区地质构造简略图

2.4 地层岩性

流域内地层从中生界到新生界均有出露，岩层多为单斜地层，实测地层产状 300°∠15°，地层年代从西向东由老向新过渡，岩性较单一，主要为一套软硬相间的中生代红层，其中软弱岩层有薄层的泥岩、粉砂质泥岩、泥质粉砂岩、泥灰岩和页岩等（图 2-5），砂泥岩体较为破碎，裂隙发育，极易遭受风化剥蚀。区内地层岩性特征由老至新描述如下：

（1）新元古界震旦系灯影组中段（Z_bd^2）：灰白色厚层状燧石条带白云岩，底部有紫灰色板状泥砂质白云岩，厚度为 308～520m；

（2）中生界三叠系—侏罗系白果湾群（T_3—J_1bg）：上部为灰色、灰黄色泥岩及粉砂岩、页岩夹石英砂岩，下部为灰色、深灰色长石石英砂岩及粉砂岩、碳质页岩夹煤线，厚度为 213～1000m；

（3）中生界侏罗系牛滚凼组（J_3n）：鲜红色钙质泥岩、钙质粉砂岩夹细砂岩和泥灰岩，厚度为 290～1600m；

（4）中生界侏罗系官沟组（J_3g）：紫红色钙质粉砂岩、泥质砂岩、泥岩、灰绿色泥灰岩夹细砂岩，厚度为 375～808m；

（5）中生界侏罗系飞天山组（J_3f）：紫红色长石石英砂岩夹粉砂岩，泥岩夹页岩，厚度为 162～1106m；

（6）中生界白垩系小坝组下段（K_1x^1）：紫红色长石石英砂岩夹粉砂岩、泥页岩，粉砂质泥岩夹细砂岩，红色厚层石英粉砂岩，厚度为 253～992m；

（7）中生界白垩系小坝组中段（K_1x^2）：紫红色长石石英砂岩、粉砂质泥岩夹细砂岩，厚度为 347～636m；

（8）新生界古近系和新近系昔格达组（N_2x）：黄褐色砾岩夹青灰色、灰黑色黏土质页岩，中部夹褐煤，底部夹紫色含砂黏土，厚度为 0～250m；

（9）新生界第四系冲洪积、洪积层（$Q_4^{a\ pl}$、$Q_4^{a\ l}$）：河流及冰水冲积细砂、黏质砂土、砾卵石、漫滩及 I 级阶地，厚度为 10～120m，主要分布于沟道及沟道两侧，以及沟口平原地带。

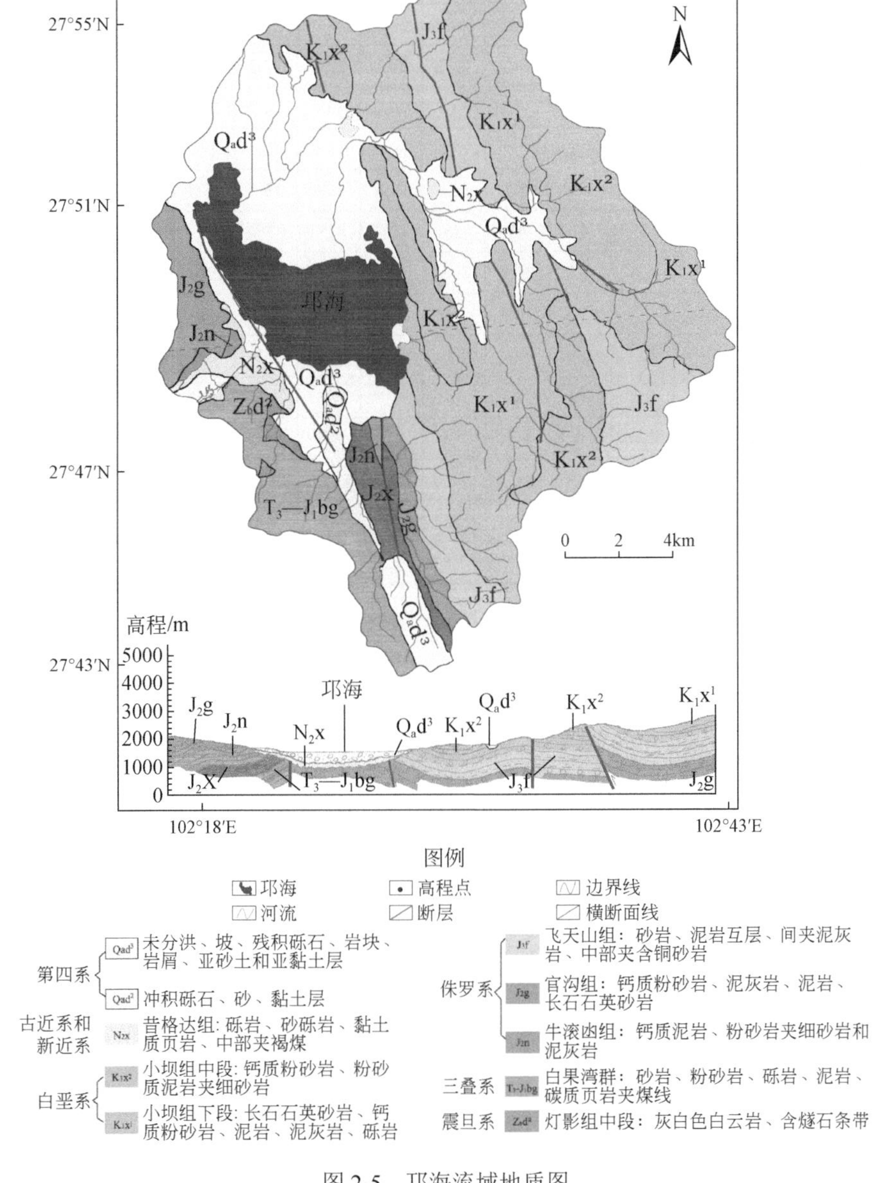

图 2-5　邛海流域地质图

2.5　气 象 水 文

2.5.1　气象

由于受西南季风及东南内陆干旱季风的交替影响，处于低纬度、高海拔的邛海流域，呈现中亚热带高原山地气候，冬暖夏凉，光照充足，雨量充沛，干湿季分明[101]（表 2-1、图 2-6）。

表 2-1　西昌主要气象要素统计数据

项目	1 月	2 月	3 月	4 月	5 月	6 月	7 月	8 月	9 月	10 月	11 月	12 月	年均
平均气压/mb①	838.1	836.5	835.7	835.2	834.8	834.7	833.8	835.8	838.8	841.5	841.7	840.1	837.2
平均气温/℃	9.5	11.8	16.4	19.5	21.2	21.1	22.6	22.2	19.9	16.6	12.9	10	17.0
最高气温/℃	24.1	26.8	30.9	35.2	36.5	36.2	33.8	34.9	33.3	29.7	27.6	23.4	31.0
最低气温/℃	−3.4	−3.8	0.2	2.7	7.8	10.7	13.6	13	9.3	4.8	0.8	−2.8	4.4
平均水气压/mb	5.6	5.8	6.9	9.5	13.4	17.8	20.8	19.5	17.1	13.8	9.5	7	12.2
平均相对湿度/%	51	46	41	45	56	73	75	75	75	74	66	59	61.3
降水量/mm	4.8	6.4	9.1	26.1	88.9	203.4	215.5	178.1	170.3	84.8	19.9	5.8	84.4
最大一日降水量/mm	11.8	11.5	17.8	36.9	50.7	114.1	104.9	185.7	66.1	55.6	22.7	21.1	58.2
日降水量≥5mm 日数	0.4	0.3	0.6	1.8	5.6	10.6	9.9	8.3	8.3	5.3	1.3	0.4	4.4
日降水量≥10mm 日数	0	0.1	0.2	0.7	3.2	7	6.8	6.8	5.9	2.7	0.6	0.2	2.9
日降水量≥25mm 日数	0	0	0	0.1	0.5	2	2.7	2	1.8	0.4	0	0	0.8
蒸发量/mm（d=20mm）	124	156.7	248	262.5	239.8	152.1	164.8	183.7	129.7	105.3	99.5	99.4	163.8
日照百分率/%	72	69	71	66	52	34	42	49	41	44	61	68	55.8
平均风速/（m/s）	1.6	2.3	2.6	2.1	1.8	1.2	1.2	1.1	1	1	1.2	1.2	1.5

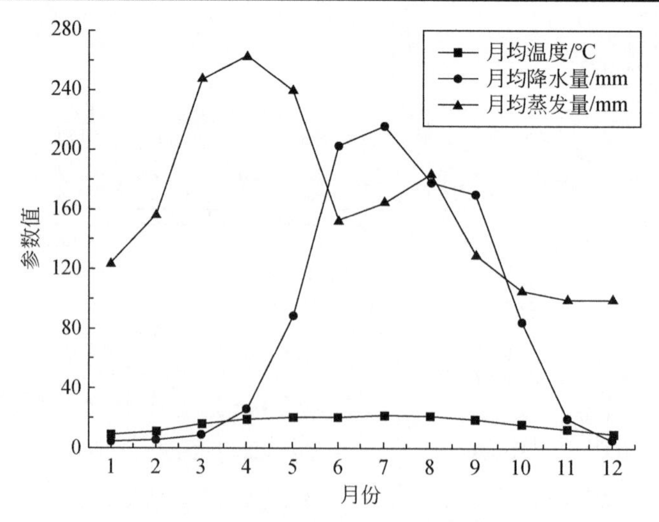

图 2-6　西昌地区月均气象要素变化

① 1mb=100Pa

气温具有年际变化小、年温差小、日温差大的特点。西昌气象站 1955 年至今的统计资料表明，工作区域内多年平均气温 17.0℃，年最高平均气温 31.0℃，年最低平均气温 4.4℃，全年中 1 月最冷，平均气温 9.5℃，7 月最热，平均气温 22.6℃，最冷月与最热月平均气温相差 13.1℃，极端最高气温 36.5℃，极端最低气温-3.8℃，是我国全年平均气温变幅最小的地区之一。

区域降水集中于 5～10 月，均值为 941mm，占年降水量为 93%，其中 7 月最大。多年平均年降水量为 1013.1mm，最大年降水量为 1549.6mm，最小年降水量为 691.2mm。10 年一遇 3 小时、6 小时和 24 小时最大降水量分别为 83.5mm、93.6mm 和 102.3mm；20 年一遇 3 小时、6 小时和 24 小时最大降水量分别为 95.4mm、106.2mm 和 114.1mm。

2.5.2　水文

邛海流域溪沟密布，河谷比降大，年径流集中于 5～10 月，5～10 月径流量之和占年径流总量的 80%以上，1～4 月及 11～12 月径流量之和不到年总量的 20%。流域内暴雨形成洪峰较快，持续过程在 5～10 小时内，多呈陡涨陡落的单峰型。流域内存在众多长度大于 1km 的支沟，水系密度达到 0.68 条/km^2。湖周有 8 条较大河流流入邛海，分别为官坝河、鹅掌河、干沟河、大沟河、小箐河、踏沟河、红眼河和龙沟河等（表 2-2）。

邛海属安宁河支流海河的源头高原淡水湖泊，终年无冰冻，湖面多年平均降水量 $2650\times10^4m^3$，补给系数 9.97，流域多年平均径流深 760mm，多年平均径流量 $1.2\times10^8m^3$，湖水滞留时间 834 天，湖水来源：一是湖周围的官坝河、鹅掌河等山溪河；二是 307.67km^2 汇水面积，每年降入雨水约 $0.3\times10^8m^3$；三是地下岩体裂隙水和松散堆积体内孔隙水。邛海 1955～1956 年每年流入水量为 5.33～5.56m^3/s，总流出水量为 5.22～5.32m^3/s。据实测，1971～1974 年湖水流出海河平均流量为 2.25～7.64m^3/s，年径流总量为 0.7118×10^8～$2.411\times10^8m^3$，多年平均有 $1.4\times10^8m^3$ 流入安宁河，最枯水月在 1974 年 3 月平均流量仅为 0.19m^3/s，最大水月也在同年 9 月，平均流量为 22.9m^3/s。1986 年 6 月 15 日邛海出现最低水位 1509.05m，1998 年 8 月 16 日出现最高水位 1511.77m，最大水位变幅 2.72m[101]。

表 2-2　邛海流域主要河流参数

河名	流域面积/km	干流长度/km	比降/‰	平均流量/(m^3/s)
官坝河	137.24	21.9	58.6	1.696
鹅掌河	50.14	10.59	101.9	0.700
干沟河	31.58	9.63	30.6	0.422
大沟河	10.23	3.35	18.8	0.136
小箐河	6.375	3.35	99.7	0.082
踏沟河	5.175	4.30	124.7	0.067
红眼河	3.725	3.45	107.0	0.048
龙沟河	2.165	2.20	104.5	0.028

2.6 地震活动

西昌及附近地区处于我国东部川滇地震带中段的石棉-元谋地震带内，地震活动主要受区域构造运动控制，当前西昌地区国家的设防烈度不小于Ⅸ度，设计基本加速度不小于0.4g。早更新世末期的昔格达运动，不但昔格达层差异运动显著，而且还产生了一系列的小型褶皱与断裂，西昌西宁以北和西昌-普格一带主压应力为北西向，而西昌附近的主压应力则为北西西向。1977 年四川省地震局地震地质队在则木河断裂带上荞窝附近应力解除测得主压应力为北 55°西，这一时期安宁河断裂与则木河断裂呈左旋扭动，早更新世至今应力场都未改变，西昌处在北东东-南西西的主压应力作用下，北北西向的则木河断裂为主压应力作用下的一剪切面上，很容易发生地震。西昌市历史上是地震多发区，公元前 111 年至公元 1985 年，西昌境内曾出现过 3 级以上有感地震约 17 次，烈度为Ⅹ度的 2 次，Ⅸ度的 1 次，Ⅷ度的 2 次，Ⅵ～Ⅶ度的 2 次，详见第 3、4 章。

第 3 章　邛海流域滑坡的分布规律与地震成因分析

3.1 概　　述

要研究邛海流域内地震诱发滑坡的长期活动性，必须首先确定邛海流域内分布大量滑坡是否为地震所激发，且现今仍对流域的泥石流灾害和侵蚀淤积产生持续的影响。为此我们在研究邛海流域的大量滑坡发育特征和分布规律的基础上，结合国内外学者对地震诱发滑坡的认识和邛海流域自身滑坡的特点，总结出以下 8 个标准用于判定流域滑坡的地震激发特点及形成年代。

（1）发震环境：首先要确认滑坡分布区域是否为高烈度地震区，区域地震活动是否强烈，是否具有诱发大规模滑坡事件的地震构造环境，如果该区域不具备强震触发条件，那就不可能发育大量滑坡。

（2）簇状集群分布特点：单独某个地震诱发滑坡的发生并无规律可循，然而在一定区域范围内地震诱发滑坡的群集、簇状分布则体现出一定的必然性，找出这种分布规律就可进一步预测历史地震诱发滑坡事件。

（3）滑坡类型和规模：一次大地震常常诱发大小不同且类型多样的大量滑坡，如表层扰动滑坡、崩塌和深层滑坡等，滑坡规模从几百到上千万立方米不等。

（4）滑坡高位下滑-高速碰撞特点：大部分地震诱发滑坡具有高位抛射特点，故可根据滑坡滑源区位置及与堆积体分离关系来确定；高位滑体在高速下滑过程中，滑体将会发生碰撞解体，致使堆积体结构松散，多由混杂、多棱角的碎块石组成。

（5）滑带特征：滑坡堆积体与下伏堆积体之间没有明显界线，滑带不发育，而是因巨大碰撞影响作用形成混杂扰动带。

（6）滑坡堰塞效应：大多数大地震事件常常沿河道形成多处滑坡堰塞湖，致使河道受阻从而形成典型的 S 形河道。

（7）新构造应力场特点：新构造应力场对滑坡发育和宏观分布规律具有重要的控制作用，崩滑体常常沿自重应力场与新构造应力场的叠加方向发育和分布。

（8）历史地震事件：对区域历史大地震事件进行总结分析，明确激发大量滑坡的历史地震事件，并结合历史地震震级与触发滑坡数量之间指数关系，综合判定当前流域大量滑坡的地震成因和形成年代。

3.2 区域发震环境分析

3.2.1 则木河断裂

地震是地壳中累积的构造应力突然集中释放而引起岩石突然变形破裂的结果。印度板块以每年 50mm 的速度向亚洲板块俯冲，在青藏高原东缘边界沿南北向构造带产生向东挤压应力，然而这种挤压作用受到四川盆地下部刚性地块的阻隔，故在这种长期的构造累积变形作用下，沿东边界构造带将产生巨大的应力集中，极易发生大地震破坏，且活动强度大、震级高，活动周期短。

青藏高原东南边界是一条长 700km 南北向活动构造带，共包括三个主要左旋走滑断裂，分别为安宁河、则木河和小江断裂带（图 3-1）。作为青藏高原东南边缘地块的川滇地区存在明显的地壳缩短和走滑挤出，安宁河和则木河断裂的东侧块体挤出量达到 300km[102]。因此该区域地质稳定性受到这些断层的强烈控制，历史上一些大地震主要发生在南北断裂构造带上，如 2008 年汶川大地震就是地壳内部构造挤压应力在东北界的映秀地区突然释放的结果。

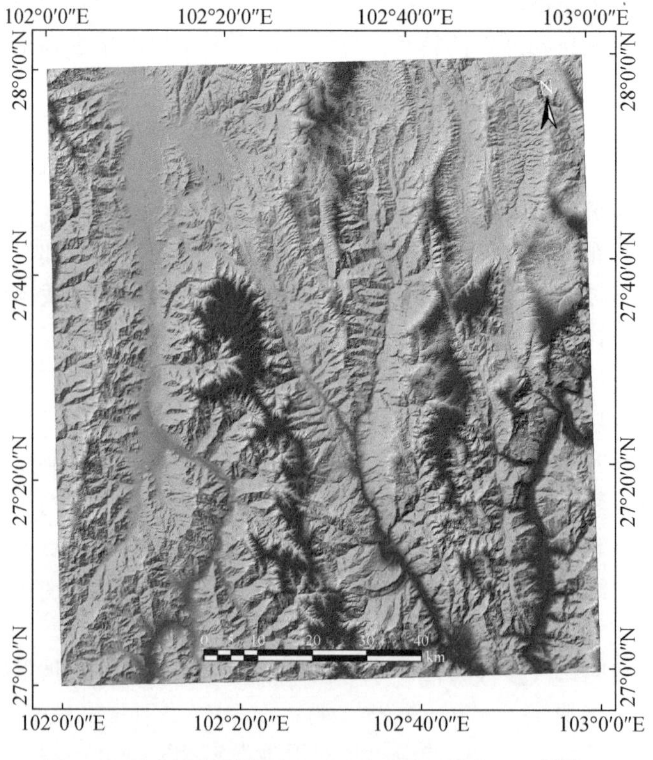

图 3-1　则木河断裂带区 DEM 遥感图（改自 Ren[102]）

则木河断裂是西南地区的一条区域性活动大断裂，东南起自云南巧家，西北终至四川西昌，总长约 120km，总体走向呈北 330°西延伸的断裂带，断面南西倾斜，倾角甚陡的左旋走滑正断层。在第四纪早期该断裂带以拉张断陷活动为主，西昌一带的断陷幅度、规模最大，向东南延伸方向逐渐减小，而第四纪晚期则主要表现为强烈的左旋水平扭动。则木河断裂带在北西段的西昌邛海区域宽达 10km，由多条与则木河断层近于平行的次级断层组成，同时由于强烈的构造作用，在此也出现一组近乎东西方向的断裂带，故在复杂交错的断裂带切割作用下，邛海区域形成了复杂的断陷盆地与抬升倾斜山地的地形地貌格局。故多年来西昌一带历史上多次强震的发生，以及宁南、巧家一带频繁的中、小震群的发生，均与则木河断裂的活动密切相关。

3.2.2 邛海形成原因

邛海为四川第二大淡水湖泊，属高原半封闭、终年没有冰冻湖泊，其形成成因说法不一，如安宁河牛轭成湖、地震陷落成湖、堰塞成湖、则木河废弃河道成湖等假说[103, 104]。目前邛海的地震断陷形成论这一说法被人们普遍接受，认为其是由第四纪时期地质构造运动形成的断陷湖，在全新世早期形成了邛海的初始形态[105]。朱皆佐等[104]也认为邛海的形成与历史上西昌附近频繁强烈的地震活动有密切关系。闻学泽等[105]认为邛海盆地主要受则木河断裂控制，呈现出沿北北西向延伸的不规则长方形形态（长约 15km、宽 5～6km），这也与青藏高原东边界新构造运动活跃，大量断陷湖泊受断裂控制呈近南北向展布一致。

邛海盆地位于北北西向则木河断裂带与近南北向安宁河断裂带的交汇部位附近，同时还存在近东西向和北北东向断裂，地质结构较复杂。早更新世末，青藏高原的东边界断裂曾发生强烈的拉张性断陷活动，致使则木河断裂带在西昌邛海区域形成了一北北西向展布的地堑地垒架构，其宽度为 10～15km，自东向西为：大兴半地堑、小花山地垒、邛海地堑和泸山断块山（图 3-2）；西昌邛海地堑中厚度达 400 余米的下更新统昔格达组（Q_1x）地层被一系列正断层错断，并在后期堆积中-上更新统冲积和湖积交替的沉积物，厚度可达约 1000m。在盆地西南与泸山交界处为则木河断裂西分支，盆地底部与泸山顶部之间高差约为 700m；盆地东北界与小花山交界处为则木河断裂带东分支，小花山与盆地之间高差约为 340m[106]。

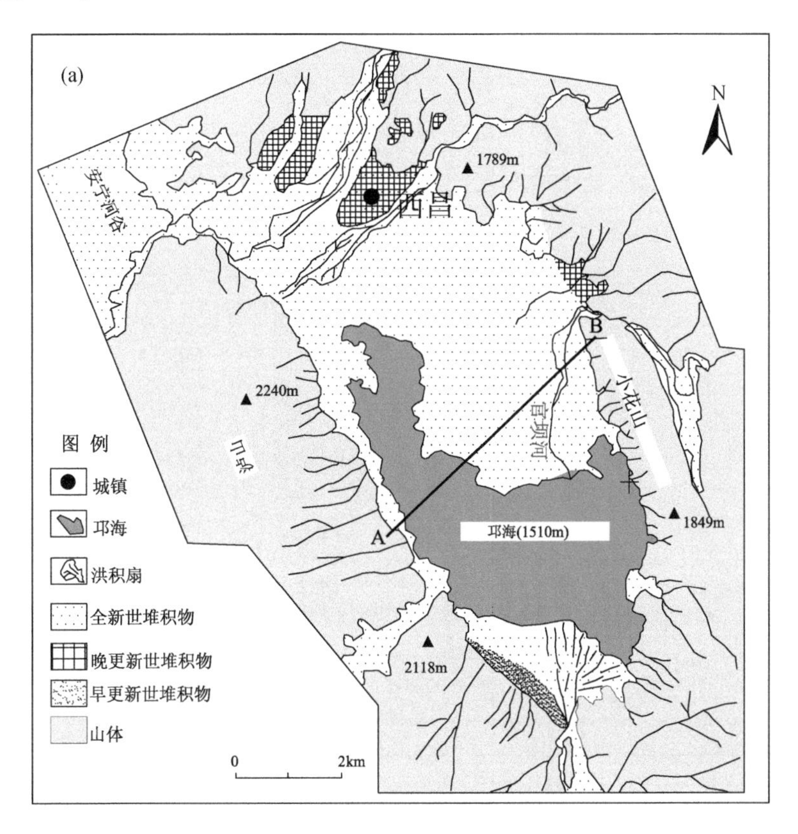

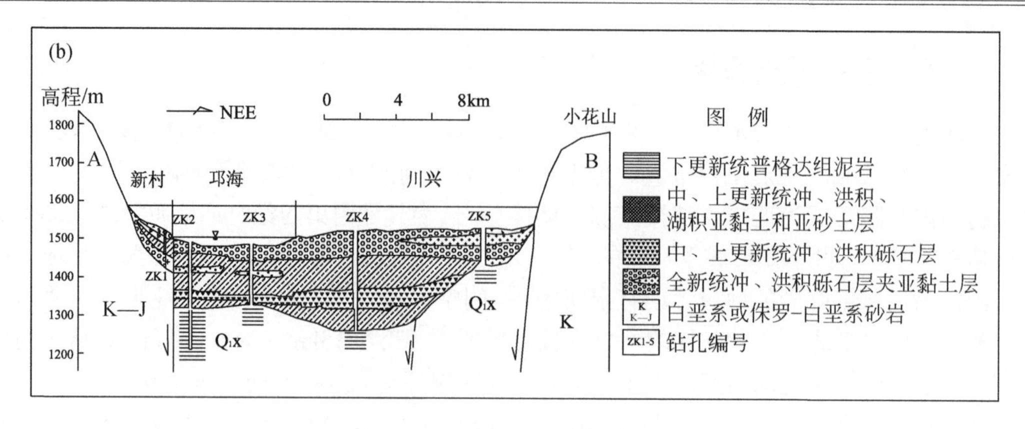

图 3-2　邛海流域地形地貌简图

3.2.3　区域地震活动性

西昌地区地质结构复杂，主要受到青藏高原东边界北-南断裂带控制，历史上被认为是青藏高原东南缘地震最严重的易发区和高发区，地震发生频繁且震级大（图 3-3）。当前学

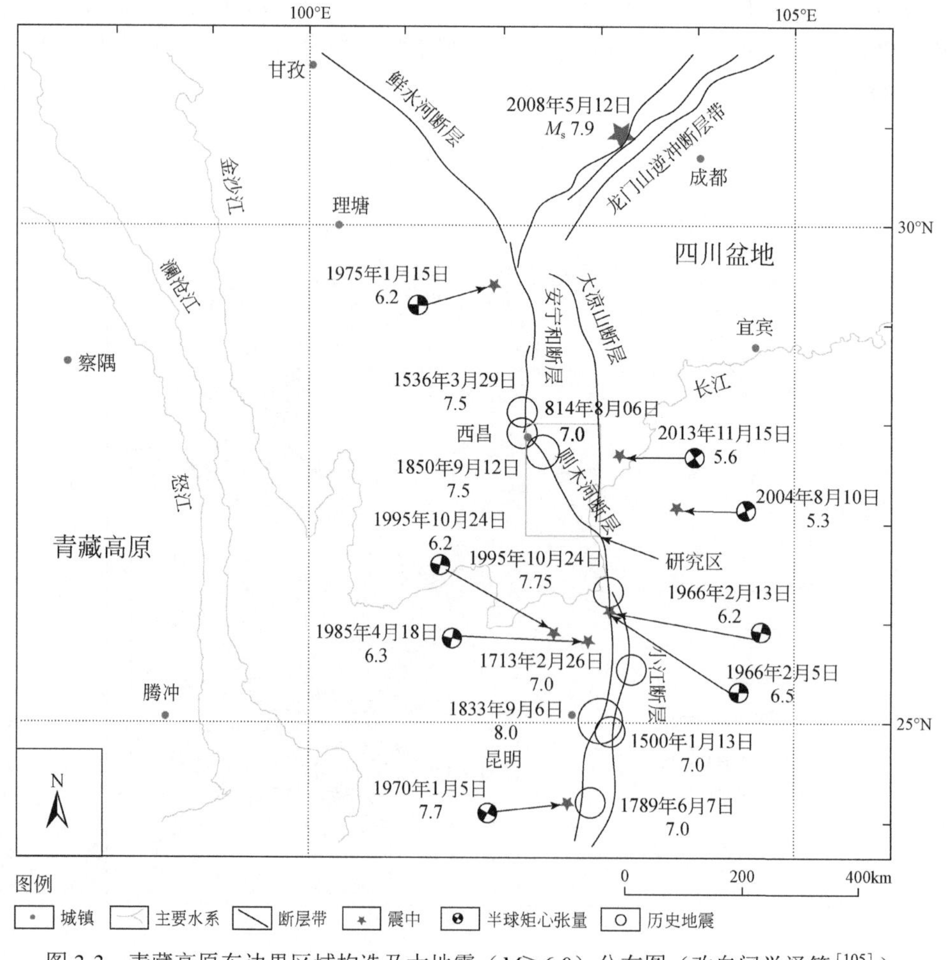

图 3-3　青藏高原东边界区域构造及大地震（$M \geqslant 6.0$）分布图（改自闻学泽等[105]）

者研究认为西昌地区是一个地震强度大、频度高的地区，主要与其所处构造部位，即地震地质背景密切相关。则木河断裂的反扭在西昌北受安宁河深断裂阻隔，从而形成应力集中区，当应力积累到一定程度，就会突然释放而诱发大地震。因为则木河断裂较安宁河深断裂形成年代晚且深度浅，故其长度延伸和深度发展受到古老断裂带的限制，在西昌端部试图切过老断裂向深处发展时受阻而形成应力集中区，造成西昌区中强震频发。另外，一个被断裂切割成不同形状的块体受力后逐渐发生变形稳定，但当继续受到外力时，块体则会发生相对位移，在其块体边界上都将是应力集中区，也就是孕育地震的敏感部位，为此西昌邛海的地堑地垒构造是孕育地震关键区域。

3.3　邛海流域滑坡的发育特征与分布规律

在对整个流域滑坡进行详细调查的基础上，结合航空影像对流域滑坡的分布规律和发育特点进行细致统计分析，并与其他邻近区域大地震诱发滑坡特点进行类比分析，力求从滑坡自身发育规律和特点来揭示其大地震激发特点。

3.3.1　滑坡平面分布特点

由于邛海流域地形地质结构复杂，在经受强烈频繁地震震动后，所触发的大量滑坡必将表现出明显区别于重力滑坡的特征。Jibson 等[107]指出在地质历史上保留下来的大量滑坡可以通过统计分析来确定其地震激发的可能性。为此在本次研究中，从地震诱发滑坡与地震参数方面（断层效应、距离效应、地震烈度等），对滑坡发育和分布密度进行统计分析，从断裂构造角度分析其地震激发特点。

1. 地震激发滑坡的唯一成因性

实地调查发现，流域内滑坡分布并不均匀，在官坝河和鹅掌河内存在大量崩塌滑坡，小箐河、干沟河、大沟河、红眼河和龙沟河等则很少（图 3-4），这与各支沟在入海口泥沙淤积情况相一致，为什么不同支沟内崩塌滑坡等地质灾害分布差别巨大？显然这与诱发滑坡的控制因素有关，在中国西南山区诱发大量滑坡等灾害的主要激发因素包括强降水和地震[38]，而历史资料记录表明，自 9～1ka 以来，邛海所在的青藏高原东缘地区的夏季降水量变化较小（-5%～5%）[108]，且 19 世纪 70 年代以来，该区域气温升高，总体表现为干旱为主的河谷气候[109]；对西昌区域 1974～2009 年的降水资料统计发现，30 多年内雨日数累计减少 15 天，而年均降水量和雨季总降水量虽呈增加趋势，但变化不明显（图 3-5）；另根据 20 世纪 70 年代、90 年代、2000 年、2008 年 4 个不同时期官坝河流域的卫星遥感图像分析：从 40 年代开始，植被覆盖率经历了由少—多—少—多的变化过程（图 3-6），说明官坝河流域森林覆盖率逐渐转好，但官坝河近年来泥石流仍然频发，入海口泥沙淤积仍非常严重，故我们认为在邛海流域内同样的下垫面、地形地貌、气候背景条件下，控制邛海流域各支沟滑坡发育和分布的因素是地震活动，这也符合该区域地质构造背景（地壳结构复杂，第四纪以来构造活动强烈，断裂发育，历史上曾发生多次强震）。

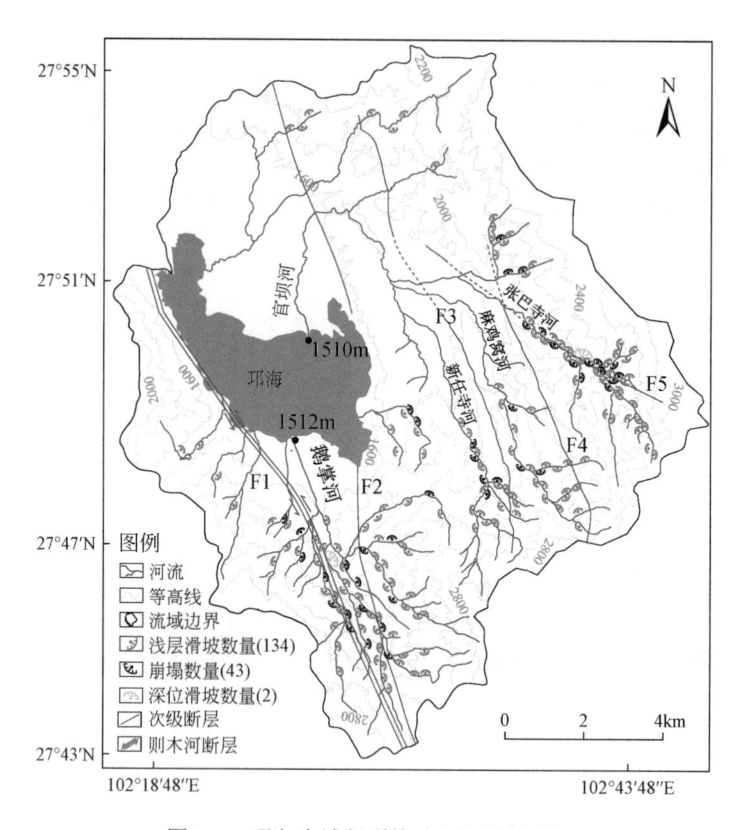

图 3-4　邛海流域断裂构造及滑坡分布图

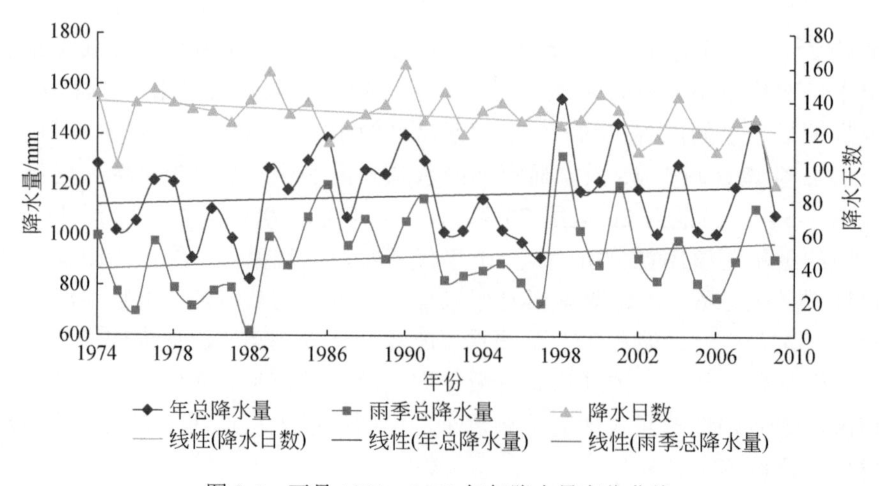

图 3-5　西昌 1974～2009 年年降水量变化曲线

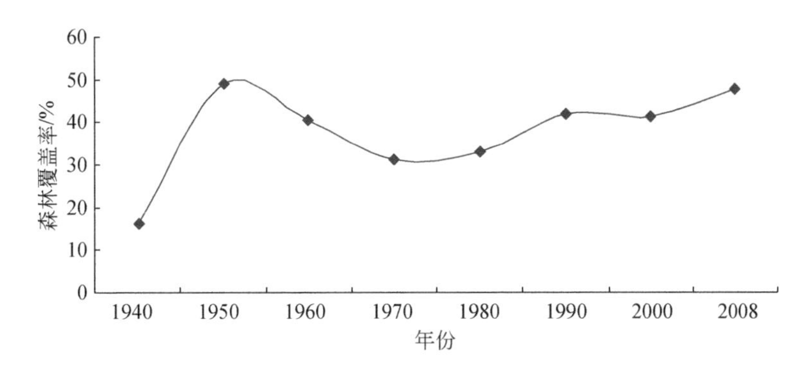

图 3-6　官坝河流域森林覆盖率变化曲线图

2. 强烈受断裂带控制

从滑坡分布图可以发现，邛海流域共发育 179 个滑坡，这些滑坡的总面积约为 54×10^4m²，总体积达到 252×10^4m³（表 3-1），其中官坝河和鹅掌河内滑坡数量分别为 98 个和 63 个，分别是其他支沟滑坡数量总和的 5.4 倍和 3.5 倍。流域内滑坡集中分布在一个大约 162km² 的相对窄小区域内，平面分布上滑坡呈现簇状分布，平均滑坡数量密度为 1.1 个/km²。95%以上的滑坡分布在则木河断裂带东侧 15km 范围内，并且随着距则木河断层距离增加而减少，在距主断层 2km 范围内滑坡数量密度最大，达到 2.87 个/km²（图 3-7），这一数值与历史上其他地震诱发滑坡基本一致[110]，如玉树 *M*7.0 地震滑坡密度为 1.39 个/km²，且大部分发生在地震断层破裂带 2.5km 区域内；在汶川 *M*8.0 地震中，在主断层 2km 范围内地震滑坡数量密度达到 3～3.5 个/km²，且大部分滑坡分布在距映秀-北川断层主断层上盘 18km 区域内。

表 3-1　邛海流域滑坡参数统计表

名称		滑坡数量/个	滑坡面积/m²	滑坡体积/m³
官坝河	张巴寺河	51	245740	1347080
	麻鸡窝河	17	31950	98500
	新任寺河	23	42912	147444
	大萝卜沟河	7	8563	21945
鹅掌河		63	201084	861770
小清河		6	7470	27440
高苍河		6	3763	10520
其他支沟		6	2630	3514
总量		179	544112	2518212

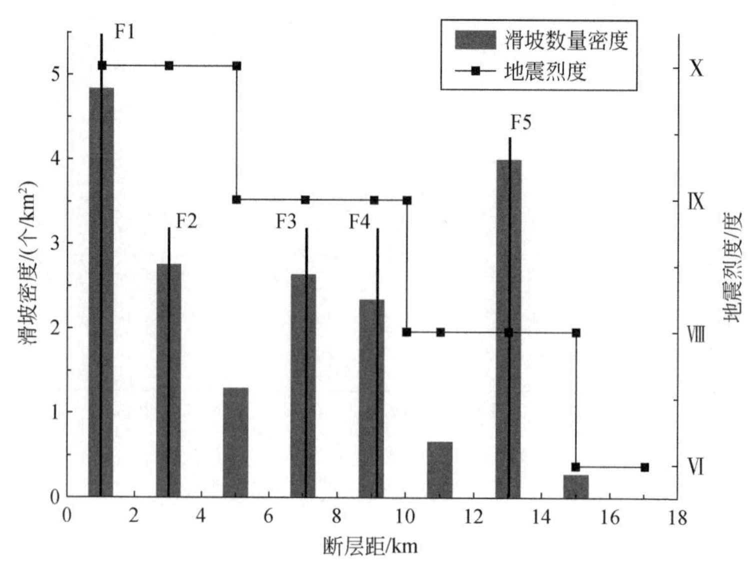

图 3-7　邛海流域滑坡随断层距和地震烈度变化图

另从 1850 年 *M*7.5 大地震的等震线图可以清晰发现，几乎所有滑坡分布在Ⅶ度等震线区域内（图 3-8），最大滑坡数量密度为 1.28 个/km^2（图 3-9），出现在Ⅹ度烈度区内。总体上滑坡数量密度随地震烈度衰减而减少，小密度出现在Ⅶ度区，为 0.04 个/km^2，两者相差 32 倍，这种分布形式也与其他历史地震滑坡类似[4, 32]，如在汶川 *M*8.0 地震时，在Ⅹ度区的滑坡数量密度是Ⅶ度的 50 多倍（表 3-2）。

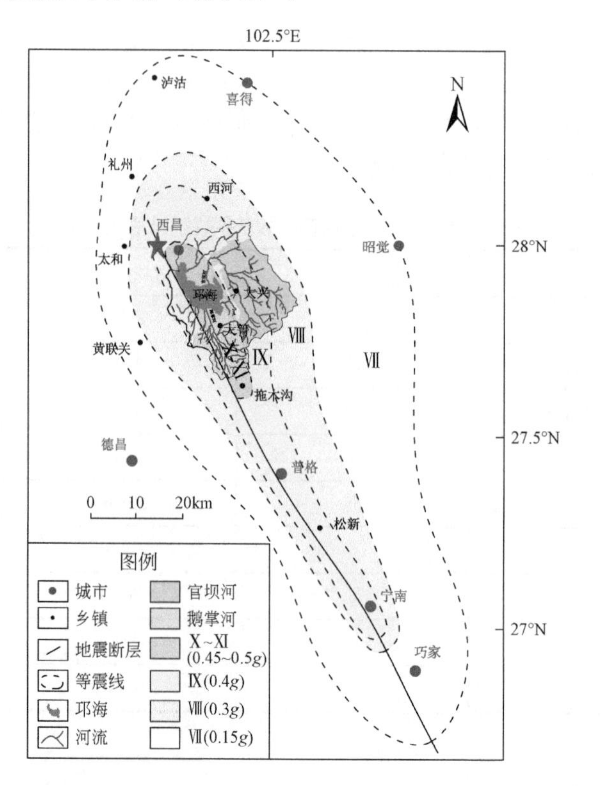

图 3-8　西昌 1850 年 *M*7.5 大地震烈度区划图（改自任金卫等[123]）

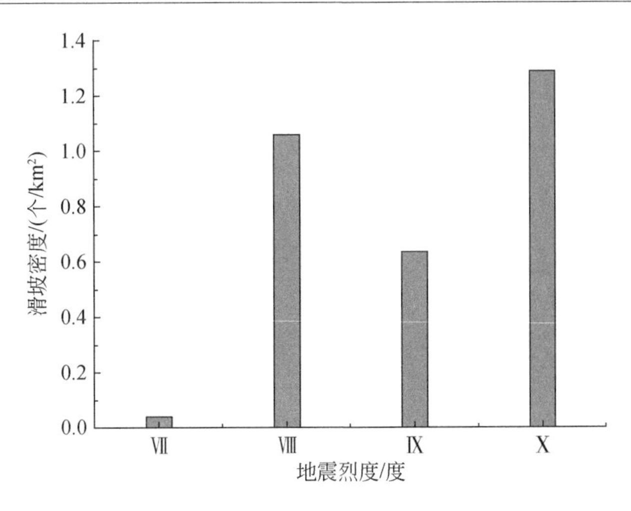

图 3-9　邛海流域滑坡随地震烈度变化图

表 3-2　历史地震滑坡烈度与密度对比表

地震烈度/度	地震事件			
	2008 年汶川地震（M8.0）	2010 年玉树地震（M7.1）	1973 年炉霍地震（M7.6）	1850 年西昌地震（M7.5）
Ⅶ	0.05	—	—	0.04
Ⅷ	0.15	—	—	1.05
Ⅸ	1～1.5	0.4	0.07	0.63
Ⅹ～Ⅺ	2～3.5	—	0.6	1.32

注：历史地震诱发滑坡数据来自姚令侃等[111]和黄润秋等[110]。

虽然总体上滑坡数量密度随着断层距增加而呈减小趋势，但在断层距 15km 区域内滑坡分布并非逐级递减，而是主要聚集在则木河次级断裂带 5km 范围内，如在Ⅷ度烈度区内滑坡数量密度为 1.05 个/km^2，明显高于Ⅺ度烈度区内的滑坡数量（0.63 个/km^2），两者相差约 1.6 倍。这种分布规律在 1988 年澜沧-耿马地震和 2008 年汶川地震中均有出现[112]。从区域构造图可知（图 3-4），除了则木河主断层（F1），在则木河断裂带东侧周围发育 4 条与其近乎平行的次级断层（F2、F3、F4、F5），这可能与晚第四纪以来垂直差异构造运动和则木河断裂以左旋水平剪切扭动为主有密切关系。大量滑坡分布强烈受到这些断裂带的控制，如图 3-4 和图 3-8 所示，滑坡数量密度在距主断层（F1）约 13km 处官坝河流域突然增加，主要因为官坝河的深切、陡坡河谷段正好与次支断裂（F5）相重合，其滑坡数量密度达到 2.35 个/km^2，是邻近区域滑坡密度的 6 倍多。在汶川地震时，岷江沟道与断裂带相重合，致使沿河道发育 307 个滑坡，滑坡数量密度达到 3.5 个/km[110]。虽然在断裂带 F2、F3、F4 相对于 F5 距主断裂 F1 近，但它们附近区域滑坡数量较 F5 处低，分别为 1.36 个/km^2、1.42 个/km^2 和 1.26 个/km^2，这可能因为这三个断裂带并未与官坝河和鹅掌河的次支沟道相重合（图 3-4、图 3-7），而只是这些断层与块体之间发生来回振荡和组合共振，致使坡体产生震动放大效应。

通过上面邛海流域滑坡分布规律研究发现，其表现出与历史其他地震触发滑坡类似的特点[113, 114]。这些滑坡呈现明显的地震激发特征，具有沿则木河断裂带的簇状或集群状分布规律，故可推测则木河断裂控制着邛海区域的地貌格局，而支断裂走向则对滑坡的发育和分布起主导激发作用，特别是对于断裂带走向与河道流向相重合的情况。这也与金沙江下游地区（攀枝花至宜宾段）主支流沿断裂带发育、地震活跃、河流两岸崩塌滑坡等重力侵蚀发育相一致[115]，金沙江下游沿岸众多支流大多沿断裂带展布，如小江断裂带有小江，安宁河断裂带有安宁河等，沿断裂带 3～5km 宽度内，裂隙节理发育，岩层破碎，抗侵蚀力差，同时沿断裂带地震活跃，又加速了岩体碎裂松动，崩塌、滑坡等极易发生，进而为山洪泥石流提供了大量固体物质，这使得沿断裂带展布河流沿岸崩塌滑坡分布密集，这说明强震造成的岩体破坏具有明显的集群性特点，岩体受地震动破坏产生的崩塌、滑坡等分布密度和发育规模明显受断裂活动控制。

3.3.2　滑坡的河谷剖面发育特点

为了从滑坡沿河谷剖面分布说明滑坡地震激发特点，我们从地震滑坡与斜坡环境参数（坡度、高程、岩性等）等方面，对滑坡分布密度进行统计分析，以进一步确定其地震激发特点。

1. 滑坡发育与地形地貌密切相关

一般来说，斜坡的角度对滑坡的发生和分布具有重要影响，陡峭的较高边坡更易于滑坡的发生[116]。图 3-10 和图 3-11 显示了滑坡发育与相应边坡坡度之间关系，90% 滑坡发生在 20°～50°坡度范围内，且滑坡数量密度随着坡度增加而增加，直到坡度达

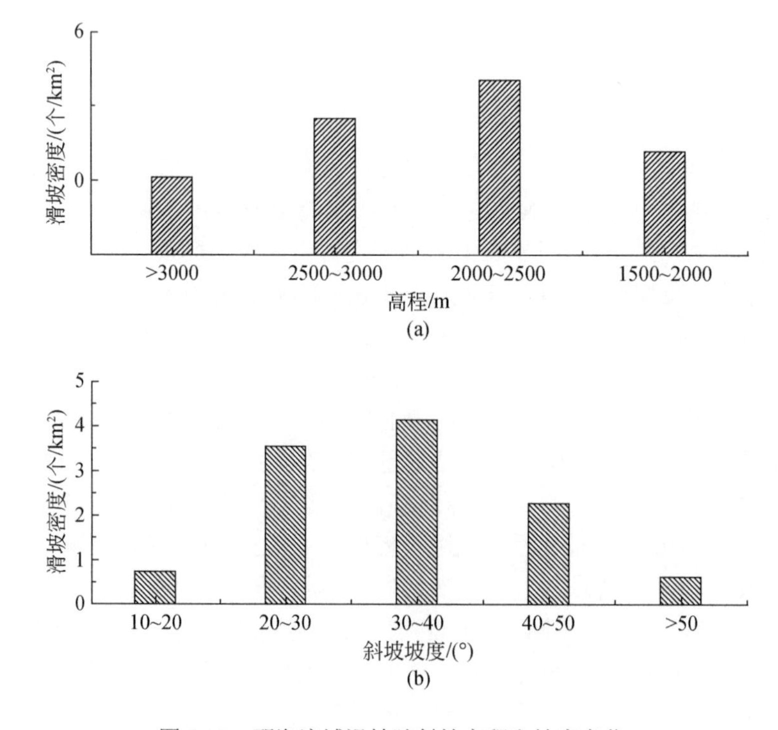

图 3-10　邛海流域滑坡随斜坡高程和坡度变化

到 30°～40°时，滑坡数量密度达到最大（4.37 个/km^2），当坡度再增加时滑坡数量密度则逐渐减小，在≥50°斜坡区域内滑坡密度仅为 0.69 个/km^2，这主要与该类地形地貌单元面积较小有关。这一滑坡随坡度变化趋势与最近报道的地震滑坡优势坡度一致，如同处于青藏高原东边界的 2008 年汶川地震，地震触发滑坡的坡度范围主要集中在 20°～50°。

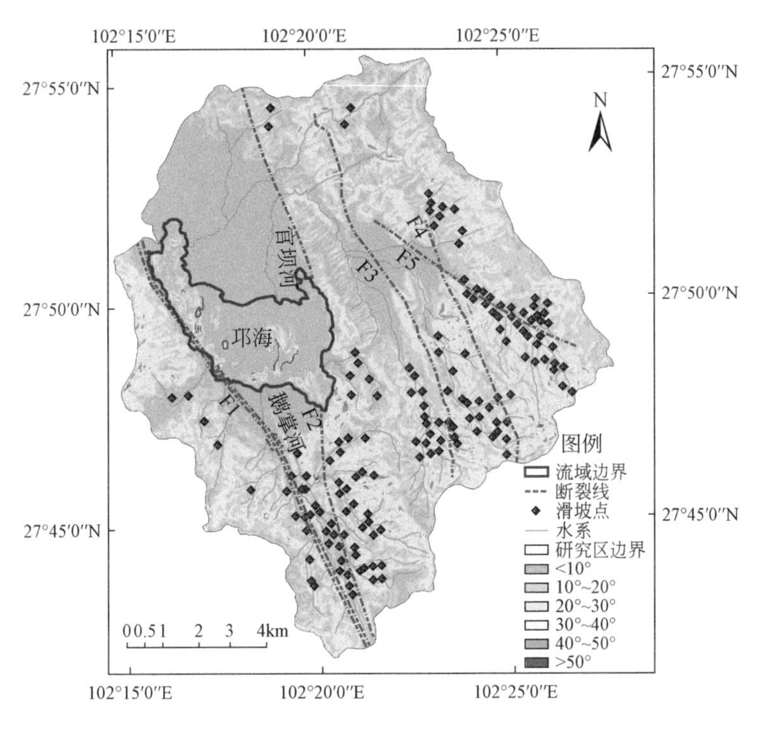

图 3-11 邛海流域滑坡随坡度变化分布图

滑坡密度随着斜坡高程的增加而增加，直到到达 2000～2500m 高程时密度达到最大，高程继续增加时则滑坡密度逐渐减小。因为在邛海流域≤2000m 的高程区域内主要为较宽阔平坦的宽谷地形区，因此该区域不易于诱发滑动破坏，滑坡数量密度只有 0.67 个/km^2（图 3-10、图 3-12）；而在 2000～2500m 高程区内为经历过快速河流下切的峡谷地形区，又加上边坡陡峭，极易发生滑坡破坏，故滑坡数量密度最大，达到 2.6 个/km^2；而在≥3000m 区域内主要为较为平缓且海拔高的穹顶状山脊附近，几乎没有滑坡发育，滑坡密度仅为 0.03 个/km^2。

通过滑坡分布与斜坡坡度和高程之间对应关系研究发现，大部分滑坡发生在坡度 30°～40°、高程 2000～2500m 的深切河谷地形区，当受到地震动影响时，陡峭的地形和巨大高差促使坡体物质很容易快速发生破坏而滑动。斜坡体不同部位对地震动具有明显的放大-衰减作用，致使坡体不同部位受到的地震动能量差异较大。因此可知，邛海流域的深切河谷区对地震动响应最为敏感，致使岩体卸荷作用强烈，极度破碎且裂隙发育，这也符合地震力放大理论[73]。

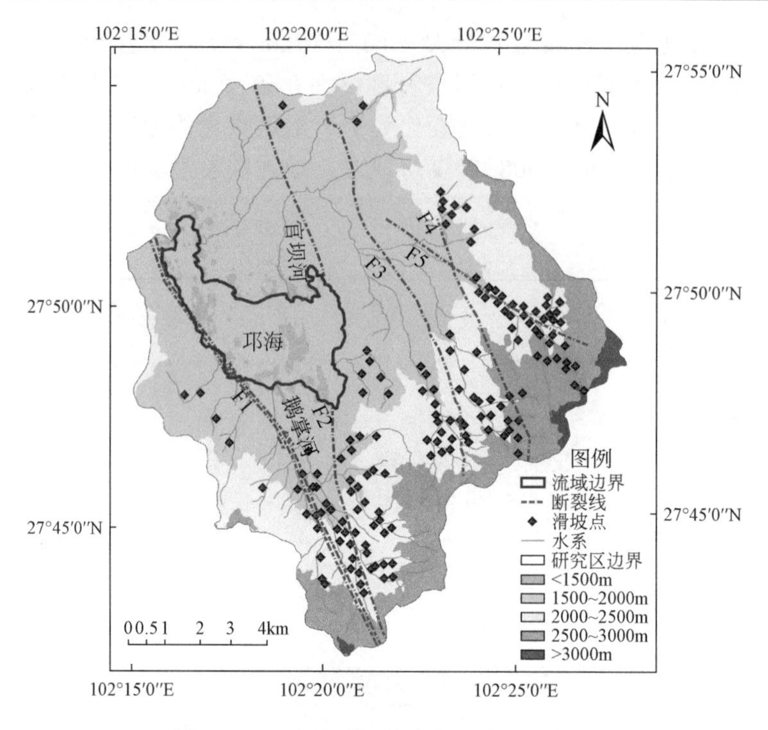

图 3-12　邛海流域滑坡随高程变化分布图

2. 与地层岩性关系

邛海流域的地层从中生界到新生界均有出露，岩层多为单斜地层，产状多为300°∠15°，总体上从西向东，地层年代由老向新过渡，岩性比较单一，主要为一套软硬相间的中生代红层（图 3-13），主要包括泥岩、粉砂质泥岩、泥质粉砂岩、泥灰岩、页岩和少量白云岩等。

通过滑坡与地质构造分布关系发现，几乎 90%的滑坡分布在白垩系的小坝组和侏罗系的飞天山组、官沟组和牛滚凼组的砂泥岩地层内，只有 19 个滑坡零散分布在第四纪残坡积物、古近系和新近系昔格达组和三叠系白果湾群地层内。这一方面因为白垩系和侏罗系的紫红色砂泥岩属软岩，强度低，抗风化能力极差，特别是泥岩，黏土矿物成分含量高，具有遇水膨胀、失水收缩等物理性质，又加上该区域干湿季节显著，在 6～9 月高温降雨相互交替作用下，加剧了岩石风化和土壤侵蚀，在裸露风化及构造切割下极易崩解形成岩块、碎屑；另一方面，从这 90%的滑坡分布可见，在白垩系和侏罗系中发育的滑坡并不均匀，主要沿着断裂带穿过的河谷两侧簇状成群分布，可能由于在地震动作用下，分布在断裂带两侧砂泥岩受到振动更加强烈，岩体结构更易于破碎解体并形成裂缝，在后期降水作用下发生滑动破坏。许冲等[61]通过汶川地震导致斜坡物质响应率研究发现，岩性控制下的斜坡物质响应率最高为砂岩和粉砂岩（Z）。杨涛等[35]在对四川地区地震诱发滑坡特征研究的基础上，指出泥岩和砂岩地层更易在地震作用下发生滑坡。由此可见，经受强烈风化侵蚀和构造切割的砂泥岩体，在断裂带附近强烈地震动影响作用下极易发生滑动破坏。

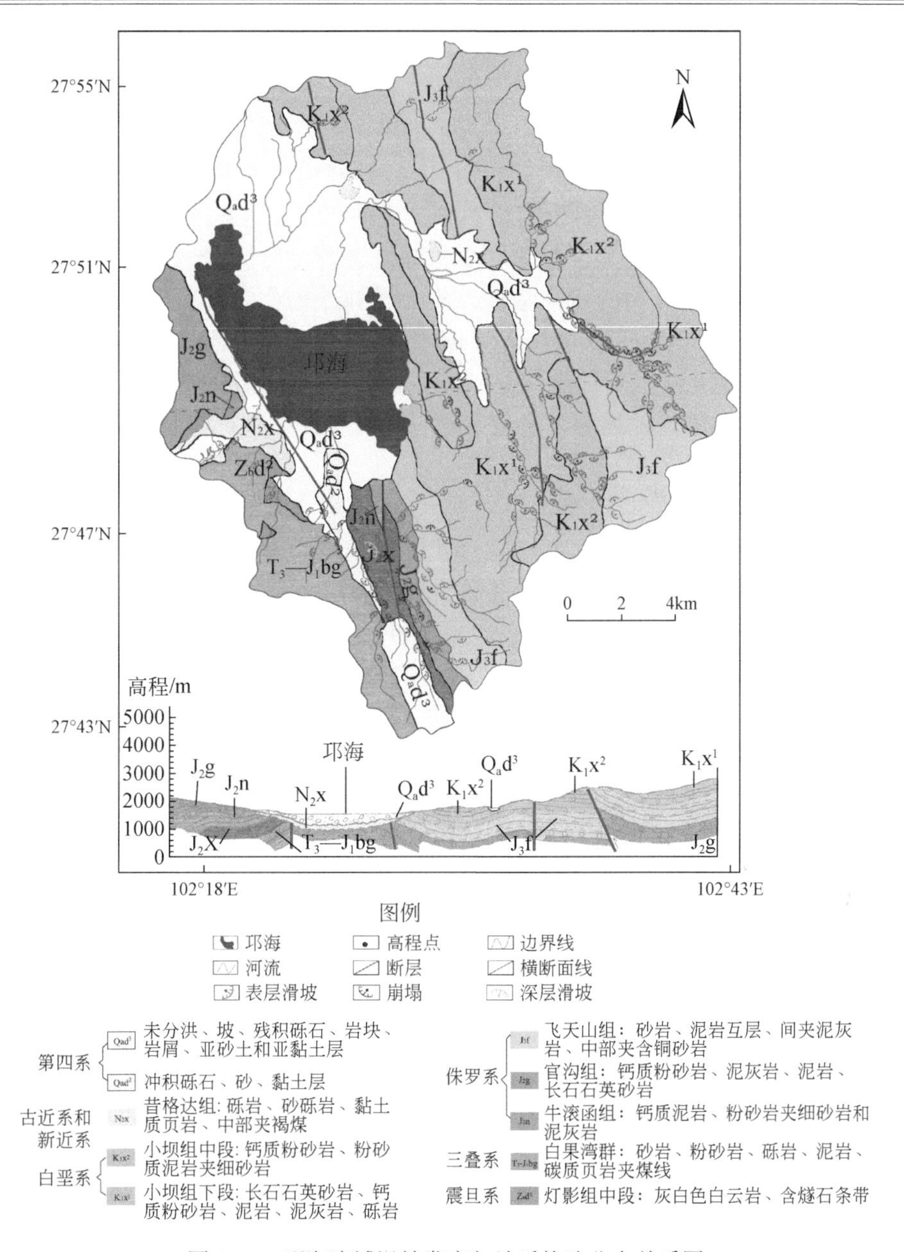

图 3-13　邛海流域滑坡发育与地质构造分布关系图

3.3.3　滑坡多类型及形态学特点

在对 1989 年发生在 Loma Prieta 的 *M*6.9 地震诱发滑坡研究基础上，Keefer 等[117]指出内摩擦角和黏聚力等岩土参数不能解释地震诱发滑坡的发育和分布密度特点，同时也指出相对于岩土参数特征，在地震诱发滑坡的灾害风险分析中区域尺度变量可能与地质和地貌形态特点更加相关，所以对于地震诱发滑坡的区域评价，地貌形态学方法被认为是容易且合适的方法。由于邛海流域内 1850 年地震诱发的大量滑坡经历了长期的侵蚀和强烈的扰动影响，通过岩土参数特性很难确定其地震激发特性，故采用地貌形态学方法进行滑坡的分析与评价是非常客观合理的。

1. 多类型组合特点

在对全世界范围内历史地震诱发滑坡分析的基础上，国内外学者发现地震诱发滑坡类型主要为浅层扰动滑坡、崩塌、土滑和岩崩[44]。据我们实地调查发现，在邛海流域内也发现多种滑坡类型（图 3-4），且当今仍然处于活动状态，这些滑坡类型主要是浅层扰动滑坡（134 个），也包括崩塌（43 个）和少量深位滑坡（2 个）。大部分滑坡破坏规模较小，且主要发生在表层几米内的风化基岩、风化层和土壤层中，滑坡体积从几十到上万立方米不等，最大滑坡体积约为 $6.0\times10^5m^3$。这些滑坡类型及特点与世界其他地震诱发的滑坡非常相似，如在 2010 年玉树地震（*M*7.1）、1999 年台湾集集地震（*M*7.6）和 2005 年 Kashmir 地震（*M*7.6）中，地震触发滑坡大部分为浅层扰动滑坡和崩塌。

2. 典型滑坡类型特点

1）浅层扰动滑坡

在邛海流域内，最为普遍的破坏为浅层扰动滑坡，一般该类滑坡破坏厚度小于 2m，因为在经历了强烈地震扰动后，大部分陡峭斜坡的表层崩积物发生滑动，并在滑面上可见摩擦光亮的风化基岩层出露。图 3-14 为一典型浅层扰动滑坡体，为官坝河流域张巴寺河上游 ZH16 号滑坡，其具体位置为 27°49′13″N，102°26′05″E，滑坡的垂直高差达到 126m 左右（2342～2468m）。破碎滑坡物质的运动形态为滑动和滚动。该滑坡为高位能滑动，初始崩落块体的运动势能造成坡面崩积物失稳，并形成一个体积约为 $200000m^3$ 的平移式土滑体；由于滑坡滑动面为超过 30°的陡峭斜坡，故在沿坡面运动过程中产生了高速的强烈影响，大部分碎屑物由于碰撞作用而支离破碎且散落于斜坡表面，极度干燥且破碎的碎屑物向坡下运动在坡脚形成连环碰撞堆积形态，棱角状碎屑物质直径为 10～30cm。相对于较大的垂直滑动距离，水平滑动受到峡谷地形的限制，致使大量滑坡碎屑物质阻塞沟道并冲爬到对岸的斜坡上。近年来，滑坡体表面又发生了小规模的滑动，由于切割基岩层，在滑坡出现明显的光亮擦痕，同时在老滑坡体表面形成一些像犁耕过一样沟槽。

图 3-14　浅层扰动滑坡地震激发形态特征

2）崩塌

崩塌是单个石块或扰动岩体沿坡体以跳跃、滚动或自由下落的形式向下运动，其体积从几个立方米到几千立方米不等。在本次研究区域相对于浅层扰动滑坡，崩塌的数量较少，主要是因为在地震过程中，只有≥40°岩体边坡才更加易于发生崩落破坏。该类型破坏的运动形态主要为滚动。如图3-15所示，在官坝河内张巴寺河和大萝卜沟内发现两处典型小崩塌（27°49′02″N，102°26′18″E和27°51′22″N，102°24′02″E），其中图（a）为张巴寺河上游ZH9号崩滑体，大量碎屑物质崩落并沿陡峭斜坡发生翻滚，且在斜坡底部发生进一步碰撞解体而形成碎石堆坡。大部分碰撞碎屑物质是大块状带棱角状的，且在撞击的砂岩和泥岩块体基质中，可见不同厘米尺寸的砂岩块体。这些不同尺寸孤石块体断裂成锯齿状的聚集体，砾石直径为10～100cm［图3-15（b）］。由于重力分选作用，沿着坡体纵坡延伸方向，堆积体呈扇形扩展，且颗粒逐渐变大，粗大颗粒聚集在最前端［图3-15（a）］。这些岩崩体的运动形式和堆积形态与历史地震激发崩塌具有相同特点[5]。

(a) 典型小型崩塌

(b) 强烈岩崩碎石坡

图3-15　典型崩塌地震激发形态特征

3）深层滑坡

深层滑坡为破坏厚度大于2m的滑坡，Chigira等[62]定义深层滑坡为黏滞性滑坡。虽然在流域内深位滑坡的数量原小于其他两类滑坡，但由于其体积巨大，常常对总体积量产生较大贡献。图3-16显示一个典型深层滑坡（27°49′39″N，102°25′40″E），为张巴寺河上游的ZH34号滑坡，该滑坡发生在一个沿北西-南东走向的山脊附近。这一滑体体积约为$6.0\times10^5\text{m}^3$，底部滑动面平均厚度约为20m。滑坡体基岩为白垩纪砂泥岩互层体，基岩层面几乎沿东西向平行，并切割于滑体滑动面。滑体的表面呈明显的变坡，在坡体上端坡度为 30°，在坡脚处为 60°，形成一个凸形的坡体形态。这种突胀的且向下逐渐扩展的凸坡体在地震过程中是极易发生滑动和塌落的，因为该地形形态总是能对地震波产生极大的放大效应。

在现场调查可知，在滑坡体的后部和右侧存在两条清晰的拉张裂隙，并沿裂隙形成边界陡坎，发现这两个边界陡坎走向几乎分别与则木河断裂的两组节理相平行（N4°E 和 E91°W），这对滑坡的发生产生了极大的促进作用。在滑坡滑动过程中，后缘出现了向下 10m 的位移量，在右侧出现 20～30m 高陡坎裸露面。滑坡沿存在的滑面不断向下发生变形扩展，并在滑体中前部形成次一级的陡坎，表面出现明显几米到 20m 高度不等的小规模地堑地垒形态。虽然在山脊压力作用下底部滑体出现了侧向变形，但并未发生旋转滑动。另外，在坡体上植被还是完整的，能清楚看到受强烈变形后而离开原地的痕迹。上面这些现象有力证实该滑坡体运动形态是带有大位移变形的整体滑动。在深层滑体的中前部也发现小规模的浅层扰动滑坡和崩塌，在斜坡前端出现一个复杂的北西向或正西向的向下的陡坎体系（高 5～20m）。滑坡体的净位移达到 10～15m，这显示斜坡的整体性在地震过程中已经被破坏。

图 3-16　深层滑坡地震激发形态特征

上述历史地震事件和区域调查显示，流域内大量滑坡呈现明显的地震激发特点，包括明显的与则木河断裂相关断层效应、距离效应和地形效应，而且也发现多种滑坡类型和地震触发滑坡的典型几何特征。

3.3.4　滑坡分布受新构造应力场影响

为了研究邛海流域内来自 1850 年大地震的大量滑坡，我们从地貌学角度来研究新构造应力场对滑坡宏观活动规律的控制，滑坡发育与新构造应力场关系密切[118]。在西昌附近主压应力轴方位为北北西向[119]，通过对官坝河滑坡发育段河谷走向与则木河断裂带新构造应力场主压应力方向的分析可见，二者锐交角在 79°左右（图 3-17，表 3-3）。据岩石力学的基本理论，在没有构造应力的作用时，地表下岩石的地质应力为：大主应力 $\sigma_1=\gamma_h$（γ 为岩石的容重，h 为距地表的深度），中、小主应力 $\sigma_2=\sigma_3=k_0\sigma_1$（$k_0$ 为静止侧压力系数）。但在此条件下如果有河流发育，则中、小主应力要发生改变，且 $\sigma_2\neq\sigma_3\neq k_0\sigma_1$，倘若再考虑水平方向新构造应力作用，则构造应力必将影响 σ_2 和 σ_3 的比例关系。从图 3-17

可以看出，由于官坝河河谷方向与新构造应力场主压应力σ_T方向在 55°左右，即σ_T和σ_3的交角在 11°左右，因此，σ_T在σ_3方向上的分量要大于在σ_2方向上的分量，从而σ_T加强了官坝河沿岸边坡中σ_3的作用。研究发现在σ_3作用下边坡岩体总是沿与边坡方向平行或近于平行的方向形成一系列拉张裂缝[120]。

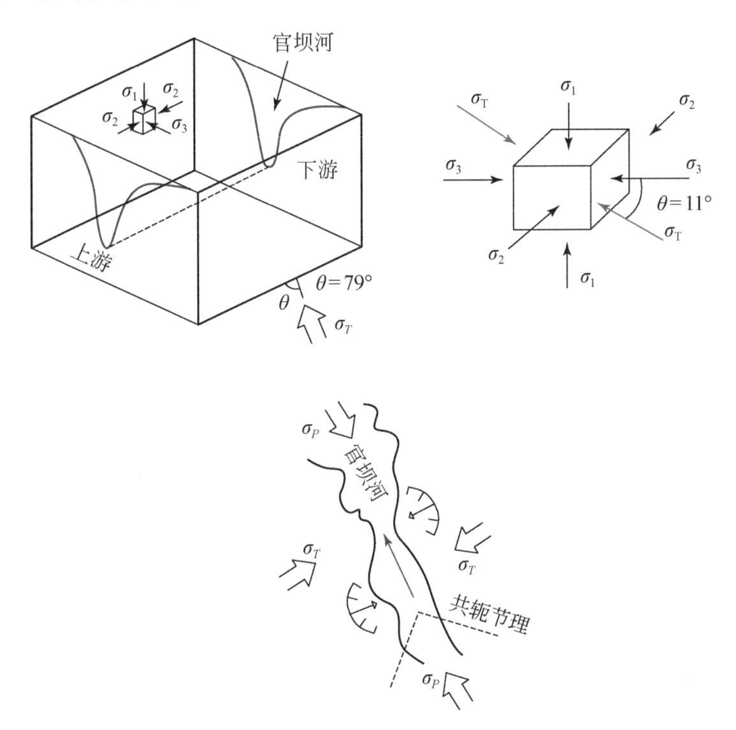

图 3-17　则木河断裂新构造应力对坡体影响

表 3-3　则木河断裂 P 波初动解结果[119]

位置	节理 *A*			节理 *B*			*P* 轴		*T* 轴	
	走向	倾向	倾角	走向	倾向	倾角	方位	仰角	方位	仰角
西昌	4°	南东东	76°	91.5°	北北东	80°	138°	3°	47°	17°

由此可以认为，邛海流域内滑坡的发育不是没有规律的，从宏观分布看其分布沿则木河断裂走向平行的次支断裂分布，其与区域新构造应力场密切相关，在自重应力作用下，最大主应力方向与坡面近平行，最小主应力方向与坡面近于垂直，当自重应力场与新构造应力场发生叠加时，作用于坡面的最小主应力将会增大，这种叠加效应将易于沿此方向触发崩塌、滑坡等灾害。另外沿河谷的新构造应力场内分布着两条共轭剪切节理（图 3-17），其也成为与河谷走向最大交角的剪切带，而新构造应力场的剪切带是地表的软弱部位，岩体的抗蚀能力差，边坡稳定性低，从而与河谷走向相交共轭节理的剪切带也同样对滑坡的滑动起促进作用。故邛海流域内大量滑坡分布不是随机的，而是与则木河构造应力场相关的。

3.3.5　滑坡堰塞效应

强烈大地震增加沟道内灾难性事件的可能性总是不对称的，如滑坡坝的形成，因为在陡峭峡谷里没有足够空间可以使滑坡物质展布散开，密集发育的滑坡堵塞河道，将会导致河道改线，形成典型的“S”形河道，这种现象在汶川地震过程后大量出现，如汶川至映秀段的岷江河谷，大量滑坡呈密集簇状分布，致使多段河流呈“S”形走向[22]。通过实地调查发现，官坝河流域大湾子沟道段内出现典型的“S”形河道，这显然与历史大地震诱发大量滑坡堆积于河道形成堰塞湖有关（图 3-18）。

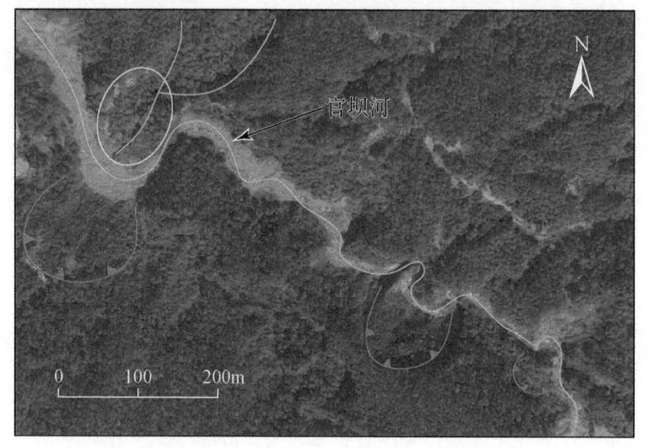

图 3-18　地震滑坡形成的典型 S 形河道

3.4　历史地震诱发滑坡事件分析

自公元前 111 年至公元 2003 年，则木河断裂带上共发生过 $M \geqslant 7.0$ 地震 3 次，$M \geqslant 6.0$ 地震 2 次（图 3-19，表 3-4），5 次地震分别发生在公元 624 年（$M6.7$）、814 年（$M7.0$）、

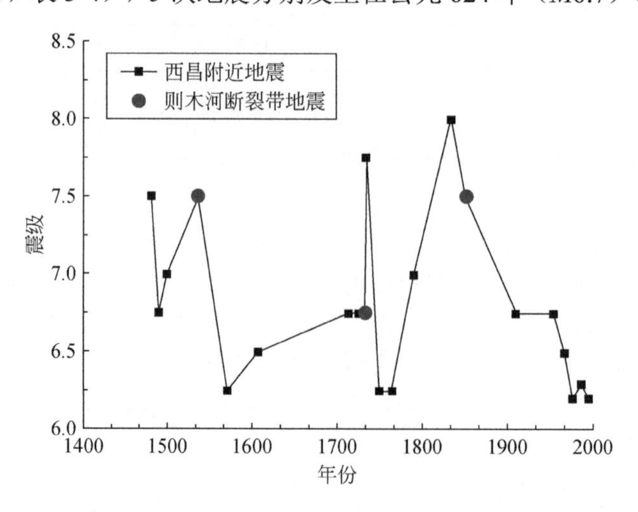

图 3-19　西昌附近 1400 年以来 $M \geqslant 6.0$ 以上地震年代分布表

1536 年（*M*7.5）、1732 年（*M*6.7）和 1850 年（*M*7.5），并且均造成了严重灾害，诱发了大量滑坡和液化灾害，其中 1850 年地震产生了一个左旋走滑变形 3～4m，60km 长的地表破裂区[102]。这些历史地震数据表明则木河断裂活动具有一定周期性，并具有再次激发 7 级以上大地震的可能。

表 3-4　历史上则木河断裂带强震（*M*≥6.0）数据表[101]

日期	位置	震级	烈度
624 年 8 月 15 日	西昌	6.7	Ⅸ
814 年 4 月 6 日	西昌	7.0	Ⅸ-Ⅹ
1536 年 3 月 29 日	西昌	7.5	Ⅹ
1732 年 1 月 29 日	西昌	6.7	Ⅸ
1850 年 9 月 12 日	西昌	7.5	Ⅹ

随着人口数量增加，人们对重要历史事件的记录将变得清晰且准确。据西昌人口资料记载，1814 年西昌总共有 30121 户，总人口达 148163 人，且大部分聚居于邛海湖盆周边的平坦地带，故对 1850 年发生大地震情况有足够的清晰记载。1850 年 9 月 12 日夜晚发生的 7.5 级地震为该区域距今震级最大的地震，造成 2.7 万人死亡，2.6 万间房屋倒塌，受灾户达到 2.79 万户[101]；据当地石刻等记载，1850 年地震造成在西昌地区发生大范围地表变形破坏，庐山-邛海一带产生了大量山崩、地裂、滑坡等灾害，城内出现裂缝宽度为 6～10m，深 12～15m，长 18～22m，裂缝裂而闭合夹死行人。

在中国一般 *M*7.0 级以上地震才会造成地震断层出现[121]，6 级以上随震级增高，崩塌滑坡普遍发生，数量多且规模大[32]，如 2008 年汶川 8.0 级和台湾 7.6 级集集大地震均在发现大量地表破裂现象的同时，产生了大量崩塌滑坡。乔建平等[122]在对川滇地区地震滑坡的时间分布与 *M*≥7.0 级地震的时间分布研究基础上发现，*M*≥7.0 级地震诱发的滑坡占总数的 70%，且同一地区如果经历了一次大规模地震滑坡之后，再次发生同级地震触发大量滑坡的可能性较小。杨涛等[35]在对四川地区地震诱发滑坡研究的基础上，指出诱发滑坡的地震约占同级地震的 25%，地震常造成古滑坡复活。另据通过对 1500～1949 年 *M*≥4.75 的 2074 次地震[39]研究发现，地震触发滑坡事件多发生在 5 级以上震区，6 级以上地震区内滑坡数量显著增大（表 3-5，图 3-20），并且得到这种变化符合一定的指数函数关系：$y = 1.46\exp(M/1.22) - 2.09$，标准差为 R^2=0.9967。

表 3-5　我国 1500～1949 年地震诱发滑坡次数与震级关系（改自孙崇绍[39]）

震级	地震烈度/度	地震次数	诱发滑坡的地震次数	诱发滑坡的地震次数占总地震数比例/%
＜5	Ⅴ	363	9	2.9
5～5.9	Ⅴ～Ⅵ	1150	35	3.7
6～6.9	Ⅶ～Ⅸ	439	45	14.2
7～7.9	Ⅸ～Ⅹ	97	33	37.9
＞8	≥Ⅹ	15	12	85.7
总计	—	2064	134	—

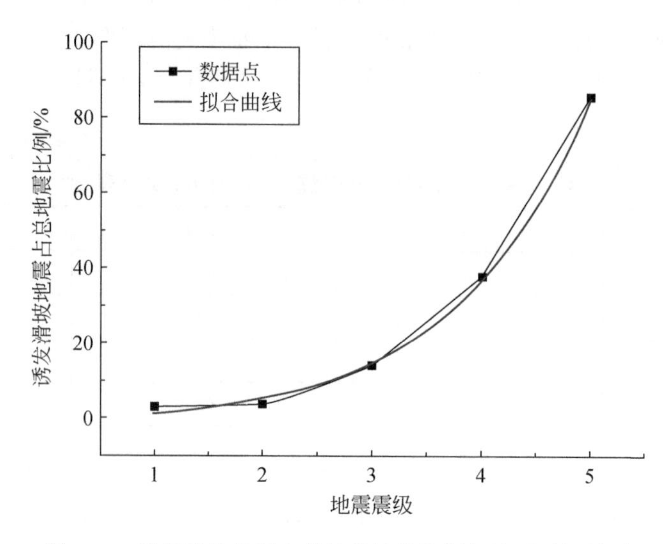

图 3-20　诱发滑坡地震占总地震次数比例与地震震级关系

通过分析区域历史地震记录可知，从 1850 年至今则木河断裂带上尚未发生大于 *M*6.0 级的地震，故 1850 年地震是距今最近的一次大地震。历史资料记录（包括时刻等）显示，1850 年地震造成邛海一段山崩地裂，诱发大量滑坡和地表破裂[100]，以前的研究也确认当时地震产生的地表变形结构沿则木河断裂被保存[123]。地表破裂与滑坡具有同步发生的关系，是大地震在地表所产生的自然表现形式和宏观证据，故前人对该区域地表破裂的研究也可反映滑坡等灾害的发育和保存情况。因此推断 160 多年来邛海流域并未由于地震而产生大量新滑坡、崩塌和地裂缝，当前流域内广泛分布的大量滑坡源于 1850 年 *M*7.5 级大地震灾害。

这也与地质灾害发育情况的史料记载相吻合，1821～1850 年，邛海流域山上森林茂密，水源涵养极佳；1850～1900 年，随着 1850 年大地震，邛海流域产生大量的崩塌、滑坡及喷砂冒水现象[101]，大量的滑坡和崩塌为震后泥石流的暴发提供了大量的松散固体物质，这与自 1850 年后流域内各支流每年汛期都暴发不同程度山洪泥石流灾害相符合。

3.5　地震诱发滑坡的现今活动特性

上面研究表明，邛海流域大量滑坡为 1850 年地震所激发，沿主断层及其次级断层带延伸的河谷呈簇状密集分布，且具有多种类型和地震激发的独有形态学特点。当时地震除了产生大量滑坡，还沿着断层滑移方向产生大量地表裂缝[102]和断层错动[图 3-21(a)]，同时在则木河主断裂带控制下，流域内岩体极度破碎[图 3-21(b)]。通过实地调查发现大量现今仍处于活动状态滑坡位于古滑坡区内，如 1998 年邛海流域的官坝河和鹅掌河同时暴发大规模泥石流，通过调查其主要原因为古地震滑坡区产生新滑动，并发生堵河溃决，在其他滑坡区也见多处小规模坡面滑动（图 3-22）。Montgomery 等[124]在 2002 年伊朗 Avaj 地震后也发现新滑坡总是在之前存在滑坡的

(a) 沿则木河断裂带走滑方向形成的小断层崖

(b) 极度破碎风化岩体

图 3-21 邛海流域脆弱的地质环境

图 3-22 古滑坡体上的新滑动破坏及形成的堰塞坝

区域内产生，且主要为表层扰动滑坡。另根据史料记载，1850 年以来并未发生过大于 5 级的地震，而上节对滑坡与地震关系研究发现，6 级以上地震才会产生大量新滑坡且随震级增大而增多，故我们认为 1850 年大地震在邛海流域内形成的大量滑坡现今仍处于活动状态，其主要原因除了当时大地震对流域地质环境产生强烈影响外，震后附近区域频繁的地震动对原本脆弱斜坡体进行再次扰动，形成大量微小缝隙，当与雨季发生耦合时，雨水渗透作用可能进一步加剧了斜坡体破坏。

为避免山洪泥石流的危害，当地政府于 2008 年 4 月 5 日在官坝河内支沟-麻鸡窝河修建 2 座拦砂坝，2008 年 10 月 5 日在官坝河内支沟-新任寺河修建 3 座拦砂坝，但我们在 2009 年 10 月初调查发现，这些拦砂坝都已淤满（表 3-6，图 3-23），说明上游滑坡规模大且活动频繁；另通过拦砂坝内土样与源区滑坡土样颗粒分布对比发现，拦砂坝内土样与滑坡土样颗粒分布存在一定相似性（图 3-24），说明拦砂坝内淤积大部分泥沙主要来自上游复活启动的滑坡，只是由于后期水流的冲刷侵蚀致使沟道内土样细颗粒被携带至下游，而呈现一定的颗粒分布差异。

表 3-6 官坝河流域内已建拦砂坝淤积情况表

位置		修建时间	尺寸/m	坝型	淤积情况（2009 年 10 月）	淤积量 /m^3	控制面积 /km^2	单位侵蚀量 /[m^3/（km^2·a）]
新任寺河	上游坝	2008 年 10 月 5 日	20×1.1×2.4	重力坝	已淤满	412.98	16.35	25.26
	中游坝		12×2.6×2	重力坝	已淤满	73.22		4.48
	下游坝		20×4×1.6	重力坝	已淤满	98.84	20.2	4.89
麻鸡窝河	上游坝	2009 年 4 月 5 日	15×1.5×3	重力坝	已淤满	494.21	15.59	31.70
	下游坝	2009 年 4 月 6 日	10×2×3	重力坝	已淤满	201.50		12.92

(a) 麻鸡窝河已建上游坝

(b) 麻鸡窝河已建下游坝

(c) 新任寺河已建中上游坝

(d) 新任寺河已建下游坝

图 3-23 官坝河流域内已建拦砂坝淤积情况

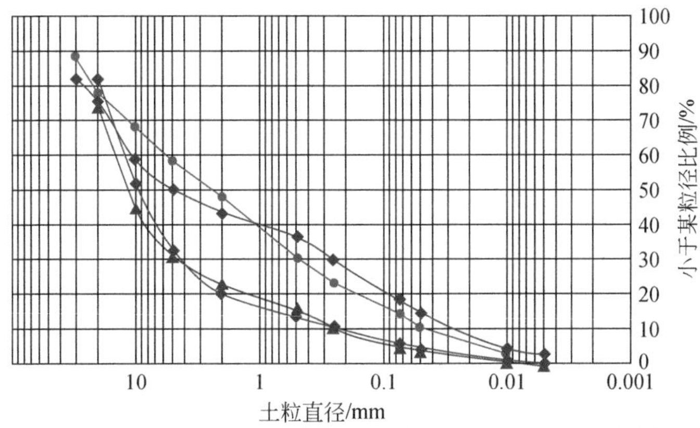

(a) 新任寺河土样颗粒分析曲线

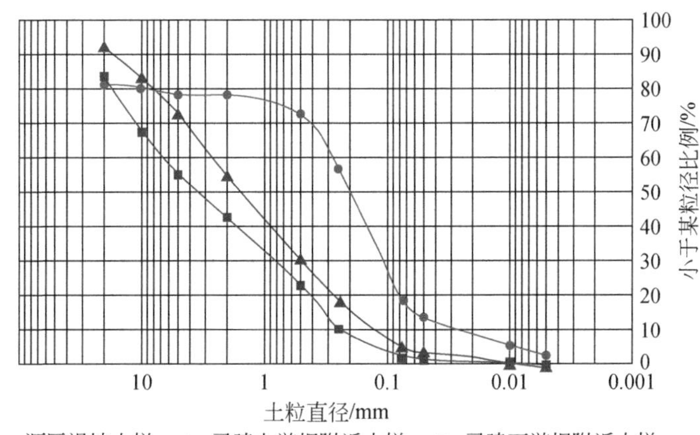

(b) 麻鸡窝河土样颗粒分析曲线

图 3-24　拦砂坝内淤积土样颗粒分布曲线

3.6　小　　结

（1）本节对邛海流域地震滑坡的 8 个判别标准进行了分析，分别为：发震环境、簇状集群分布特点、滑坡类型和规模、滑坡高位下滑-高速碰撞特点、滑带特征、堰塞湖效应、新构造应力场特点和历史地震事件。

（2）邛海为地震断陷湖泊，流域内地质结构复杂，主要受则木河断裂带控制，历史上是青藏高原东南缘地震最严重的易发区和高发区，地震发生频繁且震级较高。

（3）区域调查发现，邛海流域（307.64km^2）内共发育 179 个滑坡，总体积和面积分别为 252×10^{4}m^3 和 54×10^{4}m^2，其影响范围达到 162km^2，其中官坝河和鹅掌河内滑坡数量分别为 98 个和 63 个，分别占总滑坡数量的 54.73%和 35.19%。

（4）邛海流域总体变化为干旱的气候环境，自全新世以来降水变化不明显；在邛海流域内同样的下垫面、地形地貌、气候背景条件下，控制邛海流域滑坡发育和分布的因素为地震活动。

（5）在邛海流域地堑地垒体系内发育 4 条（F2、F3、F4、F5）与则木河主断裂（F1）几乎平行的次级断裂带，这些滑坡明显受到这些断裂带控制，且显示出明显的地震激发特点，其空间分布与则木河断裂带走向和最大地震烈度范围具有很好的相关性：①强烈受则木河断裂控制，分布在沿则木河断裂带展布方向所形成的一个椭圆形区域，且呈现明显簇状分布特点，平均滑坡数量密度为 1.1 个/km^2；②几乎所有滑坡发生在 1850 年大地震Ⅶ度区范围内，在Ⅹ烈度区内最大滑坡数量密度为 1.28 个/km^2，最小密度出现在Ⅶ度区，为 0.04 个/km^2，两者相差 32 倍；③主要分布在则木河断层（F1）东侧 15km 范围，在距主断层 2km 范围内滑坡数量密度达到 2.87 个/km^2，但滑坡密度并非随断层距增加而逐渐降低，呈不均匀波动变化，在距主断裂 14km 官坝河流域滑坡密度突然骤增到 2.35 个/km^2，主要是因为次级断裂（F5）与河流走向重合控制了滑坡发育和分布；④流域滑坡多类型且规模较小，其中浅层扰动滑坡最多（134 个），其次为崩塌（43 个），深层滑坡最少（2 个），这些滑坡单体特点和类型组合均呈现出与其他历史地震滑坡相似的特征，滑源区与堆积区分离明显，滑体下滑冲撞作用显著，堆积体呈松散碎块石杂乱堆积，并与下伏堆积体形成混杂扰动区，并且由于地震滑坡堵河而形成多处典型“S”形河道；⑤官坝河滑坡发育段河谷走向与则木河断裂带新构造应力场主压应力方向交角在 79°左右，自重应力场与新构造应力场的叠加对滑坡发育也具有一定贡献作用；⑥大部分滑坡分布在坡度 20°～50°区域内，且在坡度 30°～40°和高程 2000～2500m 范围内滑坡密度最大，分别达到 2.37 个/km^{2}和 2.6 个/km^2，因为该范围为陡峭且深切峡谷地形区，对地震动具有明显的放大效应；⑦邛海流域内主要分布白垩系和侏罗系的砂泥岩，该类软岩在经受强烈干湿循环和构造切割下易产生风化破碎，在断裂带附近强烈地震动影响作用下极易发生崩滑破坏。

（6）历史上则木河断裂共发生 5 次 6 级以上大地震，致使流域内岩体结构破碎、小断层崖发育，其中最大地震为 1850 年 M7.5 地震，由于只有 6 级以上地震才会触发一定数量的滑坡，且随震级增高崩塌滑坡数量将会成倍增加，且触发滑坡的地震比例随震级增加呈指数分布：$y = 1.46\exp(M/1.22) - 2.09$，根据典型滑坡活动状况和已建拦砂坝淤积情况调查，当前下游拦砂坝内淤积泥沙主要来自于已存在滑坡的持续频繁活动，而 1850 年以来并未发生诱发大量滑坡的历史事件，故可推断邛海流域内大量滑坡为 1850 年大地震所激发，地震诱发滑坡的活动至今已持续了 160 年。

第 4 章　邛海流域地震诱发滑坡长期活动的控制要素和机理分析

4.1　概　　述

由于大地震对地质环境的强烈影响，震后地质灾害将显著增强，而且这一增强现象在持续很长一段时间以后，才会逐渐降低并恢复至震前状态。一些学者也发现地震滑坡的长期活动性和滞后效应非常明显，并且其活动程度和演化趋势与降水有密切关系，并且随着可供给物源量减少，逐渐恢复至震前水平[16, 25]。大量崩塌滑坡和不稳定斜坡体所形成的松散固体物质，在降水作用下震后一段时间内呈现输移控制型泥石流，这些堆积在坡面和沟道内的松散物质可能一部分被输移走，而剩下部分则将仍停积在原地，且在自身重力和降水渗透的共同作用下逐渐固结稳定，随着时间推移，要想激发这些固体物质重新复活启动则需要更大的暴雨强度和更长的降水历时。但从上面对邛海流域滑坡活动性分析发现，1850 年大地震形成的滑坡仍处于活动状态，致使各支沟每年不同程度暴发泥石流灾害，并且 1998 年在官坝河和鹅掌河流域都暴发了至少百年一遇泥石流灾害；而该区域并未发生过 6 级以上的大地震事件，且极端降水事件也罕见，但震后 160 年以来流域内仍存在大量滑坡，且滑坡还保持长期活动性，我们认为首先可能与邛海流域位于地质构造活动区，流域内断裂带发育，附近区域地震对本区域原本脆弱的地质环境再次进行扰动有关，也就是远距离地震活动对斜坡体产生的累进变形效应。虽然远距离地震对稳定山体难以形成直接破坏作用，但对原本遭受≥7.0 级地震影响的脆弱地质环境，附近频繁地震对原不稳定斜坡体和原滑坡体有可能产生再次扰动变形，特别与强降水事件发生时空耦合时极易再次发生滑动破坏。所以大地震诱发滑坡长期活动性先期可能主要受降水作用控制，而随着松散土体固结稳定和部分碎屑物质被输移至流域外，震后相当长时间内滑坡的活动性则可能主要受附近区域频繁地震动和强烈的降水入渗共同影响。当然这和一特定区域地质、地貌背景有关，如地震活动区、岩性软弱等。为了论证这一推断，我们分别从野外观测到的宏观现象入手，采用理论计算与试验手段相结合，并通过区域地震与降雨资料统计和典型泥石流事件分析，揭示出附近频繁地震动对坡体累进变形和强降水的沿微裂缝的渗透作用共同控制着邛海流域地震诱发滑坡的长期活动性。

4.2　地震与降雨对地震诱发滑坡长期活动的耦合控制作用

4.2.1　区域地震活动分析

据史料记载[101]，公元前 111～公元 1985 年，西昌境内共发生 *M*3 级以上地震约 17

次，烈度Ⅹ度的 2 次，Ⅸ度的 1 次，Ⅷ度的 2 次，Ⅵ～Ⅶ度的 2 次。自 1850 年以来邛海流域附近区域 300km 范围内地震频发[125]（图 4-1），对邛海流域产生波及影响的中强地震共发生 6 次（M≥6.0）。邛海流域近年来虽处于地震空区，并未发生强烈地震，但附近区域强震暴发比较频繁，分别为 1952 年 9 月 30 日冕宁石龙 M6.3 地震，1955 年 9 月 23 日会理鱼鲊 M6.75 地震，1975 年 11 月 7 日和 1976 年 12 月 13 日年盐源发生两次 M6.5 地震，1995 年 9 月 23 日会理鱼鲊 M6.75 地震，2008 年汶川 M8.0 大地震等（图 4-2）。

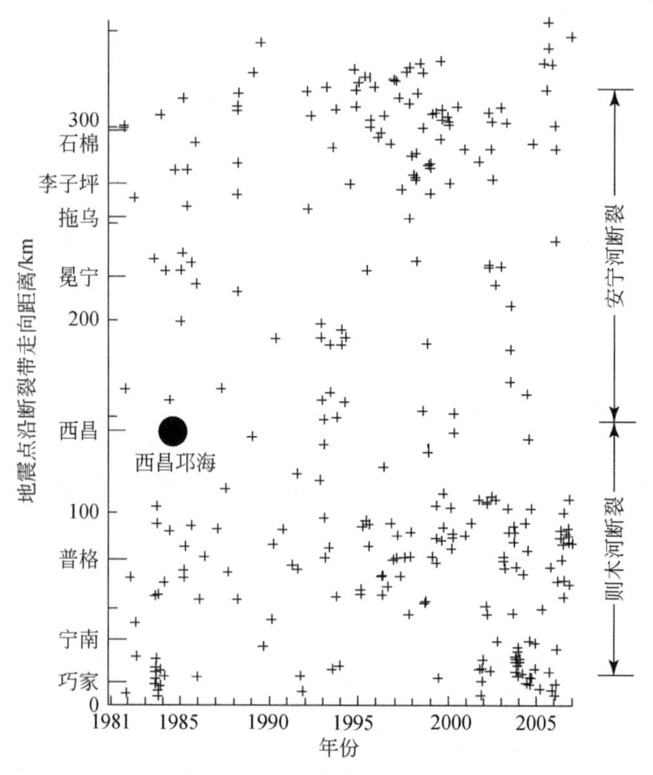

图 4-1　西昌邛海附近历史地震区位（1980～2006 年）分布图

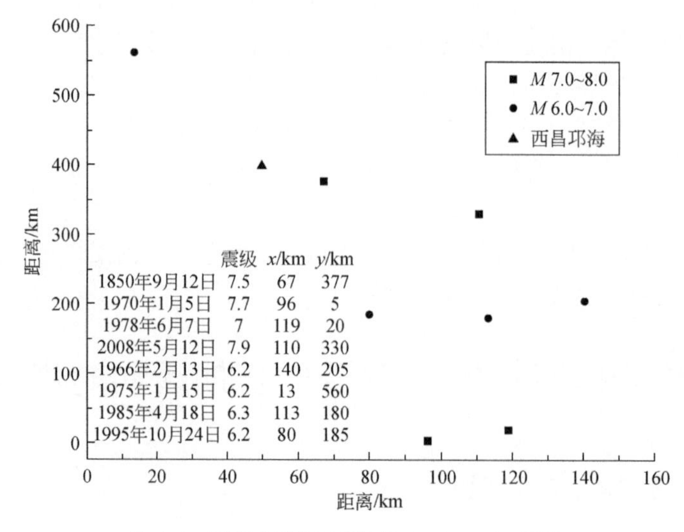

图 4-2　西昌附近区域强震（M≥6.0）记录

除了中强地震，附近更加频繁的中小地震（2.0≤M≤5.0）同样对流域脆弱山体产生影响，从中国地震台网可得到邛海流域附近 150km 范围内 1970 年 1 月 1 日至 2014 年 2 月 28 日之间 44 年的地震资料（图 4-3），其间发生震级 2.0≤M≤5.0 地震共 533 次，且近年来呈增加的趋势（图 4-4），其中直接发生在流域内地震有两次（M4.8），如 2003 年 6 月 17 日西昌邛海 M4.8 地震，震中位于邛海中，造成邛海周边川兴镇、高枧乡、海南乡和大兴乡共 15 个村受灾，总面积 55.25km^2，受灾 8216 户，共 30824 人，直接经济损失 188.45 万元；2003 年 7 月 10 日西昌昭觉间 M4.8 地震，造成昭觉县、普格县和西昌市交界处 10 个乡镇 27 个村受灾，总面积 115km^2，共 6827 户，27794 人，由于震中位于人口稀疏区，仅造成 1 人重伤，直接经济损失 588.86 万元。

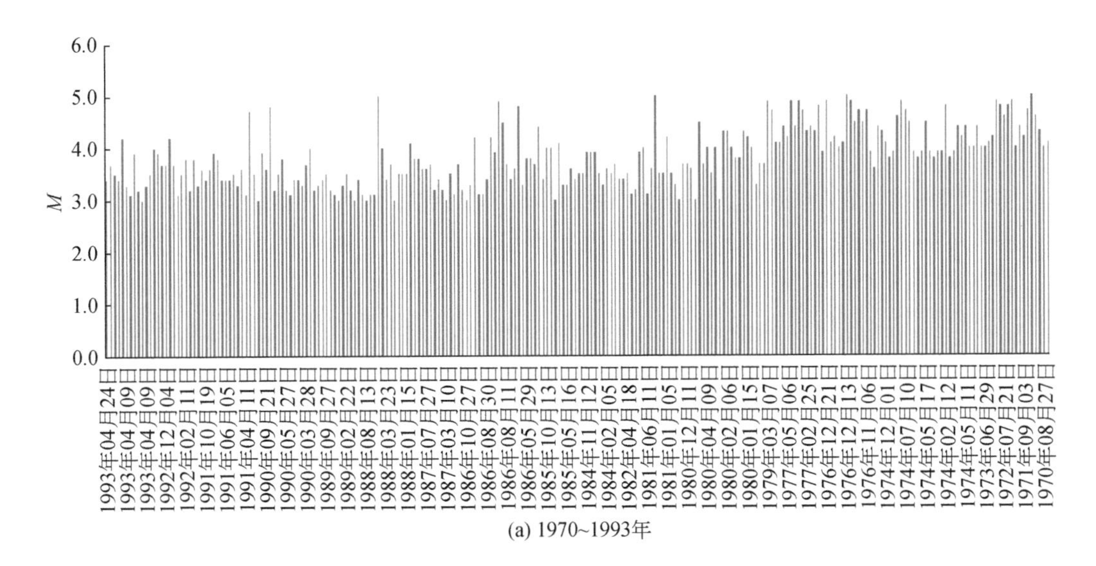

(a) 1970~1993年

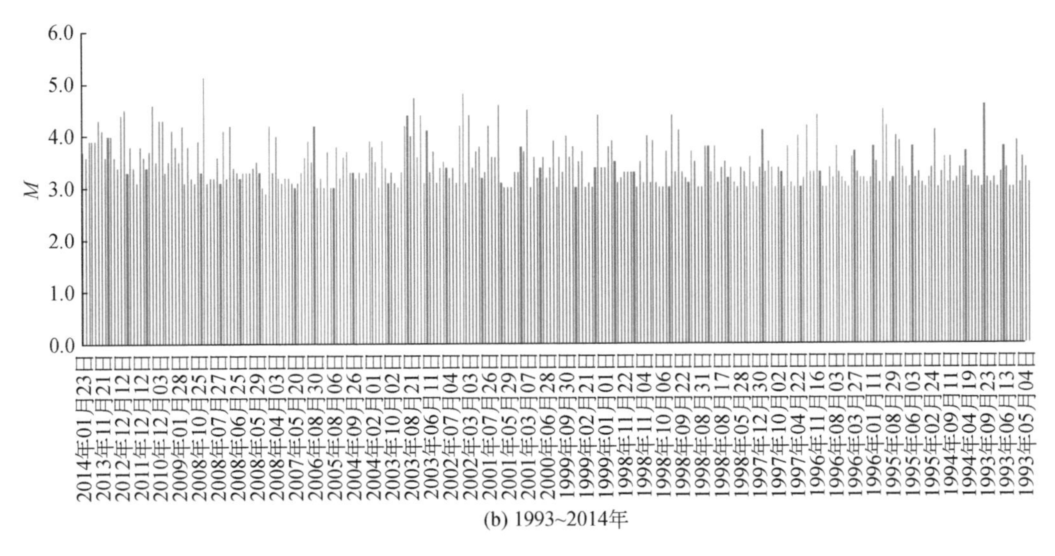

(b) 1993~2014年

图 4-3　邛海附近≤150km 范围内地震（2.0≤M≤5.0）详细目录

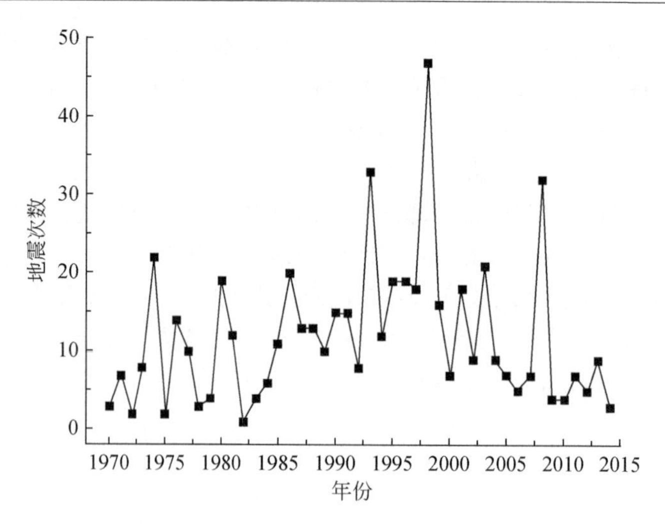

图 4-4　邛海附近≤150km 范围内地震频次

自 1850 年以来邛海流域附近区域范围内 2.0≤M≤5.0 小地震频发，产生波及影响的中强地震共发生 6 次（≥6.0），故在附近频繁地震作用下，岩土体可能并未直接发生破坏，而是频繁的地震动反复作用多次后引起了岩土体的累积变形，从而产生累进变形效应，主要表现为地震作用对斜坡岩土体结构产生扰动，促使原有裂缝扩展和新裂缝形成，同时降低土体强度和增大土体渗透特性，从而在雨季极大地促进雨水入渗速率和斜坡滑动的易敏性。

4.2.2　区域降水作用分析

根据西昌区域降水等值线图可知，西昌市位于暴雨中心区域（图 4-5），邛海流域东北边界的官坝河中上游山区正好属于暴雨中心经过地方，降水量为 1000～1200mm，历史上曾多次发生较大洪水泥石流，下游则泥沙淤积严重，湖盆区为少雨区，年降水量为 900～1000mm。受西南季风影响，雨季各月降水差异较大，基本为正态分布，降水集中于 5～10 月，占年降水量的 93%，在 7 月达到峰值，在 8～9 月出现一个雨量平稳期，月降水量主要为 160～170mm（图 4-6）。据西昌市 1950～2010 年年降水量变化曲线，各年之间降水量变化不大，总体表现为干旱的气候环境，多年平均年降水量为 846.48mm，只出现 2 次极端降水情况，如 1968 年和 1998 年的年降水量分别达到 1225.92mm 和 1291mm，而 2011 年年降水量最低仅为 465.16mm，区域多年平均降水在 1000mm 左右波动（图 4-7）。

邛海流域每年都会出现诱发灾害的降水过程，在雨季土壤处于湿润状态，如遇连续 3 日降水（总量≥50mm）就有可能激发山洪泥石流灾害。多年的气象资料显示，邛海流域每年 6～9 月出现符合上述条件的次数为 5.2 次，平均每年都会发生 4～6 次山洪泥石流灾害。故雨量较多的连阴雨强烈影响前期土壤含水量，而短历时强降水则对泥石流起到激发作用，如根据 1985～2004 年（20 年）的 14 场山洪及其暴雨的对应资料统计分析（表 4-1、图 4-8），发现各月的泥石流激发雨强差别较大，由于前期没有大量的降水，土体尚处于干燥状态，致使 6 月相应的激发雨强较大，最大激发雨强达到 14mm，而 7 月虽然有较大降水，但降水在土体中入渗有个滞后过程，土体仍未大量含水，激发泥石流的雨强值仍然较大，但总体上呈减小的趋势，在 8～9 月由于前期大量降水入渗到土体内，且下渗到一定深度，促使表层松散物质大多处于饱和状态，故激发泥石流的雨强值则相应变小，最大激发雨强仅为 10mm。

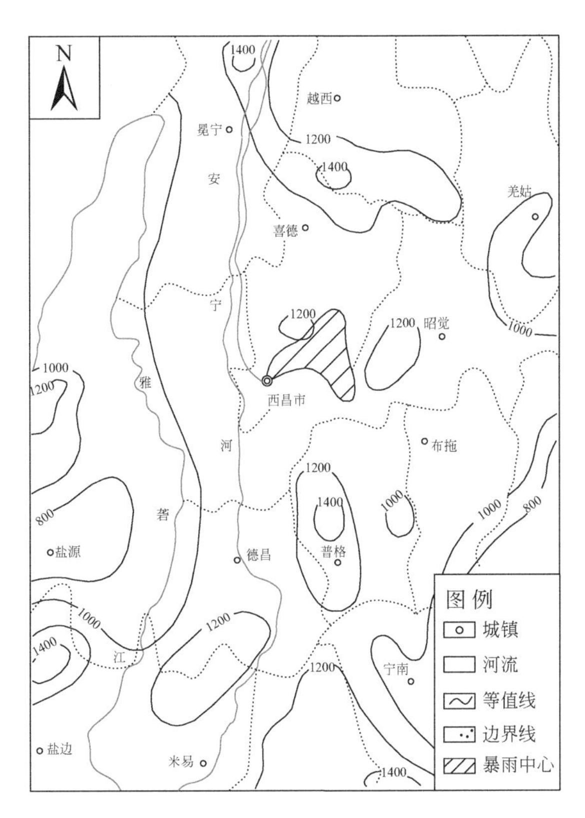

图 4-5　西昌市暴雨中心分布图及西昌地区降水量等值线图（单位：mm）

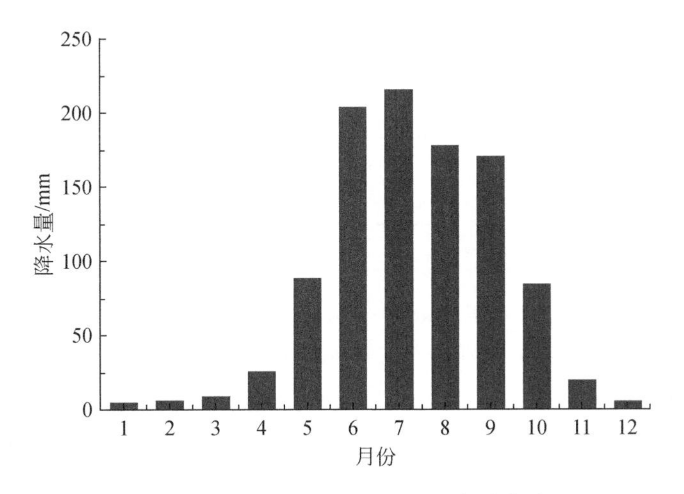

图 4-6　西昌市年内月均降水量变化曲线

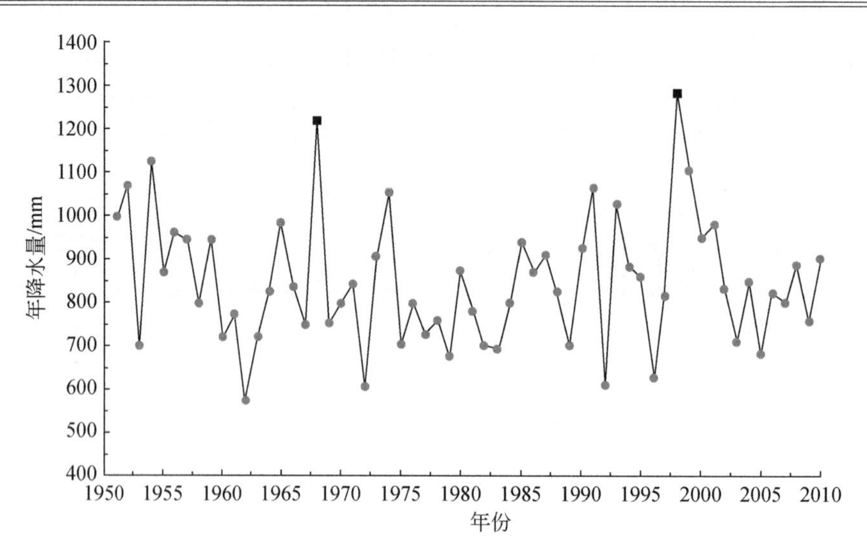

图 4-7　邛海流域 1950～2010 年年降水量变化曲线

表 4-1　西昌市历史上暴发山洪灾害相应的降水量表

暴发时间	24 小时雨量/mm	最大 1 小时雨量/mm	最大 10 分钟雨量/mm
1985 年 7 月 8 日	29.2	5.9	2.3
1997 年 8 月 7 日	51	25	10
1998 年 7 月 3 日	54	16	9
1998 年 7 月 6 日	57	32	11
1998 年 7 月 21 日	59	45	13
1999 年 7 月 21 日	26	8	2
2000 年 6 月 25 日	128	50	14
2001 年 9 月 19 日	60	43	10
2002 年 6 月 20 日	92	47	10
2003 年 6 月 20 日	48	23	5
2003 年 8 月 4 日	97	29	8
2004 年 7 月 17 日	24	15	7
2004 年 9 月 5 日	24	11	6
2004 年 9 月 6 日	40	13	4

通过上面分析可知，区域降水的规模和频次对流域灾害的暴发具有重要的控制作用，根据西昌市 1974～2009 年 30 多年的逐日降水资料分析，虽然雨日数累计减少 15 天，但强降水日数（＞35mm）、年均降水量、雨季总降水量（6～9 月）仍均呈不同幅度的上升趋势（图 4-9），其中强降水日数线性上升增长趋势为 0.8d/10d，年均降水量线性趋势为 18mm/10a，雨季总降水量线性趋势为 30mm/10a，30 年累计增多 90mm。另外，在 1951～2009 年多雨年（年均降水量＞1100mm）整体上呈向上的抛物线形，少雨年（年均降水量＜890mm）则呈向下的抛物线形（图 4-10），其中在 1951～1980 年，西昌 30 年间年平

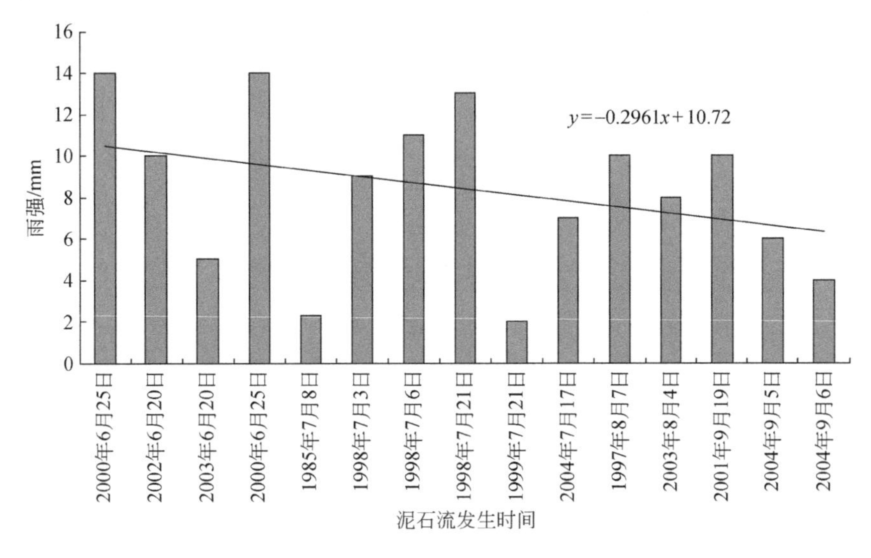

图4-8 西昌地区多年6～9月泥石流暴发与小时雨强关系

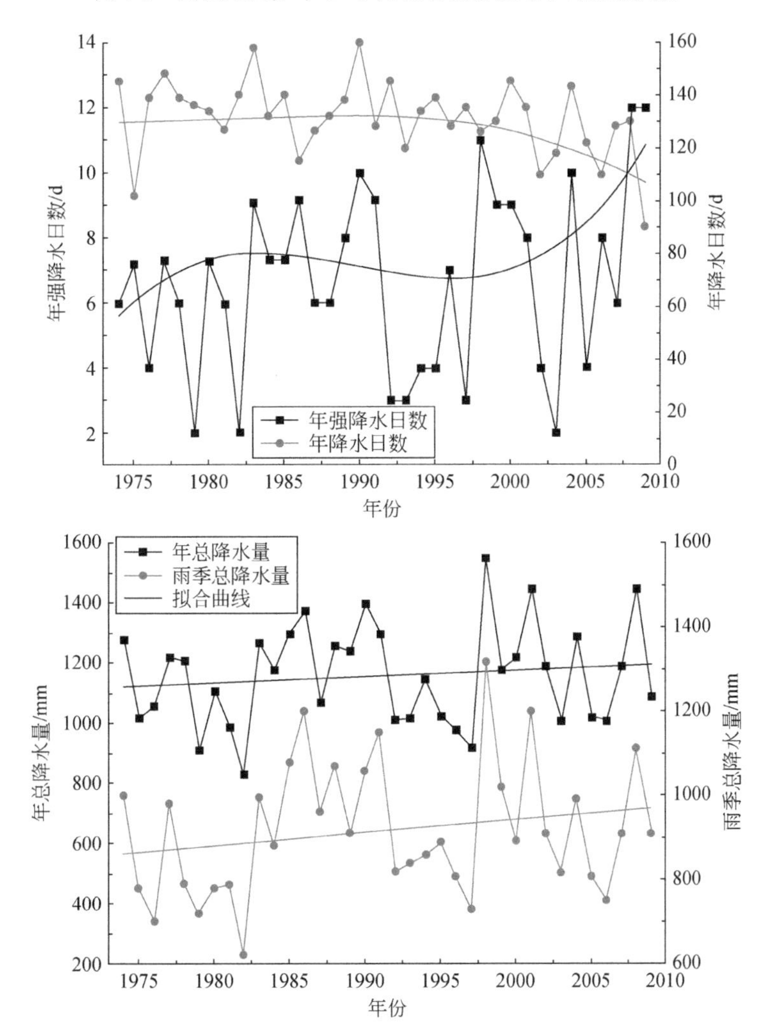

图4-9 1975～2009年西昌地区年总降水量、雨季总降水量、年降水日数和年强降水日数的变化曲线

均降水量为 1013.1mm，多雨年呈下降趋势，少雨年呈上升趋势；1980～2009 年平降水量为 1158.9mm，多雨年呈上升趋势，少雨年则呈下降趋势。故可以发现，虽然雨日数有所降低，但年强降水日数、年均降水量和雨季总降水量均呈上升趋势，说明单位时间内的降水量有所增多，又加上多雨年次数呈上升趋势，故邛海流域激发滑坡泥石流的降水条件呈有利的发展趋势。

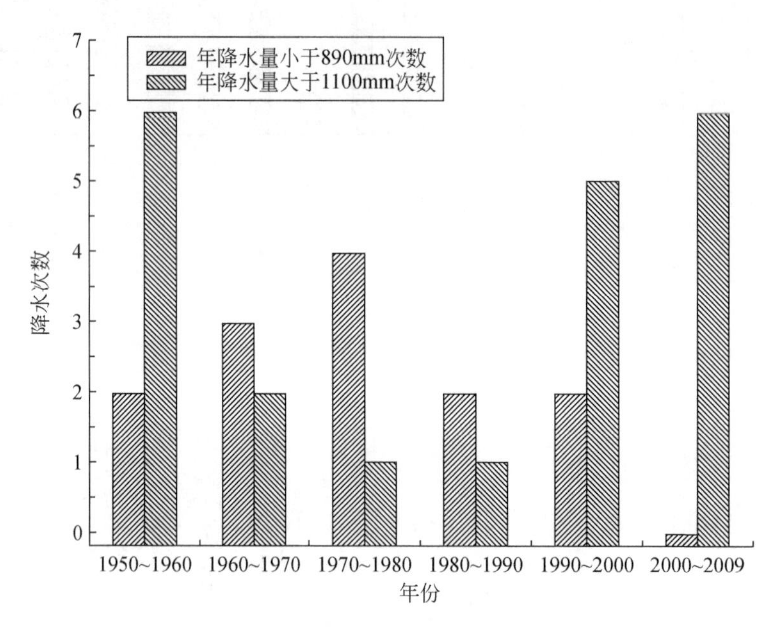

图 4-10 1950～2009 年西昌地区强弱降水频次变化曲线

4.2.3 地质灾害发育与频繁地震和极端降雨的时空耦合关系

1850 年以前，邛海流域山上森林茂密，水源涵养极佳；随着 1850 年大地震发生，邛海流域产生大量的崩塌、滑坡，大量的滑坡和崩塌为震后泥石流的暴发提供了大量的松散固体物质，造成流域内各支流每年汛期都暴发不同程度山洪泥石流灾害，这与史料记载的山洪泥石流的频率和规模都大幅度增加相符合。自 1850 年至今，邛海流域共发生山洪泥石流灾害几百次，其中官坝河和鹅掌河共发生了山洪泥石流 100 多次，造成邛海严重泥沙淤积。

通过对 1970～2012 年邛海区域地质灾害的调查发现，地质灾害类型以滑坡泥石流为主，其中有 13 个年份发生了滑坡泥石流灾害，6 个年份发生洪水灾害（表 4-2）；而对附近地震活动和极端降水事件的分析显示，滑坡泥石流的发育与当年附近频繁的地震和强降水存在明显的时空耦合关系（图 4-11），如 1974 年、1985 年、1987 年、1991 年、1993 年、1998 年、1999 年、2001 年和 2008 年，这些年份内附近地震次数（≤150km）至少为 10 次，且年降水量也在 900mm 以上，只有 2008 年年降水量为 887.42mm，这可能是因为当年距邛海 300km 左右的汶川发生了 M8.0 大地震，且当年附近（≤150km）地震次数达到了 32 次（2≤M≤5），这些地震动扰动降低了土体的强度和启动破坏的降水临界阈值；而 1983 年、1989 年、1996 年和 2004 年的地震次数和降水量，并未同时达到地震次数≥

10 次和年降水量≥900mm 的标准，却诱发了滑坡泥石流的暴发，这可能与邻近年份的地震动扰动影响有关，如 1983 年之前的 1980 年和 1981 年地震动次数分别达到了 19 次和 12 次，1989 年之前的 1988 年地震动次数达到 13 次，降水量达到 828.17mm，1996 年之前的 1995 年地震动次数达到 19 次，降水量达到 859.25mm，2004 年之前的 2003 年地震动次数达到了 21 次，为此可以发现，滑坡泥石流灾害发生之前 1～2 年的频繁的地震扰动对土体的强度和启动降水阈值具有重要的影响，这也是非极端气候年份流域发生滑坡泥石流事件的根本原因。

表 4-2　邛海流域地质灾害发育与地震频次和强降水关系数据表

年份	地震次数	年降水量/mm	灾害类型	年份	地震次数	年降水量/mm	灾害类型
1970	3	798.83	无	1992	8	610.50	无
1971	7	842.08	无	1993	33	1029.00	滑坡泥石流
1972	2	607.33	无	1994	12	882.25	无
1973	8	907.17	洪水	1995	19	859.25	无
1974	22	1052.92	滑坡泥石流	1996	19	631.42	滑坡泥石流
1975	2	704.50	无	1997	18	815.17	无
1976	14	799.25	无	1998	47	1291.00	滑坡泥石流
1977	10	723.75	无	1999	16	1102.83	滑坡泥石流
1978	3	759.08	无	2000	7	950.17	无
1979	4	676.83	无	2001	18	980.42	滑坡泥石流
1980	19	876.33	无	2002	9	836.08	无
1981	12	782.17	无	2003	21	710.67	无
1982	1	701.33	无	2004	9	849.17	滑坡泥石流
1983	4	693.83	滑坡泥石流	2005	7	688.08	无
1984	6	799.25	洪水	2006	5	821.33	无
1985	11	939.00	滑坡泥石流	2007	7	802.50	无
1986	20	869.83	洪水	2008	32	887.42	滑坡泥石流
1987	13	909.42	滑坡泥石流	2009	4	756.75	无
1988	13	828.17	洪水	2010	4	903.33	无
1989	10	701.83	滑坡泥石流	2011	7	465.17	无
1990	15	926.67	洪水	2012	5	1070.25	洪水
1991	15	1065.92	滑坡泥石流	—	—	—	—

1850 年 *M*7.5 大地震曾释放了巨大能量，对流域地质环境产生了强烈影响，除了诱发大量滑坡外，强烈地震波的拉张和剪切作用对坡体产生了巨大扰动，致使坡体结构松散且微小裂缝发育，力学强度降低，形成大量不稳定的斜坡体，又加上西昌地区为干旱河谷区，干湿季明显，年降水量在 1000mm 左右，年蒸发量为 2000mm，为降水量的 2 倍，年降水量分布不均，5～10 月为雨季，集中了年降水量的 90%，11 月至次年 5 月为旱季，蒸发量 1100mm，为同期降水量的 15 倍，旱季日照强烈，土壤干燥层达 30～40cm，致使地震动形成的微小裂隙在这种干湿循环环境下难以固结封闭，而是可能促进裂缝进一步扩展增大。从本次流域内滑坡的形态可以明显看出两种不同的滑坡形态：一种为地震直接诱发滑

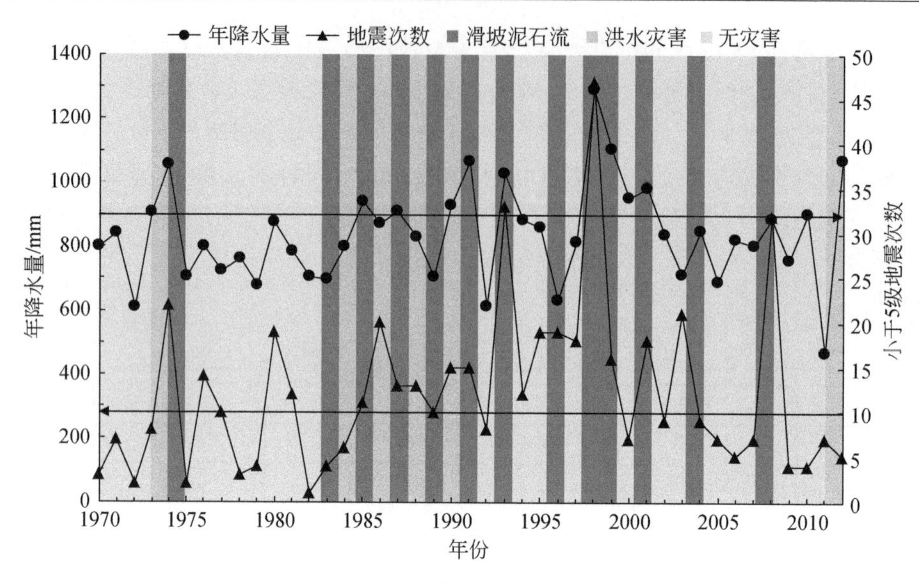

图 4-11　邛海流域地质灾害类型与地震和降水耦合关系曲线

坡分布于坡顶，并具有类似汶川地震的拉裂溃滑机理，由高陡边坡崩塌转化为坡脚稳定的滑坡体；另一种为地震造成的不稳定斜坡体，1850 年以来流域并未发生 6 级以上地震，但 5 级以下的中小地震偶有发生，而且附近区域强地震频发，虽不至于直接形成滑坡，但原本受 1850 年大地震影响的脆弱斜坡体可能会再次发生振动扰动，促使原有裂隙进一步蔓延扩展和新的微裂隙的产生，致使岩土体结构更加破碎松散，当与极端降水年份耦合时容易促进地表水沿构造裂隙大范围汇集和渗透，造成土体强度降低，当达到临界状态时则会发生滑动，进而形成类似降水型的滑坡危害。故历史大地震对该区域的地质环境和灾害分布格局起了决定和控制作用，而后期频繁的地震和强降水的时空耦合对原本脆弱山地的再次扰动，则是流域地震诱发滑坡长期活动和泥石流灾害频发的根本原因，后期的频繁地震动再次扩展延伸原有裂缝并诱发新裂缝形成，降低土体强度和增大渗透性，以及雨季来临时雨水的入渗均会加剧斜坡破坏的危险性。

4.3　附近频繁地震对脆弱岩土体的扰动变形

强烈的地震作用会让斜坡上的岩土体产生两种作用：地震产生的惯性力的作用和地震动产生的超静孔隙水压力增大作用[72]，这两种作用主要是地震对坡体的波动振荡而形成的。在岩土体变形破坏过程中地震的波动振荡作用主要产生两种效应：累进变形效应和触发破坏效应[126]。累进变形效应是指在某一强度的地震动作用下，岩土体并未直接发生破坏，而是频繁的地震动反复作用多次后引起了岩土体的变形累积而破坏，表现为地震对斜坡岩体结构产生扰动，产生裂缝和破裂面，进而在后续降水作用下导致软弱面滑移和孔隙水压力累积上升等。触发破坏效应指处于或者接近极限平衡状态的坡体受到波动振荡作用，震动产生的惯性力诱使岩土体骤然破坏而发生滑动，表现为地震直接激发大量的崩塌滑坡等。故在邛海流域内，1850 年 *M*7.5 级大地震事件曾经对流域内坡体产生触发破坏效应，激发了大量崩塌滑坡，并促使山体形成了脆弱的地质环境，接下来附近频繁的地震动对邛海流域斜坡体将会产生累进变形效应，对原有脆弱山体不断振荡扰动变形，促使原有裂缝扩展和新裂缝形成，极大促进雨水入渗速率和斜坡滑动的易敏性。下面我们通过宏观现象、理论计算和试验分析等手段分析附近频繁地震对脆弱岩土体的扰动累进变形效应。

4.3.1　附近频繁地震对斜坡土体的变形破坏现象

一个区域附近频繁地震动到底对斜坡变形破坏有没有影响及影响程度如何，一直是人们争论和研究的热点，当前也只是停滞在定性描述和评价阶段。在过去 20 年里观测到一些距震中非常远的地方还发生滑坡的现象（表 4-3），一次强烈地震可能在距震中很远距离诱发滑坡，地震的震级越大，在更远的距离范围山体扰动程度也越大。根据世界范围内 40 个地震数据库资料，Keefer[117]提出地震诱发滑坡的最远距离与地震能级之间存在一定函数关系，并给出了最远距离的上限范围曲线，并将地震诱发滑坡类型分为三类：扰动滑动和崩落、黏滞性滑动、侧向扩展流动，对于每一类他也给出了诱发滑坡的地震临界震级，如造成扰动滑动和崩落的最小地震震级为 $M4.0$，黏滞性滑动为 $M4.5$，侧向扩展流动为 $M5.0$。

通过分析国内外历史地震滑坡数据发现，某些地震滑坡发生的最大距离极限，远远超过了全球类似震级地震的距离极限标准（图 4-12）。曲线显示$M5.8$ 地震的滑坡距离极限值是 60km，而 2011 年弗吉尼亚地震触发的最远滑坡距离震中 245km，1988 年加拿大萨格奈地震（$M5.8$）触发的滑坡距离约为 180km，均超过了历史地震滑坡距离的极限值。在陕西境内咸阳黄土塬边的滑坡灾害距离汶川震中的距离约为 600km。智利 2010 年 2 月 27 日发生的 $M8.8$ 级地震所激发最远滑坡距离（410km）在 Keefer 提出的边界上限范围内，但与其相隔不到半个月的两次余震所诱发的最远滑坡距离却超过了同级震级的历史地震滑坡极限记录，分别达到 230km 和 220km，这足以说明强震动对远距离坡体具有明显的扰动，并在接下来频繁地震扰动作用下可能达到临界破坏状态。

表 4-3　世界范围内地震震级与最大滑坡距离统计表（改自 Delgado[33]）

位置	时间	震级（M_W）	震源深度/km	最大滑坡距离/km	影响范围/km^2
意大利（S Apennines）	1930 年 7 月 23 日	6.7	—	77.5	—
加拿大（Saguenay）	1988 年 11 月 25 日	5.8	28	180	—
西班牙（SW Montefrio）	1991 年 10 月 24 日	2.6	5	7.9	—
美国（St.George，Utah）	1992 年 9 月 2 日	5.7	—	44	—
意大利（Umbria Marche）	1997 年 9 月 26 日	6	5	28.9	1400
中国台湾（集集）	1999 年 9 月 21 日	7.3	33	117	—
伊朗（Avaj）	2002 年 6 月 22 日	6.5	10	54	3600
意大利（Palermo）	2002 年 9 月 26 日	5.89	10	50	—
意大利（Molise）	2002 年 10 月 31 日	5.78	—	30	—
美国阿拉斯加（Denaly）	2002 年 11 月 3 日	7.9	5	300	10000
墨西哥（Colima）	2003 年 1 月 22 日	7.6	24	100	7945
阿尔及利亚（Boumerdes）	2003 年 5 月 21 日	6.8	10	24.2	39

续表

位置	时间	震级（M_W）	震源深度/km	最大滑坡距离/km	影响范围/km^2
希腊（Lefkada）	2003 年 8 月 14 日	6.2	12	19.5	—
日本（Niigata）	2004 年 10 月 23 日	6.6	13.4	18	390
俄罗斯（Olyutor）	2006 年 4 月 20 日	7.6	60	—	<6400
智利（Aysen）	2007 年 4 月 21 日	6.2	10	42	1200
秘鲁（Pisco）	2007 年 8 月 15 日	8	39	198	—
中国汶川	2008 年 5 月 12 日	8.0	19	600	100000
日本（Iwate Miyagi）	2008 年 6 月 14 日	7.2	8	—	600
意大利（L Aquila）	2009 年 4 月 6 日	5.8	12	45.2	—
智利	2010 年 2 月 27 日	8.8	35	410	—
智利余震 1	2010 年 3 月 11 日	6.9	—	230	—
智利余震 2	2011 年 3 月 11 日	6.7	—	220	—
中国玉树	2010 年 4 月 14 日	7.1	14	60	1455.3
美国米纳勒尔	2011 年 8 月 23 日	5.8	6	245	33400
中国庐山	2013 年 4 月 20 日	7.0	13	50	2500～5500

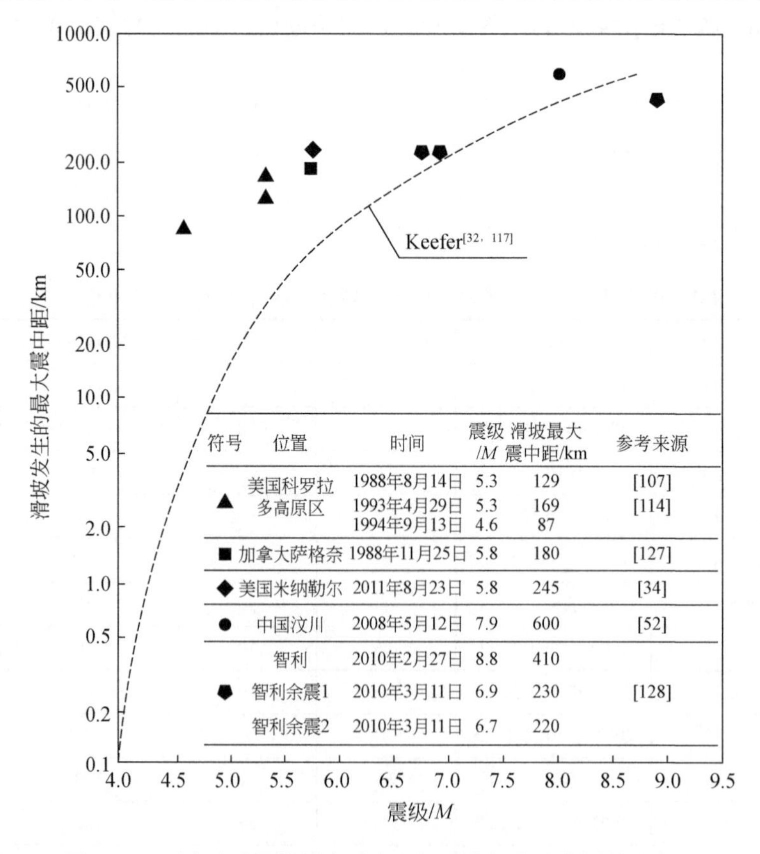

图 4-12　历史地震滑坡最大震中距超出常规统计范围的分布图

由上面众多研究案例可知，频繁远距离强震或近距离小地震可能对原本脆弱的斜坡体产生扰动影响，增加坡体的累进变形位移，促使岩土体松动和产生微小裂缝，并在接下来频繁震动或适当降水等条件下可诱发滑坡发生，如 2002 年 9 月 6 日发生在 Palermo 的 *M*5.89 地震，造成了距震中 50km 处一个远端滑坡的复活，同时这个滑坡位于 1823 年 3 月 5 日 Sicily 的 *M*5.9 大地震所激发的 Collesano 大滑坡附近[51]。在 2002 伊朗 Avaj 地震后也发现新滑坡总是在之前大地震激发的滑坡区域内产生[4]，且主要为表层扰动滑坡。

4.3.2　附近频繁地震对土体变形破坏效应分析

频繁远距离大地震和近场区的小地震对区域地质环境具有一定的变形扰动影响，但并不一定可以促使斜坡体的破坏，除了与地震震级、震中距等因素有关外，还与场地地形地质条件有关，受控于场地地层、地形地貌及断层发育等因素。

1. 远距离强震的地层放大效应分析

不同场地情况可能影响地表振动破坏程度，其对地震动的放大作用主要是由于地表波阻抗的减小而发生的，地壳表层的剪切波速越小，场地放大作用越显著，如对于覆盖于坚硬地层之上的泥灰岩和黏土坡，或在与坚硬地层形成阻抗对比的原滑动斜坡体，场地效应是重要的。为此我们通过汶川地震过程中邛海流域地震台站的强震记录数据，分析邛海流域土层的远距离强震放大效应。

1）地震动观测数据

在 2008 年 5 月 12 日汶川地震发生过程中，在邛海盆地流域布设的 4 个强震动观测台站获得了汶川主震动的加速度时程记录曲线，分别为一个基岩台站和三个土层台站，基岩台站为小庙观测台站，其台站分布及典型断面地层情况见图 4-13，地震动峰值记录曲线如图 4-14～图 4-17 所示。

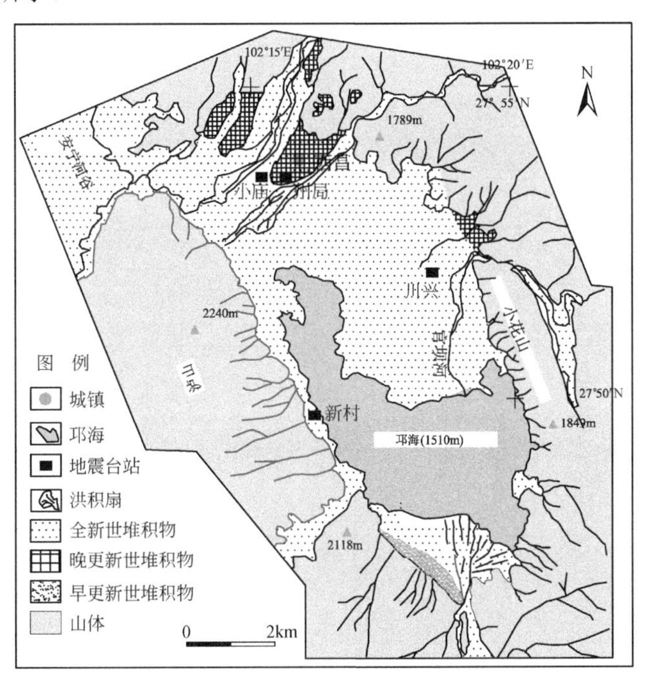

图 4-13　邛海流域地震观测台站分布图

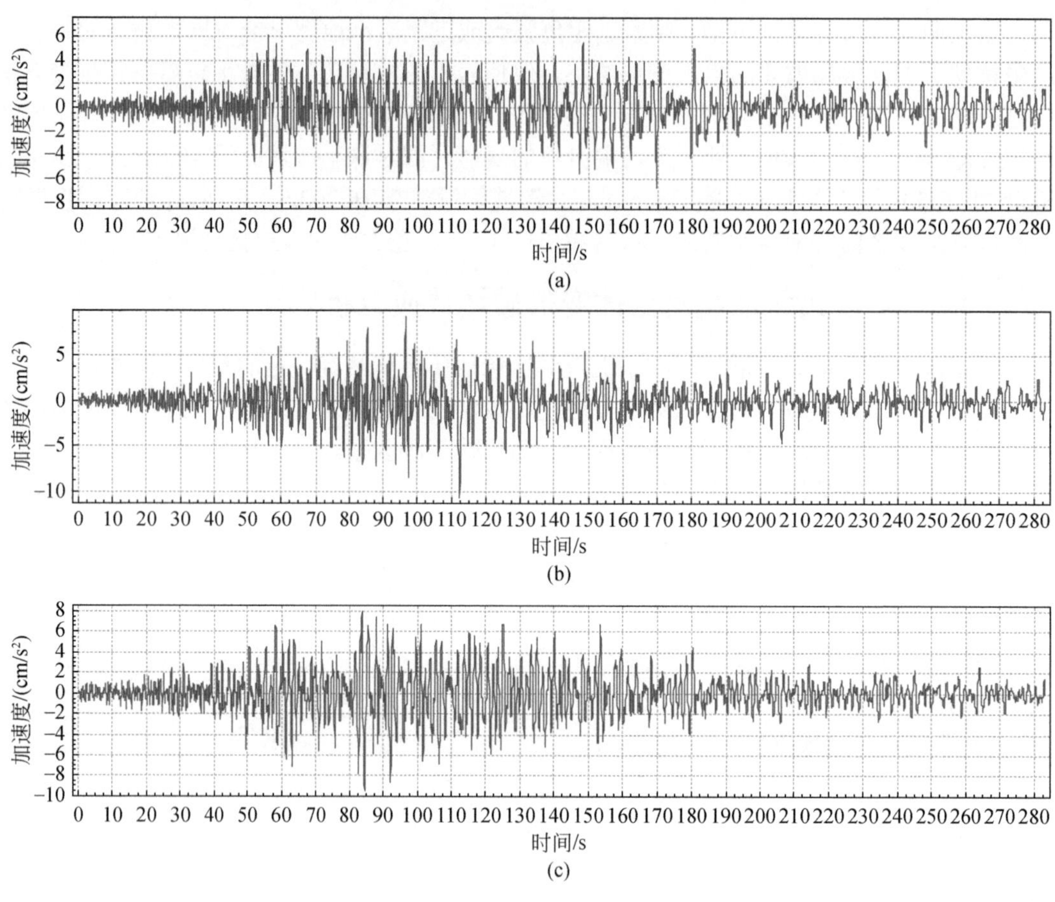

图 4-14　小庙观测台站 EW、NS、UD 动分量加速度时程曲线

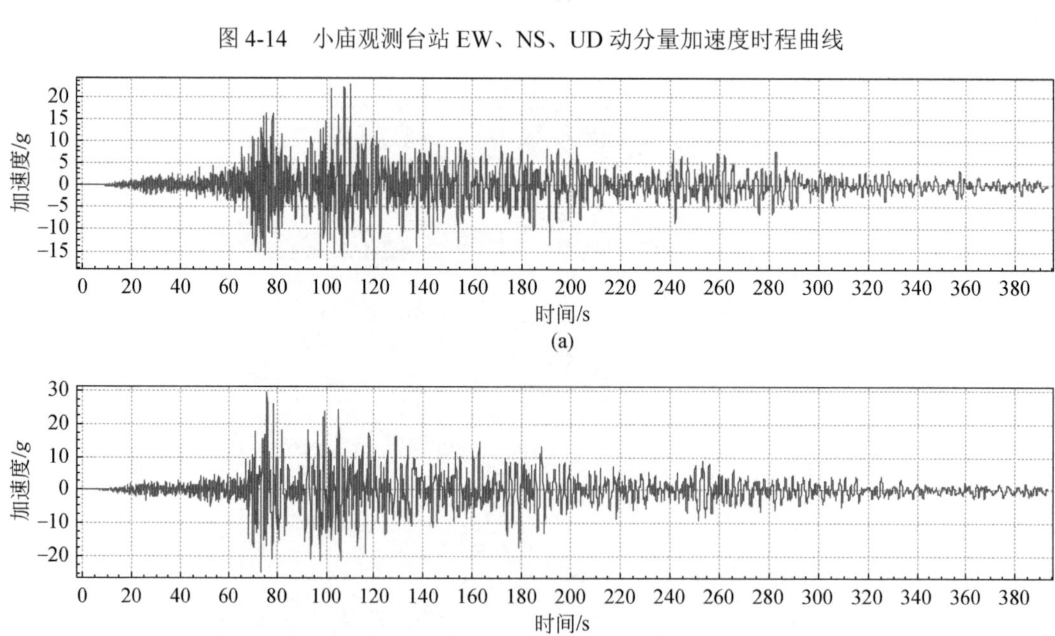

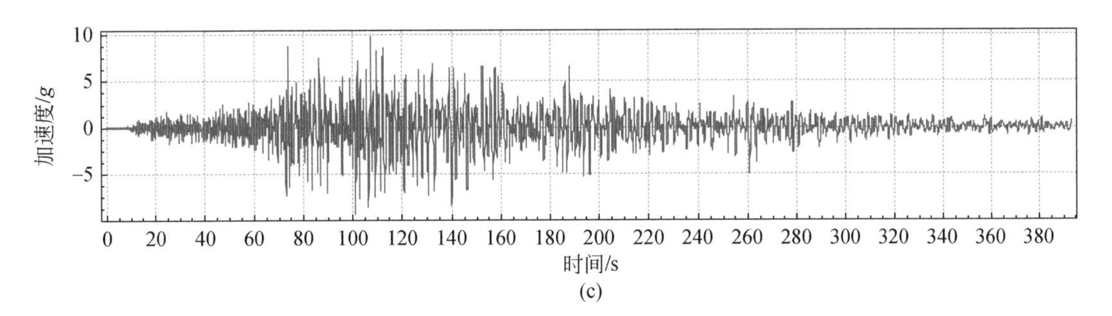

(c)

图 4-15　川兴观测台站 EW、NS、UD 动分量加速度时程曲线

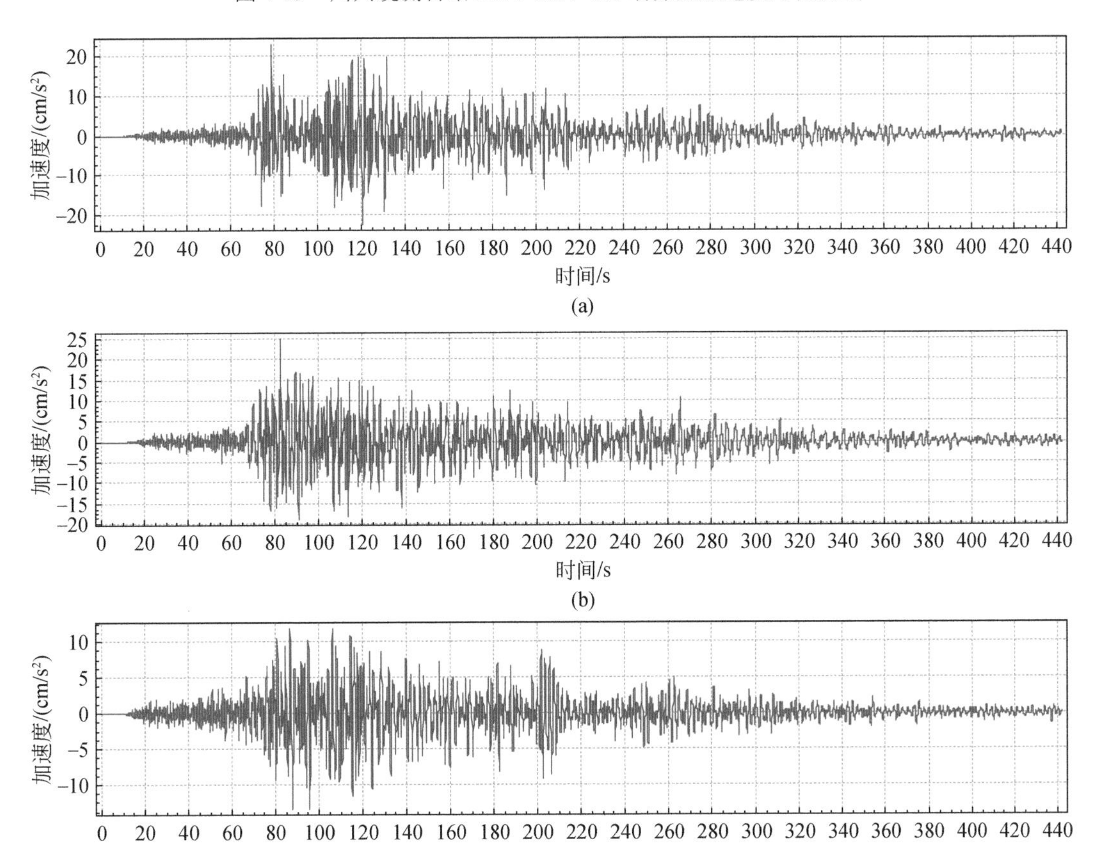

(a)

(b)

(c)

图 4-16　州地震局观测台站 EW、NS、UD 动分量加速度时程曲线

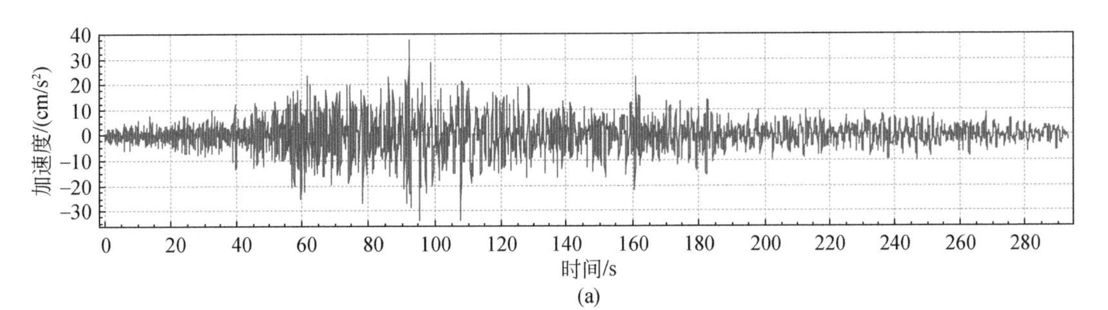

(a)

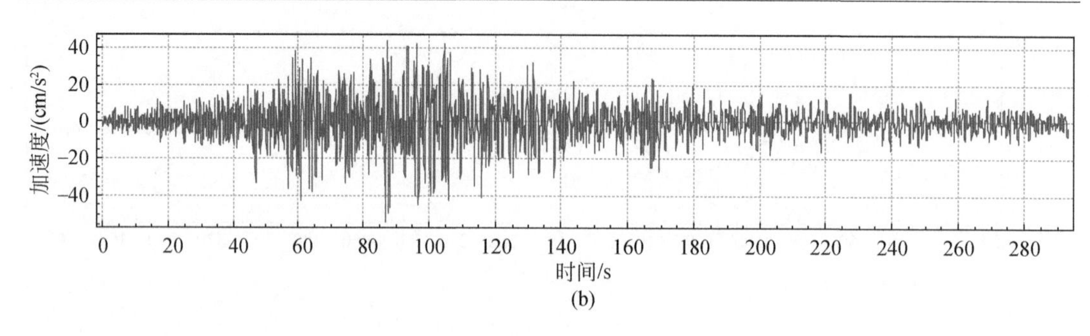

(b)

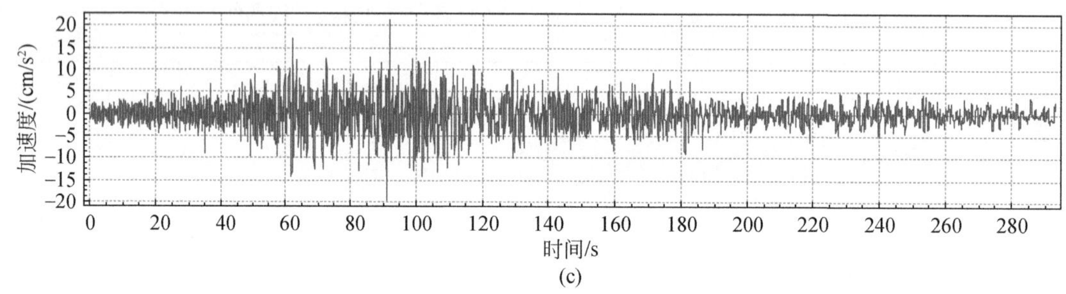

(c)

图 4-17 新村观测台站 EW、NS、UD 动分量加速度时程曲线

从表 4-4 可知，基岩台站的最大峰值加速度 PGA 最小，该台站的东西、南北和上下 PGA 分量分别为−5.868Gal、−4.006Gal 和 3.142Gal；其他三个土层台站的最大峰值加速度 PGA 则远大于基岩台站的 PGA，这三个土层台站 PGA 的东西、南北和上下分量分别为基岩台站相应分量的 3.96～6.58 倍、6.27～10.98 倍和 3.17～6.66 倍。

表 4-4 邛海流域观测台站记录汶川地震加速度时程信息

序号	台站名称	经纬度	震中距/km	距基岩台站距离/km	场地类型	各台站 PGA/Gal		
						EW	NS	UD
1	小庙	102.24°E，27.9°N	362.69	—	基岩	−5.868	−4.006	3.142
2	州地震局	102.25°E，27.9°N	362.57	0.39	土层	23.504	25.131	−13.62
3	新村	102.26°E，27.85°N	366.69	5.18	土层	38.589	−43.967	−20.913
4	川兴	102.30°E，27.87°N	363.76	6.17	土层	23.226	29.104	9.961

注：1Gal=1cm/s²。

土层场地自振周期 T（或卓越频率 f）与土层厚度 H、剪切波速 v 之间关系可表示为

$$f = \frac{v}{4H} 或 T = \frac{4H}{v} \tag{4-1}$$

由此可见，如果土层的剪切波速变化不明显，当土层较薄时，土层的卓越频率处于高频范围，而土层较厚时，土层的卓越频率将向低频方向转变。从图 4-18 反应谱形状和卓越周期分布的频带可发现：①最大峰值均分布于短周期（≤1s）范围内，频谱值大于 1s 后随时间增加而快速衰减，如新村台站说明薄土层的特征；②最大峰值分布于 1s 附近，频谱值大于 1s 后随时间增加而起伏，如川兴台站反映场地中厚土层特征；③高频谱值部分较宽，最大峰值出现在长周期，如州地震局台站反映深厚土层特征。

2）研究方法

依据是否使用参考场地，场地反应分析方法分为参考场地和非参考场地两种方法。Borcherdt[129]最早提出了参考场地法，也成为传统的谱比法，是采用场地及其邻近基岩场地作为参考场地，并用傅氏谱比估计其他场地的反应，当其他场地距参考场地较近时，传播路径的影响可以忽略不计，但当二者距离较大时，则需要对传播路径效应进行几何衰减和滞弹性衰减，一般只对几何衰减进行校正。应用谱比法的关键是参考场地的选取，如果参考场地的反应可忽略，则应用该方法估计场地反应时是可靠的。谱比法物理意义明确，自提出以后受到广泛应用。

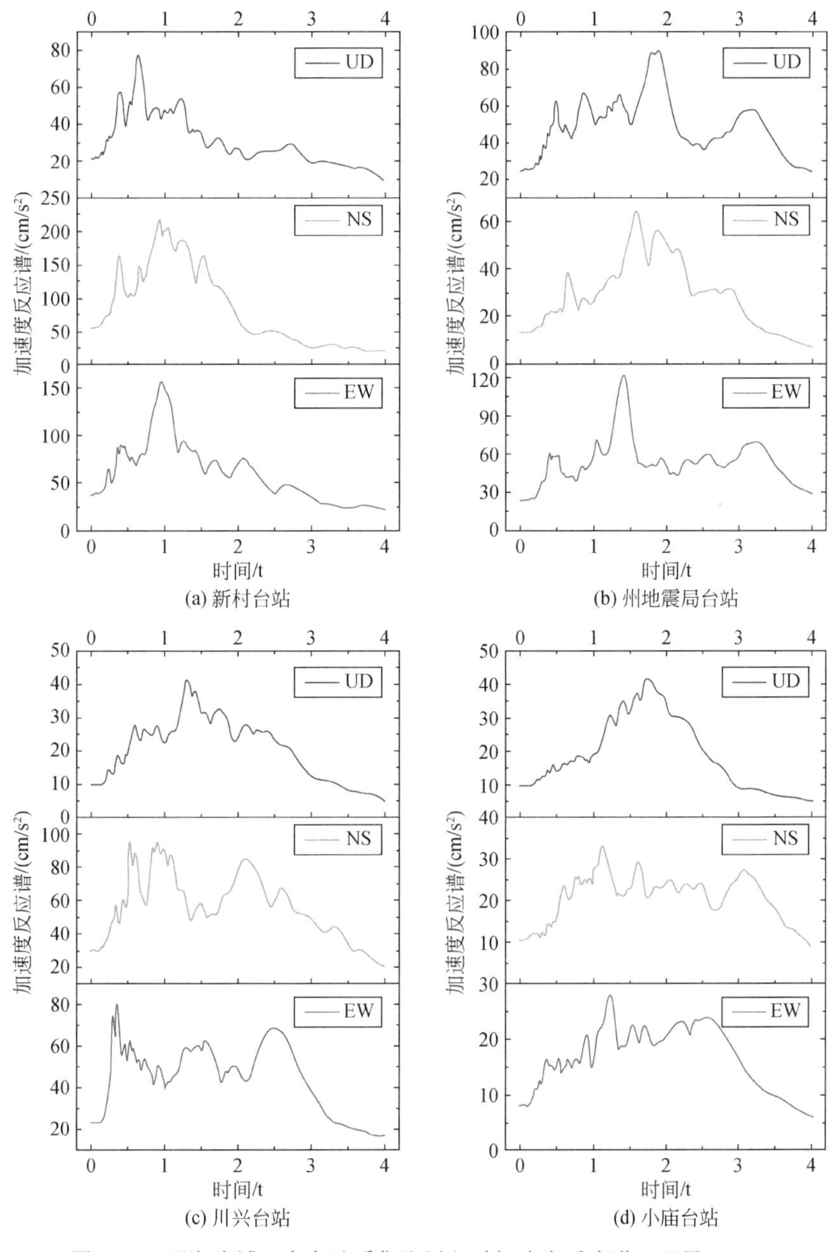

图 4-18　邛海流域 4 个台站采集汶川主震加速度反应谱（阻尼 5%）

本次采用传统谱比法来研究邛海流域中土层的场地效应，以揭示强地震远距离场地放大效应。地震动是由震源效应（震源破裂过程）、路径效应（地震波在地壳中的传播过程）和场地效应（场地反应）三个效应共同作用的结果，一般在利用强震动记录估计场地反应时，常常需要去除震源和路径效应。

采用谱比法时，若研究场地附近有一个与其有相同的震源效应和几乎一致的路径效应的基岩参考场地，则两者之间的地震动傅氏谱比即为估计的场地反应。假设有 M 个台站组成的强震观测台网记录了 N 次地震的地震动记录，第 i 个台站记录的第 j 次地震的地震动傅氏谱（Q_{ij}）可以表达为震源（E_j）、路径（P_{ij}）和场地（S_i）的乘积，即为

$$Q_{ij}(r,f)=E_j(f)P_{ij}(r,f)S_i(f) \tag{4-2}$$

式中，f 为频率；r 为某台站的震源距离（km）。

如果定义一个参考场地（$i=R$），其场地反应可忽略不计（$S_R=1$），而如果两个台站之间距离较大，则应当考虑路径效应，如下式：

$$P_{ij}(r,f)=\frac{1}{R_{ij}}\mathrm{e}^{\frac{\pi r f}{vQ(f)}} \tag{4-3}$$

式中，R_{ij} 为第 i 个台站第 j 次地震的震源距（km）；v 为地震波剪切波速（m/s）；$Q(f)$为品质系数，可利用 Zhang 等[130]提出的关于四川盆地的品质系数与频率的关系：

$$Q(f)=217.8f^{0.816} \tag{4-4}$$

那么，第 i 个台站的场地反应可用下式估计：

$$S_i^{SR}=\frac{1}{N}\sum_{j=1}^{N}\frac{Q_{ij}(f)}{Q_{Rj}(f)}\cdot\frac{r_{ij}}{r_{Rj}}\mathrm{e}^{\frac{\pi(r_{ij}-r_{Rj})f}{vQ(f)}} \tag{4-5}$$

对于某一次地震，如由 M 个台站组成强震台阵，则第 i 个台站的场地反应估计可表示为

$$S_i^{SR}=\frac{Q_i(f)}{Q_R(f)}\cdot\frac{r_i}{r_R}\mathrm{e}^{\frac{\pi(r_i-r_R)f}{vQ(f)}} \tag{4-6}$$

采用传统谱比法必须有一个合适的基岩台站做参考台站，据上面所述，邛海流域内只有小庙一个基岩台站，基岩由紫红色粉砂岩和泥岩互层组成，故本次选择小庙站为参考场地，采用上述方法估计其余三个土层台站的放大作用（表 4-5）。

表 4-5 邛海流域场地对汶川地震动放大作用的放大系数及其相应的卓越频率

序号	台站名称	0.1＜f≤10Hz					
		PGA EW 分量		PGA NS 分量		PGA UD 分量	
		f_d/Hz	AF	f_d/Hz	AF	f_d/Hz	AF
1	州地震局	0.89	7.35	1.01	8.50	0.70	8.25
2	新村	2.77	12.04	1.06	18.5	2.34	11.24
3	川兴	4.54	8.45	2.26	11.11	0.85	5.5

注：f_d 为卓越周期（Hz）；AF 为放大系数。

据图 4-19 可知，在这三个土层场地上地震动三分量放大作用显著的频率范围为 0.1～

10Hz，而且三个台站对地震动三个分量放大作用不同，川兴和新村台站放大作用均为NS＞EW＞UD，而州地震局台站的放大作用为 NS＞UD＞EW。川兴台站处场地的水平卓越频率大于新村台站，但对于新村台站，场地对地震动高频分量放大效应更为显著，而对于川兴台站，场地对地震动的高频和低频分量放大效应都显著，只是高频分量放大系数稍大于低频分量放大系数；这样可判断出川兴台站附近土层厚度大于新村台站处土层厚度。对于州地震局台站，场地的卓越频率是最小的，且在低频范围内，其卓越频率小于川兴台站相应值，故州地震局附近土层厚度更大。由此可得出，新村台站附近场地是浅层土，而川兴和州地震局附近场地为中厚土层。由此我们可推断邛海流域表层土对远距离汶川地震动的高频分量放大效应显著，一方面，虽然汶川地震震中距邛海流域较远，可能场地对地震动的放大效应难以对斜坡体造成直接的严重破坏，但这仍可说明远距离的场地地震动放大效应还是对坡体产生强烈的扰动，促使坡体产生裂缝和松动，在后续震动或降水作用下将造成临界破坏坡体滑动和之前存在滑坡体复活，这与我们现场发现的大量表层扰动滑坡体现

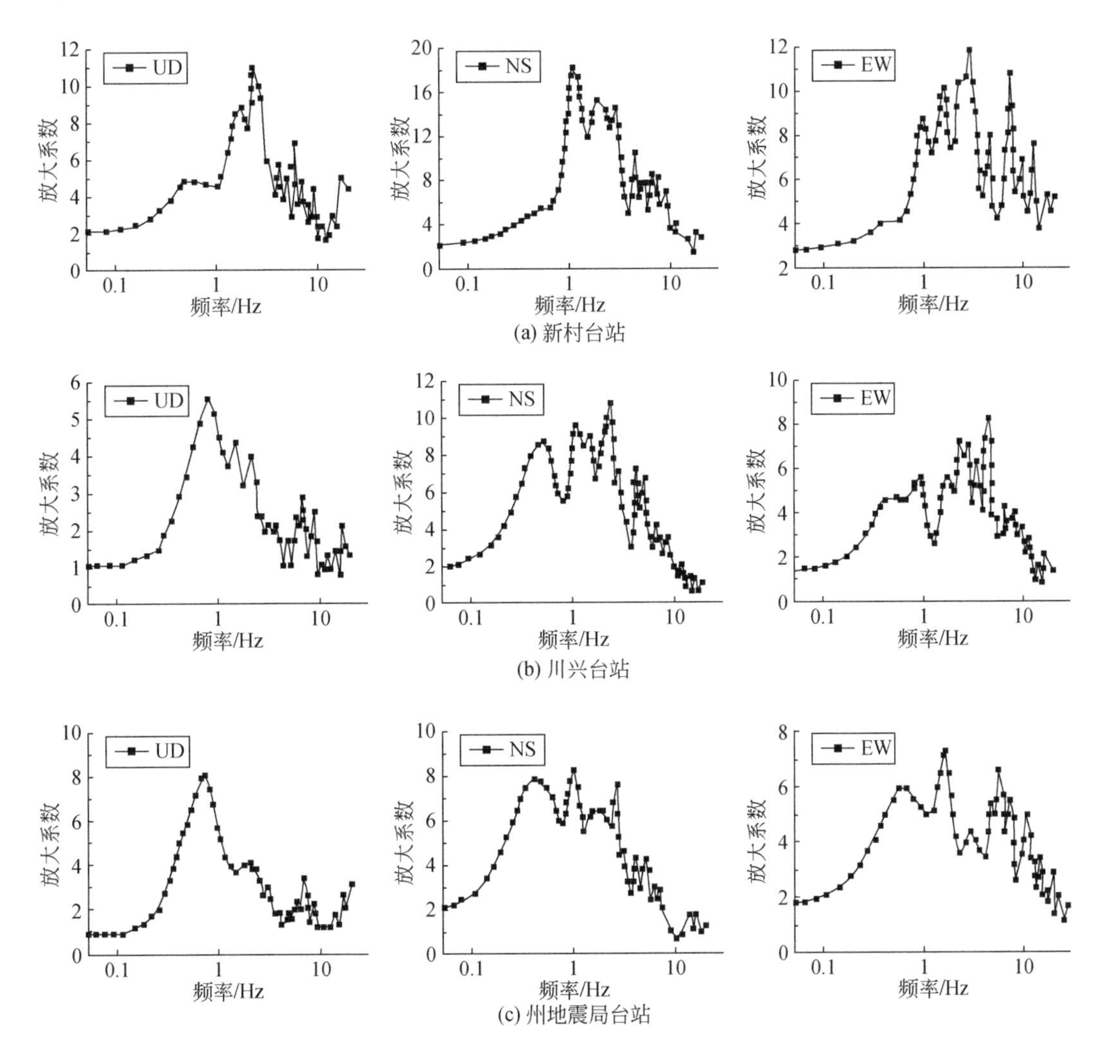

图 4-19　邛海流域 3 个土层台站场地放大效应

象一致。另一方面，因为低频分量放大效应相对较小，而且其主要对深部的土层起到地震动放大效应，故在流域内对触发中大规模的滑坡体起到扰动作用较小。为此可见，附近区域频繁的地震动对邛海流域滑坡体的发生具有重要贡献，特别是浅层表土坡，其对远距离地震动分量的放大效应尤为显著。

2. 远距离地震的地形放大效应分析

除了场地对地震动具有放大效应外，场地附近地形同样对地震波传递具有显著的影响，从而造成在某一位置地震波产生放大或衰减区。根据 3.3.2 节对邛海流域滑坡沿河谷剖面分布规律发现，大量滑坡主要分布在坡度为 30°～40°和高程为 2000～2500m 的范围内，该区域斜坡体主要包括单薄山地和凸状山体（图 4-20），其对地震动具有明显的放大效应。对于孤立单薄山体，由于坡体顶部陡立且单薄，在振动作用下，摆动幅度较坡脚大，故边坡顶部对地震动的反应幅度较坡脚处具有明显的放大作用；对于凸状山体，地震动最大放大区域位于坡肩附近，而随着入射角的增加，最大地震动放大区域则逐渐转向面向地震波源方向上的斜坡的变坡点附近。张倬元等[73]对国外卡格尔山山顶和山脚两处震动观测记录研究发现，山顶上地震动较山脚处放大效应均显著，地震烈度相对于坡脚增加 I 度左右。从汶川地震滑坡分布规律调查发现，崩塌滑坡的发育和分布明显受控于坡度变化，滑坡主要发生在 20°～50°的斜坡上。故从上面可知，地形的放大效应包括高差和坡度两种放大效应，一般来说，随着坡度的增加，高差逐渐增大，震动诱发滑坡的可能性增大。

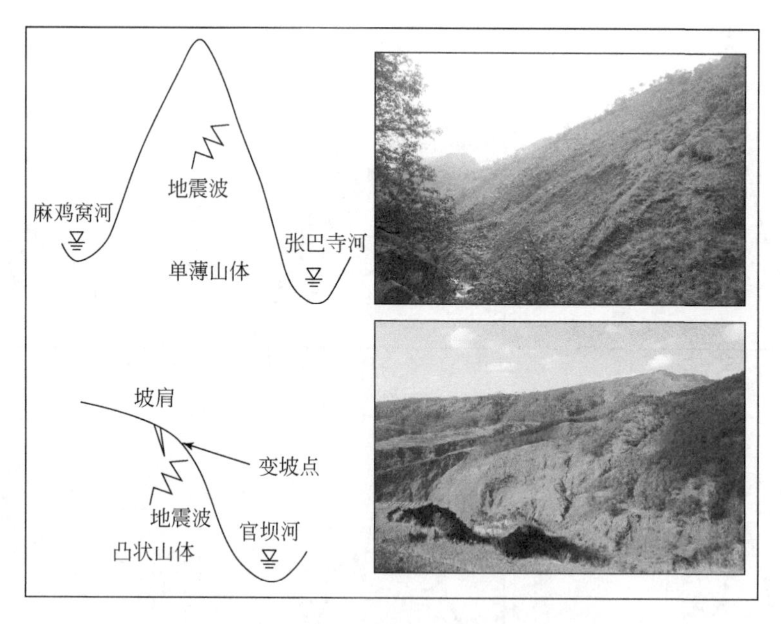

图 4-20　地震滑坡的微地貌形态示意图

在这一地形场地效应的影响下，远距离地震可能造成一特定区域内斜坡体扰动破坏或不稳定坡体产生滑动。由此可以推断，当邛海流域地震台站位于山顶和变坡点时，所记录场地的地震动放大效应可能更加显著，在场地土层和地形效应共同作用下，邛海流域内原不稳定坡体和之前存在滑坡体对远距离地震动响应更强烈，更易于发生扰动和破坏。

3. 远距离地震的盆地边缘断层放大效应

大多沉积盆地是由地壳的沉降或断陷作用所形成的，盆地边缘多为断层切割，盆地之上地层常由很厚的冲洪积或湖积物组成。目前获得的强震观测资料和震害资料表明[131]，盆地对地震动有较显著的放大作用，1994 年 Northridge 地震中洛杉矶盆地和 1995 年 Kobe 地震中 Osaka 盆地的盆地边缘特征研究发现，地震中地震波在断层控制的盆地边缘产生面波或衍射波，当地震直达波与断层发射波相互作用时将发生相长干涉，从而对地震波产生明显放大效应，沿盆地边缘的断层附近形成一个地震动异常高区。

理论上，场地的地震动放大效应应该造成邛海流域滑坡和不稳定斜坡体呈均匀分布，然而从整个流域来看，大量滑坡主要分布于官坝河和鹅掌河两个流域内，表现出明显的分布差异性，这可能与邛海流域内断裂构造对远距离地震波的放大效应有关。为此我们通过搜集邛海流域内强震动监测台记录的汶川 M8.0 地震动资料，分析各台站处区域动峰值加速度的与地质构造关系，从而进一步揭示远距离断层的地震动放大效应。

烈度异常区是指在某烈度区内孤立出现的高出或低于当地及周围烈度的区域。据历史地震不完全统计，有 8 次特大地震伴随有烈度异常区，可明确勾画出烈度异常区大约 35 处，其中高烈度区 21 处，低烈度区 14 处[132]。高烈度区往往出现在山间盆地边界附近，如 1679 年三河地震时山西的徐沟-太谷异常区，1668 年郯城地震时江西的吉安-金溪、彭泽-都昌，湖北的汉川-沔阳，1556 年华县地震时甘肃的平凉-灵台异常区等；有的距震中相当远，如吉安-金溪异常区距震中 700～800km，徐沟-太谷异常区距震中 420km，平凉-灵台异常区距震中 250km 等。我国近年来发生邢台、通海、海城、唐山等强震及国外较大地震的等震线的形状也明显受地貌界限控制，特大地震震中周围 100～200km 范围内的基岩山区的边界往往是某一种高烈度等震线通过的地带[133]。

描述地震动的参数有很多，峰值加速度最为常用。地震动峰值加速度作为地震记录的瞬时极大值，可以在一定程度上反映地震动的整体作用水平；另外地震动峰值加速度是震后可以快速获取的一个反映地震动在不同地点振动大小的量，所以利用地震动峰值加速度数据分析场地地质构造和地形地貌的关系具有内在的物理联系和现实的应用价值。为了更加充分验证邛海流域内断层对汶川地震动具有放大效应，我们通过搜集渭河盆地、太原盆地和宁夏强震动监测台记录的汶川 M8.0 地震动资料（表 4-6），分析各区域动峰值加速度与台站处的地质构造关系，从而进一步揭示邛海流域断层的地震动放大效应。

表 4-6　典型区域各地台站所记录的最大动峰值加速度参数

地点	台站名称	高程/m	经纬度		震中距/km	最大动加速度/(cm/s^2)		
						EW	NS	UD
震中	汶川卧龙	1917	103.63°E	31.29°N	21	957.7	652.9	948.1
西昌	新村台站	1540	102.26°E	27.85°N	366.69	38.589	-43.967	-20.913
西安	陇县台站	886	106.836°E	34.894°N	540.8	154.016	90.821	-32.706
宁夏	西吉台站	1921	105.21°E	35.42°N	540	35.5	36.3	21.2
山西	阳曲台	887	112.67°E	38.07°N	1158	17.9	30.5	10.2

1）渭河盆地

陕西数字强震动台网在渭河盆地内共布设 30 个台站，与汶川震中相距 500～900km，在汶川地震过程中，盆地内共有 27 个地震台站监测到地震动记录，其中有 2 个基岩台站和 25 个土层台站，在所得的加速度记录中，最大动峰值加速度为陇县台站，达到了 154cm/s^2（表 4-7，图 4-21）。在汶川地震过程中，渭河盆地中的西安市距震中 650km，出现了位于Ⅴ度低烈度区的高烈度异常（Ⅵ度）；河盆地中的宝鸡市距震中 530km，从宝鸡到眉县沿着盆地边缘出现了一个属于Ⅵ度区中的Ⅶ度异常区，震害比较严重，甚至部分山体出现了崩塌滑坡灾害。

表 4-7　陕西渭河盆地地震台站记录的汶川 *M*8.0 地震的地震动峰值加速度参数[134]

序号	台站名称	经纬度		高程/m	场地性质	震中距/km	最大动峰值加速度/（cm/s^2）		
							EW	NS	UD
1	陇县	106.836°E	34.894°N	886	土层	540.8	154.016	90.821	32.706
2	千阳	107.13°E	34.648°N	716	土层	537.01	59.024	51.66	26.88
3	凤翔	107.38°E	34.5°N	812	土层	540.85	81.777	22.966	50.427
4	陈仓	107.41°E	34.321°N	502	土层	528.96	91.457	107.623	49.08
5	岐山	107.649°E	34.436°N	637	土层	553.79	48.296	78.711	38.175
6	汤峪	107.903°E	34.131°N	633	基岩	549.67	18.384	30.334	26.995
7	杨陵	108.073°E	34.276°N	440	土层	571.96	77.393	93.719	27.597
8	周至	108.321°E	34.056°N	506	土层	575.73	43.287	39.642	31.116
9	户县	108.616°E	34.109°N	386	土层	601.56	66.043	91.949	23.447
10	乾陵	108.694°E	34.353°N	395	土层	622.87	18.058	21.79	10.475
11	咸阳	108.7°E	34.35°N	412	基岩	623.13	40.132	33.046	18.047
12	长安	108.924°E	34.03°N	449	基岩	620.8	17.473	19.858	13.83
13	西安	108.949°E	34.208°N	432	土层	633.28	52.936	44.459	13.293
14	泾阳	108.842°E	34.53°N	371	土层	645.42	44.772	55.658	18.939
15	草滩	108.952°E	34.399°N	338	土层	645.28	54.838	48.518	12.945
16	高陵	109.091°E	34.526°N	346	土层	663.81	54	62.974	16.15
17	临潼	109.194°E	34.376°N	403	土层	662.38	57.606	33.55	19.025
18	蓝田	109.318°E	34.154°N	484	土层	659.08	30.968	49.836	12.578
19	阎良	109.222°E	34.675°N	368	土层	683.17	27.62	29.403	14.07
20	斉店	109.36°E	34.726°N	323	土层	696.78	33.677	36.412	10.475
21	渭南	109.491°E	34.528°N	317	土层	694.5	35.049	31.021	14.012
22	华县	109.751°E	34.508°N	331	土层	713.55	30.137	28.955	14.61
23	华阴	110.089°E	34.577°N	311	土层	744.11	31.974	28.257	11.155
24	大荔	109.951°E	34.81°N	327	土层	746.99	31.144	31.697	10.52
25	蒲城	109.579°E	34.954°N	464	土层	727.79	20.035	33.422	11.116
26	合阳	110.203°E	35.224°N	715	土层	791.68	14.16	17.337	12.703
27	韩城	110.45°E	35.521°N	249	土层	829.04	15.517	19.759	10.492

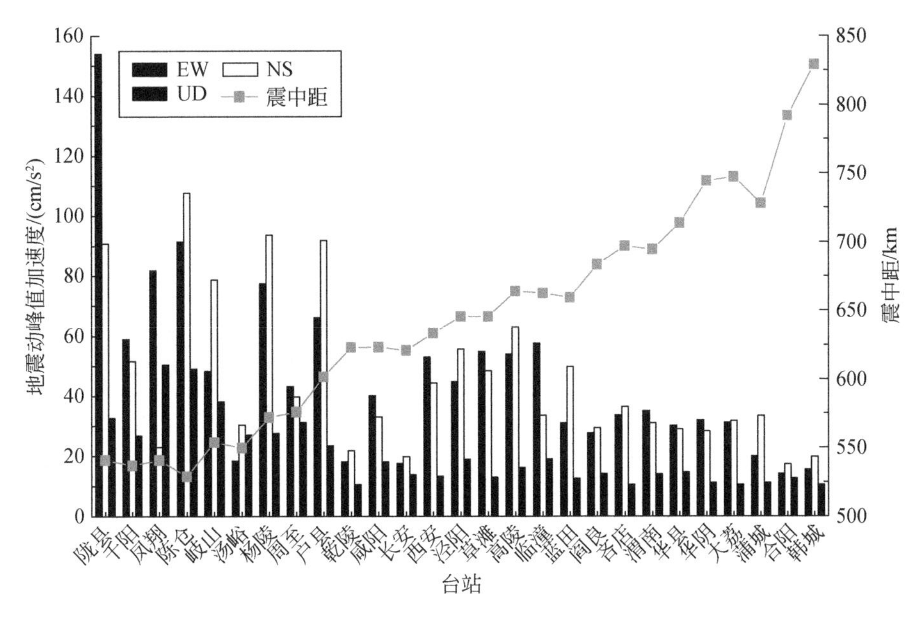

图4-21　陕西渭河盆地各地震台地震动峰值加速度变化图

从图4-22可知，各台站动峰值加速度随震中距的增加并不是逐渐减小，而是总体上呈起伏状减小趋势。虽然不同土层厚度对地震动有不同程度的放大作用，徐扬等[134]研究发现，盆地内中较厚覆盖土层对较长周期的地震波有明显的放大作用，但王海云[135]在对Ⅷ度异常区陈仓台站（107.623cm/s^2）处地震动分析表明，土层场地对地震动放大系数为9.77，相应卓越频率为1.43Hz，而在其北部10km处，且土层比其厚，Ⅶ度异常区外的凤翔台，其最大峰值加速度为81.777cm/s^2，对地震动放大系数为6.87，相应卓越频率为0.37Hz，故认为陈仓台站的放大作用不仅包括土层场地放大作用，还包括盆地边缘断层对地震动放大作用。

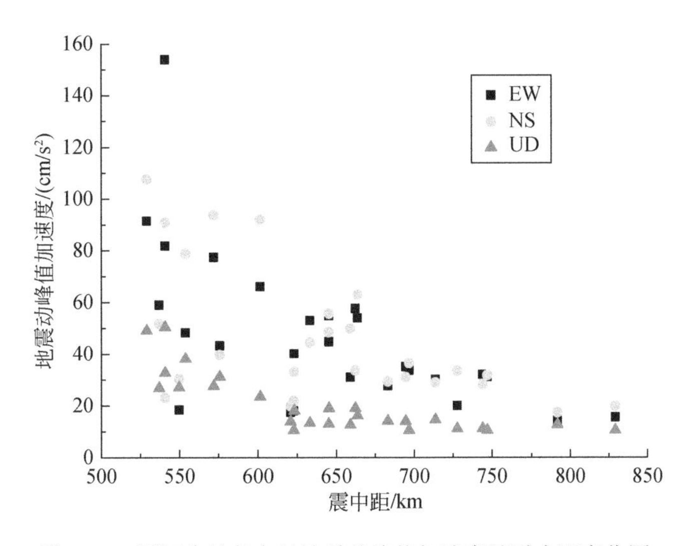

图4-22　渭河盆地各台站地震动峰值加速度随震中距变化图

渭河盆地是一个新生代断陷地堑盆地，盆地地质构造复杂，断块山、断块台塬、断块平原构造地貌典型，其南北边缘受断层控制[136]。通过对峰值加速度大于 90cm/s^2 的台站位置研究发现，这 4 个台站土层厚度不均，但均分布于盆地边缘断层附近，如陇县台站主要受控于盆地边缘的岐山-马召断裂带，陈仓和杨凌台站受控于渭河断裂带，户县台站则受控于秦岭山前断裂带（图 4-23、图 4-24）。

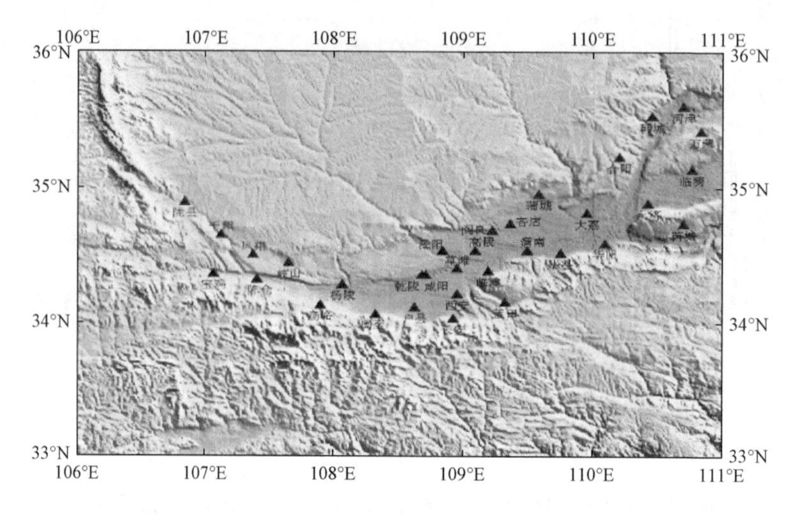

图 4-23　陕西渭河盆地地形及地震台站分布图（改自徐扬等[134]）

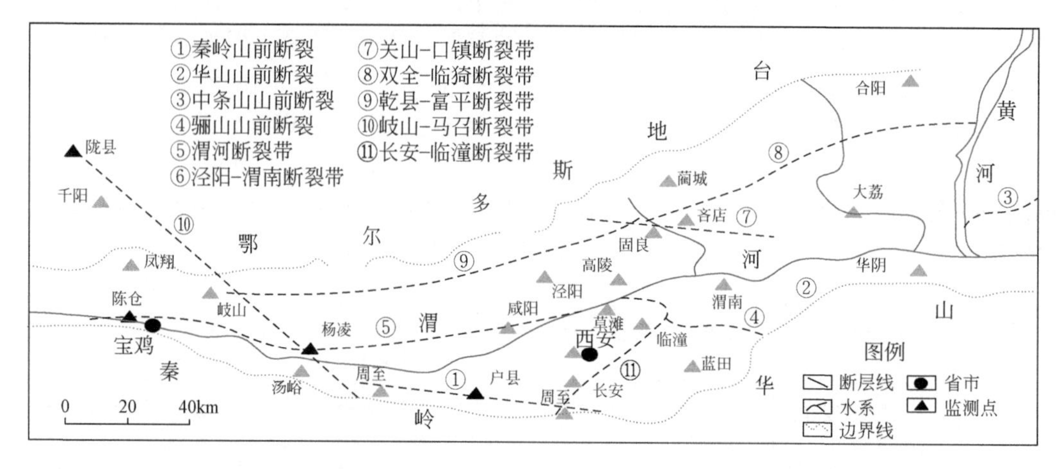

图 4-24　陕西渭河盆地构造及地震台站分布图（改自胡孟春[136]）

从汶川地震诱发地质灾害分布来看（图 4-25），陕西境内地质灾害灾情主要分布在龙门山构造带延伸到陕西境内的断裂带两侧的低山丘陵区以及黄土丘陵区，滑坡分布呈现带状、片状发育，崩塌主要在黄土塬边及山区交通道路附近[61]。龙门山断裂带北东延伸主要涉及陕西境内的宁强、勉县，阳平关断裂、宽川铺断裂和大竹坝新集断裂即为龙门山断裂带的自然延伸部分，地质灾害灾险情主要发育在这些断裂带上，并具有如下发育特征：宽川铺断裂带附近地质灾害灾险情较阳平关断裂、大竹坝新集断裂明显集中，与四川境内的龙门山三条主要断裂引发的地质灾害具有一致性，灾险情分布具有随着与断裂活动带的距离差异而呈现灾险情减弱的特征[83]。总体上，特大型、大型地质灾害灾险情集中在断裂带附近，而中小型地质灾害灾险情则随着断裂带越远，呈现活动强度减弱的特征。

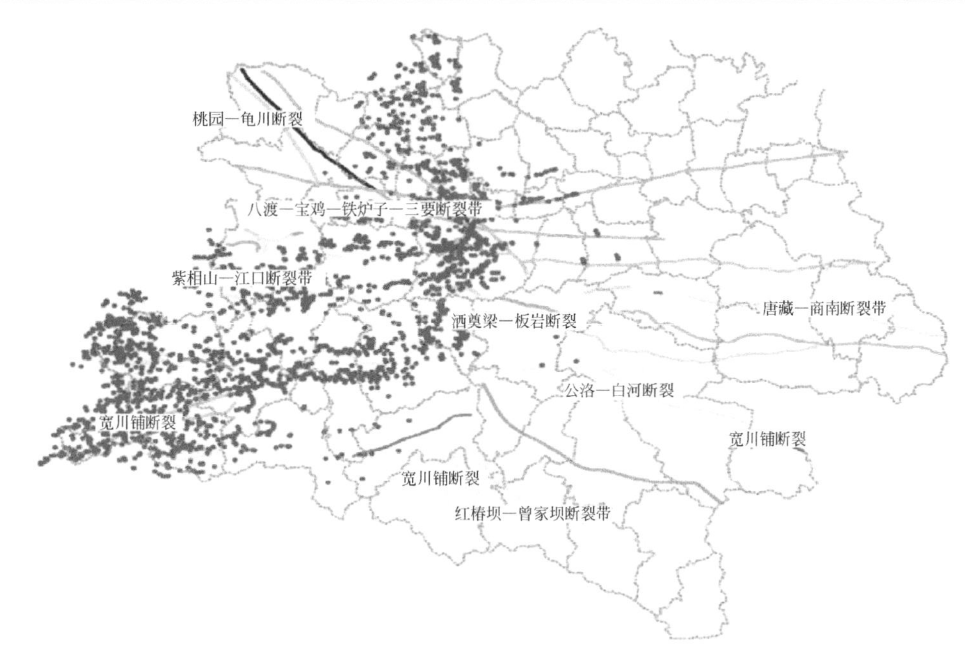

图4-25 汶川地震引发山西境内地质灾害发育分布示意图（引自王雁林[52]）

2）太原盆地

太原盆地与山西地堑系相似，是发生于新近纪上新世并持续至今的活动构造带，20世纪50～60年代以来根据开展的现代地壳形变测量发现，太原盆地周缘的东山-系舟山、石岭关隆起、西山向斜东翼等地正以1～3mm/a的速率上升，太原盆地则以大于4mm/a的速率相对下降[137]。在汶川地震过程中，山西太原盆地共有27个台站记录到汶川地震动记录，这些台站均分布在地震活动性较强的盆地内或边缘的市县城区内，距汶川震中距离为785～1243m，最大动峰值加速度为阳曲台站，达到30.5cm/s^2（表4-8，图4-26），这一数值与距震中360km的邛海附近台站记录动峰值相近，这可能与龙门山断裂的地表沿NE方向延伸和当地场地条件有关。

表4-8 太原盆地地震台站记录的汶川*M*8.0地震的地震动峰值加速度参数[138]

序号	台站名称	经纬度		高程/m	场地性质	震中距/km	最大动峰值加速度/(cm/s^2)		
							EW	NS	UD
1	原平	112.755°E	38.7431°N	813	土层	1212	10.4	9.1	4.1
2	五台	113.254°E	38.7184°N	1035	土层	1243	3.9	3.1	1.8
3	沂州	112.7268°E	38.4342°N	787	土层	1187	11.2	15.2	5.3
4	阳曲	112.6768°E	38.0713°N	887	土层	1158	17.9	30.5	10.2
5	太原	112.571°E	37.9184°N	840	土层	1140	13.9	14.3	4.3
6	古交	112.1226°E	37.9023°N	1007	土层	1109	5.6	5.1	2.8
7	小店	112.5532°E	37.7335°N	774	土层	1126	23.7	17.2	8.1
8	清徐	112.3475°E	37.6188°N	771	土层	1103	20.8	20.2	5.9

续表

序号	台站名称	经纬度		高程/m	场地性质	震中距/km	最大动峰值加速度/（cm/s²）		
							EW	NS	UD
9	文水	112.0275°E	37.419°N	754	土层	1067	20.3	22.4	8.3
10	太谷	112.5829°E	37.4172°N	802	土层	1106	19.2	17.5	10.6
11	汾阳	111.7757°E	37.2383°N	749	土层	1037	24	27.1	13.5
12	平遥	112.1735°E	37.1913°N	767	土层	1062	16.5	17.4	7.8
13	介休	111.9295°E	37.0595°N	740	土层	1036	21.7	24.5	12.7
14	灵石	111.8051°E	36.8762°N	758	土层	1014	7.7	6.7	4.3
15	霍州	111.7422°E	36.574°N	584	土层	990	11.7	10.3	5.6
16	洪洞	111.6944°E	36.2611°N	474	土层	966	15.7	19.1	8.2
18	浮山	111.8514°E	35.9689°N	839	土层	959	11.5	10.9	3.6
20	新绛	111.1952°E	35.6301°N	435	土层	889	11	11.9	5.9
21	河津	110.6895°E	35.5921°N	389	土层	849	20.4	17.5	11
22	烽县	111.5792°E	35.4939°N	747	土层	911	15.7	12.3	6.7
23	万荣	110.8344°E	35.4143°N	594	土层	849	16.2	18.4	10.4
24	闻喜	111.2018°E	35.333°N	466	土层	872	19.8	14	6.7
25	夏县	111.2082°E	35.1493°N	399	土层	862	27.7	21.1	9
26	临猗	110.7612°E	35.1273°N	391	土层	826	14.6	15.4	6.3
28	永济	110.4245°E	34.879°N	346	土层	785	20.4	19.5	9.4
29	平路	111.211°E	34.835°N	383	土层	845	16.2	29.8	10.4
30	芮城	110.6865°E	34.7258°N	563	土层	797	14.5	13.6	9.3

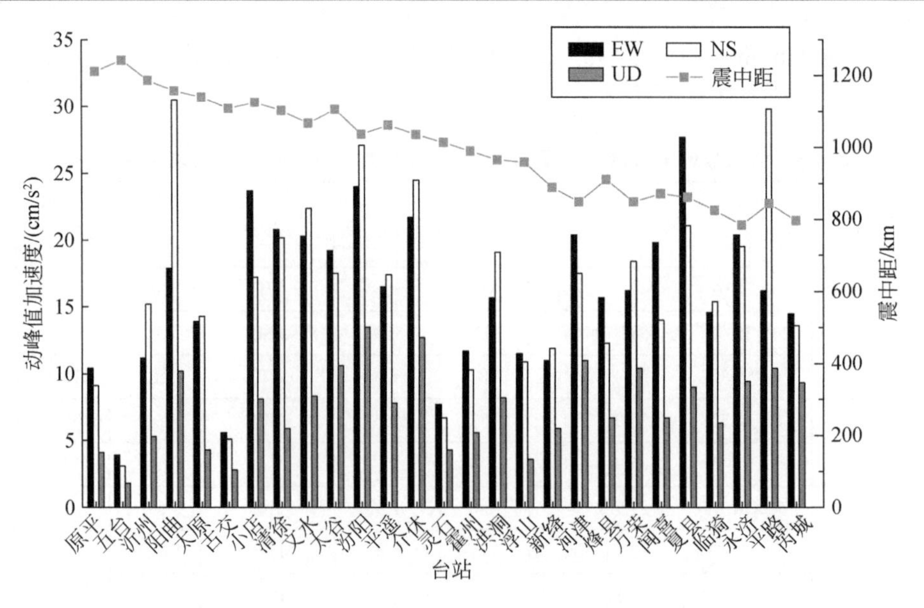

图 4-26　山西太原盆地各地震台地震动峰值加速度变化图

从图 4-27 可知，地震动峰值加速度随震中距增加离散性较大，其中动峰值加速度大于 20cm/s^2 的地震台站有阳曲台站（1158km）、小店台站（1126km）、清徐台站（1103km）、文水台站（1067km）、汾阳台站（1037km）、介休台站（1036km）、夏县（862km）和平陆台站（845km），河津站（849km）、永济站（785km），其中阳曲台站地震动峰值最大，达到 30.5cm/s^2。根据台站分布和太原盆地构造发现，这些台站均分布在吕梁山与盆地交界处的清徐-交城断裂带附近，其他台站则分布于盆地内部，而阳曲台站主要位于泥屯-阳曲断陷内，周缘皆为正断层所控制，断陷内部次级凹陷和地垒相间排列[139]，故复杂的地质构造造成了对远距离地震动的放大作用。

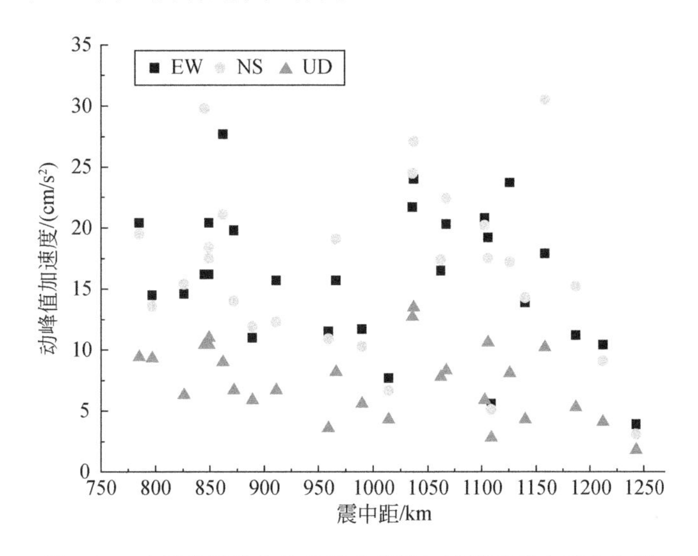

图 4-27　太原盆地各台站地震动峰值加速度随震中距变化图

3）宁夏地区

2008 年汶川 *M*8.0 大地震也波及宁夏大部分地区，甚至在宁夏南部出现部分房屋损坏的现象。通过对宁夏境内完整记录到波形的 37 个台站调查发现，距汶川震中为 540～948m，三分量动峰值加速度分别为 1.66～35.98cm/s^2（EW），1.18～36.45cm/s^2（NS）和 1.18～21.07cm/s^2（UD），最大峰值加速度出现在西吉台站，最小值出现在石嘴山台站（表 4-9、图 4-28）。

表 4-9　宁夏地震台网记录到汶川 *M*8.0 大地震的地震动峰值加速度参数[140]

序号	台站名称	震中距/km	最大动峰值加速度/（cm/s^2）		
			EW	NS	UD
1	西吉	566.63	35.98	36.45	21.07
2	固原	591.26	7.34	10.18	7.34
3	干盐池	638.50	2.13	1.18	1.66
4	海原	622.31	2.13	2.84	4.50
5	七营	627.18	3.79	3.79	5.21
6	同心	669.41	4.02	4.50	3.31

续表

序号	台站名称	震中距/km	最大动峰值加速度/（cm/s^2）		
			EW	NS	UD
7	长山头	696.07	1.66	2.13	2.37
8	红寺堡	718.73	2.13	2.84	1.66
9	渠口	713.03	4.73	4.50	4.02
10	中卫	713.75	2.37	2.84	6.86
11	广武	761.46	1.89	2.13	1.66
12	青铜峡	785.04	3.08	3.55	1.66
13	灵武	793.55	8.52	5.92	3.31
14	磁窑堡	798.65	4.50	4.73	3.08
15	永宁	809.01	6.86	5.68	1.66
16	通桥	826.76	4.02	3.79	2.13
17	金沙	843.94	8.52	7.57	2.84
18	李俊	829.52	12.31	9.23	3.08
19	通贵	871.09	9.94	8.05	4.73
20	良田	849.20	2.37	2.60	2.13
21	南梁	867.04	15.15	15.15	5.44
22	常信	886.48	4.26	5.21	2.13
23	平罗	916.20	6.86	10.41	2.60
24	高家闸	866.46	2.37	1.18	2.84
25	丰登	870.60	5.44	3.79	2.37
26	贺兰	874.18	1.89	2.13	2.13
27	横山	863.92	5.21	5.21	4.50
28	前进农场	900.80	10.41	9.94	3.55
29	陶乐	910.05	1.89	2.13	2.13
30	大武口	923.46	3.08	3.08	1.66
31	宝丰	937.35	3.55	3.08	1.66
32	石嘴山	920.28	2.13	1.42	1.18

通过图 4-29 发现，虽动峰值加速度随震中距增加呈减小趋势，但在震源距在 750～900km 的台站记录到的峰值加速度有明显放大现象，特别在东西和南北分向上表现更为显著。李青梅等[140]认为加速度突然增大与局部场地的介质特征和地震动特征有相当大的关系，盆地中较厚覆盖土层对较长周期的地震动有明显的放大作用。而根据区域地质构造与地震台站分布发现（图 4-30），动峰值加速度较大的台站均分布于断裂带上，如西吉、固原、灵武、李俊、南梁、平罗和前进农场等台站。

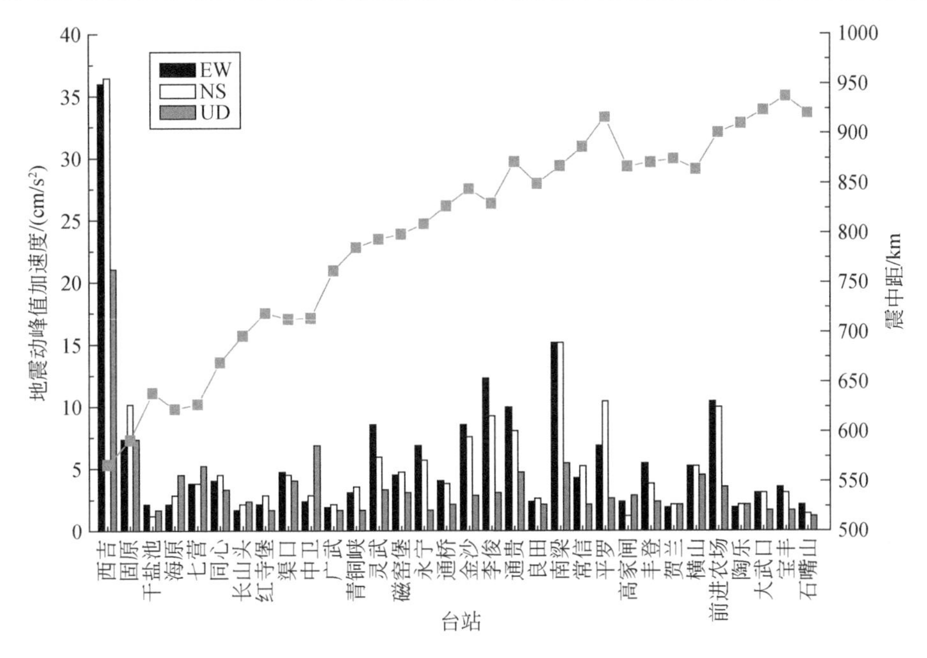

图 4-28　宁夏地区各地震台地震动峰值加速度变化图

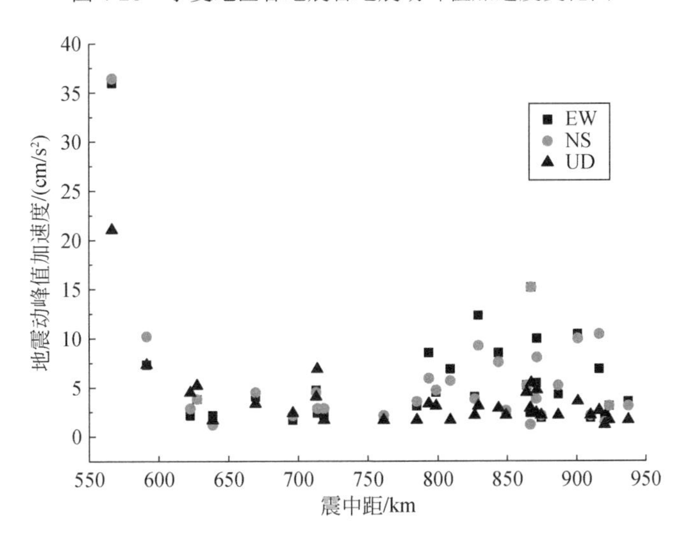

图 4-29　宁夏地区各台站地震动峰值加速度随震中距变化图

通过上面三个场地的地震动分量分析，我们认为这些台站的对地震动的放大作用不仅与场地土层厚度有关，地形地貌和地质构造条件也可能具有更重要的增大作用，地震动峰值异常高值总是出现在盆地边缘构造区和断裂带附近区域。

邛海流域为一个地震构造断陷湖泊，流域地质构造主要受则木河主断裂带及其次级断裂控制，各断裂带延伸方向均为北西向，当断层延伸方向与河流走向一致时，流域内分布大量滑坡体，如官坝河和鹅掌河小流域内共分布约 161 个滑坡，而邛海流域其他支沟则仅出现 18 个滑坡，故我们认为在地震中，在官坝河和鹅掌河断裂带分布小流域内可能出现一个烈度异常区域，从而造成坡体进一步发生扰动和变形。从邛海流域内分布的 4 个地震台站所监测到的地震动时程记录（图 4-31、图 4-32，表 4-5），我们也可清晰发现断层控制

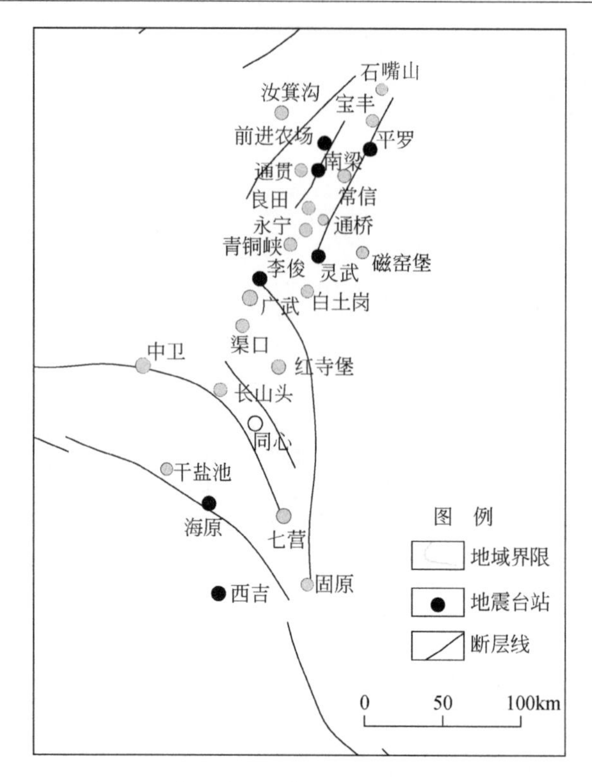

图 4-30　宁夏地区地构造及地震台站分布图

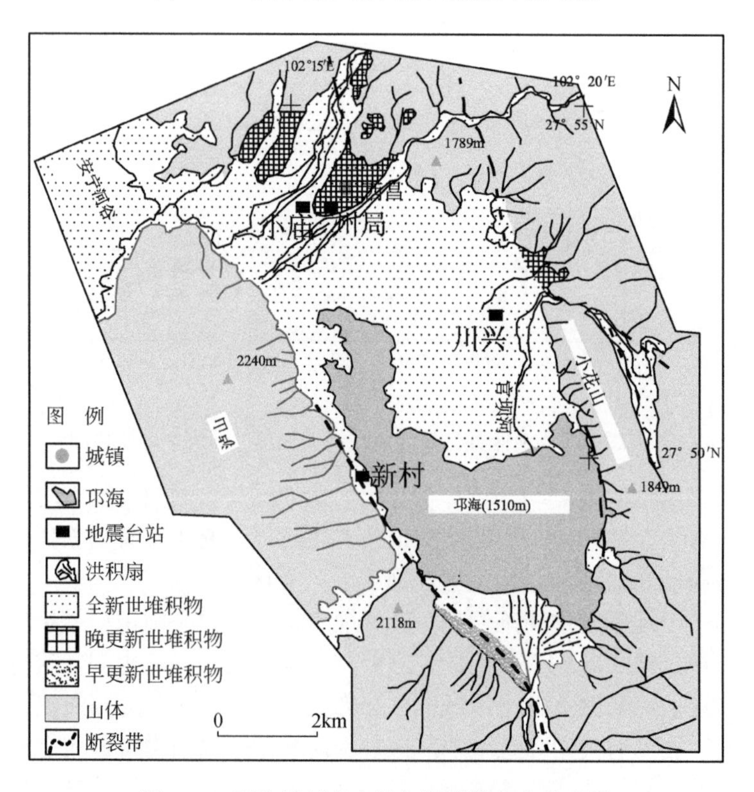

图 4-31　邛海流域各台站与断裂带分布关系图

的盆地边缘对地震动的明显放大作用，如新村台站位于邛海盆地西边缘的则木河断裂带附近(图 4-31)，其地震动最大峰值加速度为 43.967cm/s^2，土层场地对地震动放大系数为 18.5，相应卓越频率为 1.06Hz，而在其附近土层比其厚的州地震局台站和川兴台站，其最大峰值加速度分别为 25.131cm/s^2 和 29.104cm/s^2，对地震动放大系数分别为 8.5 和 11.11，相应卓越频率分别为 1.01Hz 和 2.26Hz，故认为新村台站的放大作用不仅包括土层场地放大作用，还包括盆地边缘断层对地震动的放大作用。当然这也可能与观测台站所处的地质构造、地形地貌和场地条件有关。

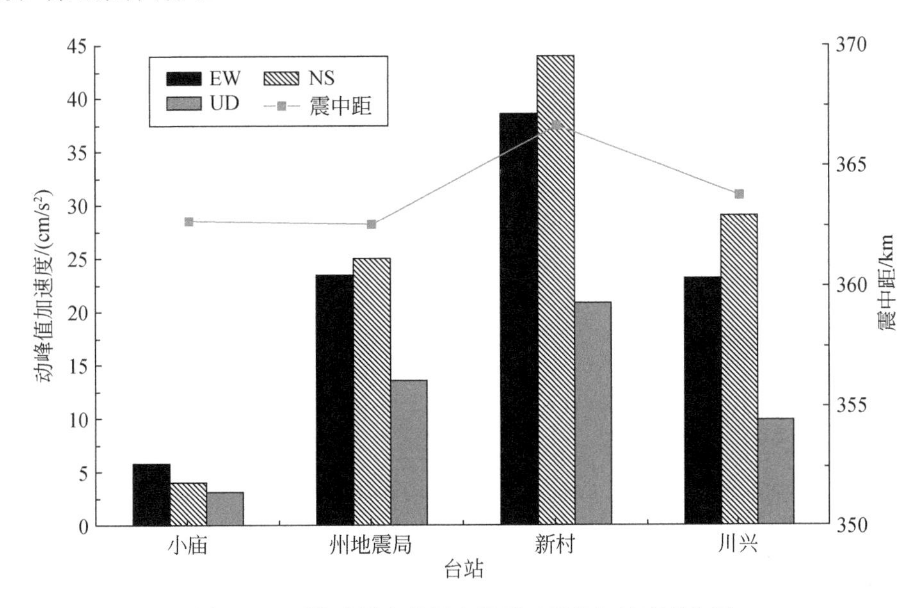

图 4-32　邛海流域各地震台地震动峰值加速度变化图

根据上面四个地方所记录的地震动数据分析可知，虽然西昌距汶川震中仅为 366.69km，所记录峰值加速最大的新村台站却仅为 43.967cm/s^2，而据震中 1158km 的山西台曲阳站所记录的最大峰值加速度也达到 30.5cm/s^2，两个地方位于龙门山断裂带的两端的延伸方向上，故我们认为沿龙门山地表破裂的延伸方向的地震动衰减程度明显高于相反方位（西昌方向），这可能与龙门山断裂向西昌方向延伸过程中与鲜水河断裂、安宁河和则木河断裂相交，地表变形应力得到释放调整有关，或受到青藏高原和云贵高原稳定板块的阻隔。另外还发现同样距震中约 540km 的陕西陇县台站(154.016cm/s^2)比宁夏西吉台站(36.3cm/s^2)所记录的最大动峰值加速度大 4.24 倍，只是陇县台站位于龙门山断裂带延伸方向（NE），而宁夏西吉台站位于与龙门山断裂带交叉方向（SN），这说明垂直或交叉于区域构造方向的强震动衰减程度显著大于平行于构造方向的衰减程度。当然这也可能与观测台站所处的地质构造、地形地貌和场地条件有关。

另外，有些学者提出断层强度变化能解释地震活动的远距离影响[71]。近十几年来地震学家认识到：大地震也可以导致几百千米至上千千米外的区域地震活动性的显著增加[72, 74]。断层强度是反映孕震区状态的一个基本特性，其时间变化会增大或降低最终触发地震事件的可能性。陈棋福等[77]分析首都圈数字台网和辽宁区域地震台网 61 个波形记录发现，对远在 1500km 之外发生的汶川地震导致的地震波记录，经 5Hz 高通滤波后显示出清晰的 P 和 S 波震相，可确认为汶川地震波传播所触发的区域地震活动事件。

因此上面研究分析显示，附近频繁地震对邛海流域坡体存在显著的影响，不仅包括场地土层和地形对地震动的放大作用，还包括盆地边缘断层效应导致的地震动放大效应。远距离滑坡的发生并不是随机的，除了地形地质影响因素外，远距离地震在已存在断层处可能释放更大的能量，并且促使断层带强度变化而产生微震活动，进而对断层附近原本脆弱的斜坡体产生变形破坏。

4.3.3　远距离强震下斜坡扰动变形分析

长期以来，在我国地震诱发滑坡与地震的关系研究中，一般以烈度作为地震影响因素而加以考虑，由于地震烈度只是对震后表观灾害现象的宏观评价，受人为主观因素影响较大，而且地震滑坡本身也是评估烈度的一个重要标准[132]，致使人们给定的地震烈度范围总是局限在Ⅵ度区以内，而且对斜坡体变形破坏研究更是局限在地质灾害的重灾区，这样就常常造成人们对距震中较远区域灾害的频发和灾情加重认识不清，常常归咎于极端气候变化和人类活动影响，即使认为远距离地震对坡体变形有所影响，也只是停滞在定性描述和评价阶段，如 2010 年 8 月 8 日发生距汶川震中 303km 的甘肃舟曲特大泥石流事件[31]。根据世界上地震诱发滑坡数据显示，地震所诱发最远滑坡距离已远远超过所划定地震烈度Ⅵ度区范围[32]，即使远距离并未发生滑坡，但由于强震动的扰动造成坡体产生变形，在接下来的雨季，滑坡泥石流灾害也会增多加重。故加强远距离地震对斜坡体变形的研究将有助于人们对地震地质灾害形成与发展的认识，更有助区域灾害风险评价和防灾减灾。

地震动峰值加速度是震后可以快速获取的反映地震动在不同地点振动大小的量，可在一定程度上反映地震动的整体作用水平，所以利用地震动峰值加速度数据分析其与地震诱发滑坡关系具有内在的物理联系和现实的应用价值[133]。国内外学者已经将地震动应用于滑坡体变形破坏分析与评价中，且取得很好的效果[80, 133]，但对于并未发生滑坡破坏的远距离斜坡体，地震动同样对坡体产生扰动变形，只是位移量很小而难以直接形成滑动破坏，但如果地震和降水同步或滞后发生，产生变形扰动的斜坡体在雨水入渗作用下将会发生滑动破坏，这也就是人们对灾害形成机理认识不清的根本原因。附近区域的频繁大地震和近场区的小地震对区域地震环境具有一定的影响，这已被广大研究学者所认同，但人们只是定性描述，附近区域地震活动对一定范围山地产生扰动，造成山地产生裂缝和松弛现象，究竟其影响程度如何则难以确定，故我们利用汶川地震中邛海流域内 3 个土层台站获得的地震动记录数据，利用 Newmark 模型定量分析地震时观测点附近斜坡变形过程，揭示远距离斜坡对地震的扰动变形的响应机制。

1. Newmark 累积位移模型

1）Newmark 累积位移模型基本原理及应用

目前人们常用 Newmark 方法定量分析强震记录对斜坡变形破坏情况。Newmark 法常用来判定斜坡的稳定性[81]，即利用地震动加速度数据计算斜坡的变形位移量，进而判断斜坡是否会发生滑动破坏。其理论基础是极限平衡理论，即在地震荷载下，当施加于滑体上的加速度超过其临界值时，滑体开始出现裂缝和滑动破裂面，随着破裂面位移不断累积，当变形到一定值时则发生整体滑动破坏。

2）累积位移计算方法

Newmark 法将滑坡体看作一个刚塑摩擦体，当地震动加速度超过坡体临界加速度 a_c 时，滑体便可以发生滑动破坏，而对于斜坡体块体物质间在滑动过程中速度保持一致的非刚塑性体，该方法仍可用。当获得地震加速度时程数据和斜坡体的临界加速度后，由对超过临界加速度部分的加速度进行双重积分而得到 Newmark 位移量（图 4-33）：

$$D = \iint (a(t) - a_c)\mathrm{d}^2 t \tag{4-7}$$

式中，D 为 Newmark 位移量（cm）；$a(t)$为地震加速度记录时程数据；a_c 为临界加速的值（Gal）。

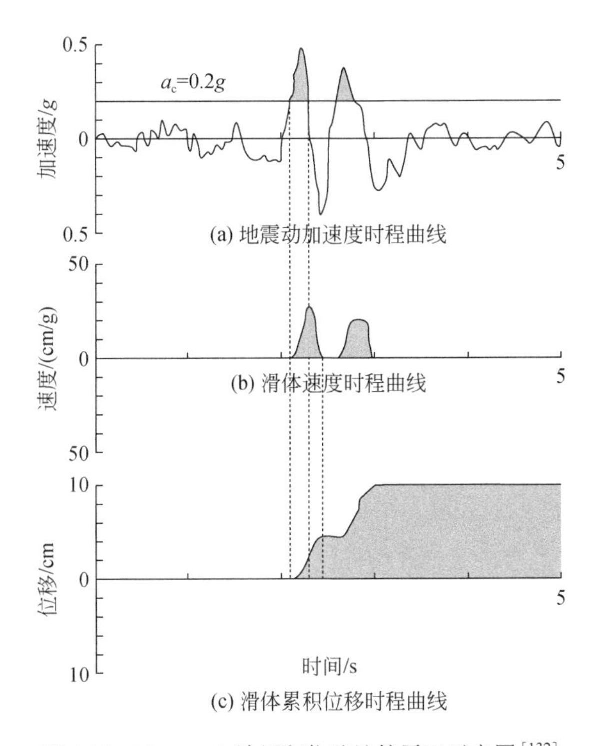

图 4-33　Newmark 法累积位移计算原理示意图[132]

Newmark 法采用地震动加速度作用过程中滑体产生的累积变形位移来评价斜坡的稳定性。在斜坡几何形态、岩土力学参数和地震动加速度数据已知的情况下，野外滑坡实例和室内模型试验均证实 Newmark 法是相当精确的[88]。一般做法是：将由 Newmark 法计算得到的位移与一个临界位移量对比，如果计算位移量远小于临界位移，地震动对斜坡的破坏影响很小，可能仅产生微小裂缝，当地震动停止时可逐渐恢复其初始状态；如果计算的位移量大于临界位移，将会导致斜坡发生滑动破坏，而对于并未发生滑坡破坏的远距离地震扰动区，由于斜坡体土体不均匀和陡峭地形，局部坡体临界加速度也可能低于地震动峰值加速度，从而在坡体局部产生变形而产生微裂缝。邛海流域台站所记录到的汶川地震动记录数据，为应用 Newmark 法来研究强震对远距离斜坡体的扰动变形影响提供了基础数据。

2. 地震时程曲线确定

利用 Newmark 法计算斜坡体变形位移，需要首先获得地震动加速时程曲线数据（图 4-14～图 4-17），邛海流域内共有 4 个地震台站记录到汶川地震动记录，其中川兴台站分布在滑坡体最为发育的官坝河小流域内，坡体对该台站记录地震动应该最为敏感，故本次利用 Newmark 方法分析汶川地震对流域坡体的影响时，采用川兴土层强震台站的峰值加速度时程记录进行计算。王秀英等[133]通过汶川地震区 3 分量峰值加速度与地质灾害严重程度关系研究发现，水平向地震动对斜坡体影响远大于垂直向振动，水平地震动对地震诱发滑坡具有重要作用，而垂直向地震动则仅是对斜坡破坏起到了促进作用。对地震过程中斜坡进行受力分析也发现，水平向加速度对滑体向下滑动力贡献较大，而垂直向加速度的来回震荡作用则只会使滑体物质的黏聚力和摩擦力减少，降低斜坡的抗震能力，故本次只选用两个水平向的地震动记录进行计算。

3. 临界加速度确定

斜坡的临界加速度的物理意义是当作用在斜坡上的地震动加速度值超过临界加速度值时，斜坡可能发生变形破坏；其确定方法是将不同地震动加速度施加于某一斜坡的稳定计算中，经过多次试算得到安全系数等于 1.0 时的地震动加速度值即为斜坡临界加速度。斜坡临界加速度是斜坡体自身抗震能力的特征量，属斜坡的固有参数，与斜坡坡角、物质组成有关。斜坡物质越松散，临界加速度越小，抗震能力越差。Wilson 等根据历史地震触发滑坡的最远距离与强震数据的研究，发现诱发滑坡的峰值加速度下限为 0.05g[141]。王涛等[80]对汶川地震重灾区 11 个县的地震滑坡危险性进行评估后发现，软弱岩组区地震滑坡危险等级处于极度危险，因为砂岩、泥岩等较弱岩组的结构面强度参数（c=0.05MPa，ϕ=11°）与第四系松散岩组（c=0.04MPa，ϕ=12°）几乎一致，故较低的岩体强度致使斜坡临界加速度较低（0～0.21g），地震滑坡的变形位移达到 2.01～194cm。王秀英等[133]研究发现整个汶川震区的平均斜坡临界加速度约为 0.1g，地震诱发滑坡的峰值加速度下限为 0.05g～0.07g，当峰值加速度小于 0.05g 时，只有个别滑坡点，规模也较小，可能只是对局部坡体产生扰动变形，进一步研究发现第四系冲洪积覆盖区及三叠系灰岩、砂岩和泥岩覆盖区斜坡临界加速度很小，可能仅为 0.05g～0.08g，个别地区甚至达到 0.02g（表4-10）。许冲等[61]通过对汶川地震导致斜坡物质响应率研究发现，岩性控制下的斜坡物质响应率最高为砂岩、粉砂岩，达到 807.33mm。杨涛等[35]在对四川地区地震诱发滑坡特征研究的基础上，指出地震诱发崩滑体大多发生在松散的第四系地层及松散破碎的断裂带上，在地震动作用下泥岩和砂岩地层更易发生滑动破坏。

表 4-10　汶川地震中不同地层斜坡的临界加速度变化范围

分区序号	地质岩性	斜坡临界加速度/g
1	第四系冲洪积区	0.05～0.01
2	三叠系碎屑岩夹碳酸盐岩区	0.05～0.08（个别区域为 0.02）
3	志留系页岩、灰岩区	0.08～0.15
4	远古期花岗闪长岩区	0.10～0.15

Jibson 等[34]对 2011 年 8 月 23 日发生在弗吉尼亚州米纳勒的 M5.8 地震研究发现，地

震的峰值地面加速度值从距震中 18km 的高值 0.26*g*，下降到距震中 254km 的弗吉尼亚州贾尔斯县的 0.003*g*；并发现一个强震台站（SDMD）恰好位于推断的滑坡距离极限点附近，在该位置峰值地面加速度值为 0.021*g*（图 4-34），表 4-11 给出了在 4 个观察到的滑坡极限位置推断的震动图地面加速度，滑坡极限点的峰值地面加速度值为 0.01*g*～0.04*g*，这对最敏感斜坡触发小滑坡提供了合理的阈值。

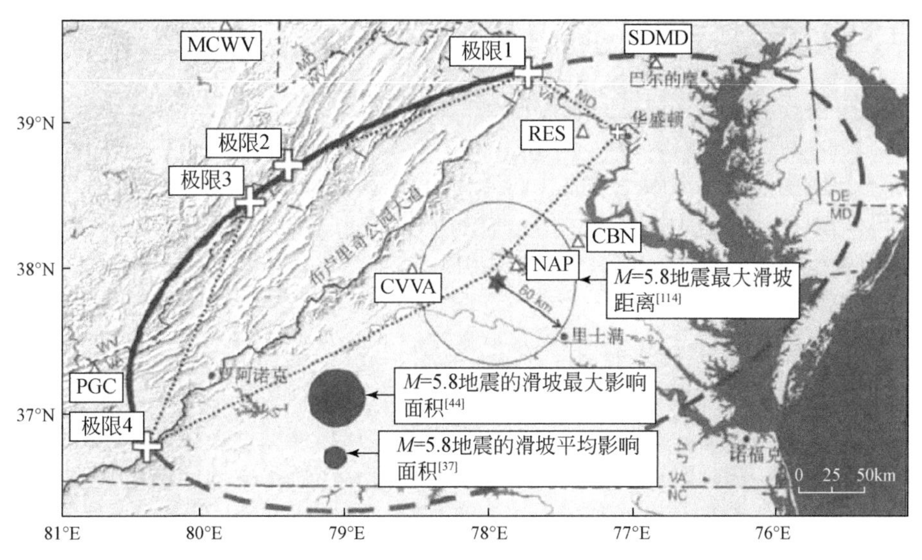

图 4-34　2011 年弗吉尼亚州米纳勒尔地震震中区域图[34]

图 4-34 中星号为震中，大十字代表滑坡发生极限位置，小十字代表观察到的最大滑坡，三角形为地震台站级编码，破折号双点线代表州边界，粗黑线表示以震中为中心且通过所观察到的滑坡极限距离的最佳拟合椭圆（其中虚线代表推断边界），点线表示包围观察到滑坡的多边形，震中圆圈表示以前 *M*5.8 地震的最大滑坡距离极限[34]，实心黑圆圈表示以往 *M*5.8 地震所触发滑坡的最大影响面积和平均影响区面积，分别为 1500km^2 和 219km^2。蜿蜒的实线表示沿布卢里奇山脊延展的布卢里奇公园大道，从布卢里奇到西部和北部有大量的易发滑坡分布，南部和东部敏感斜坡很少。

表 4-11　滑坡极限位置的地震动加速度值

位置	纬度	经度	震中距/km	水平地面峰值加速度 PGA（*g*）
极限 1	33.3398°N	−77.7310°E	158	0.039
极限 2	38.7101°N	−79.4032°E	151	0.021
极限 3	38.4601°N	−79.6662°E	158	0.021
极限 4	36.8047°N	−80.3630°E	245	0.015

在极限 1（158km）南部 2km 的地方发现一个直径几分米的巨石块被地震震动松动并滑落在绿色植物上，在逐渐消失的布卢里奇山脊的斜坡的绿色植物上发现大量小石块，说明远距离的强震对坡体确实产生扰动影响，只是坡体整体较稳定，只是局部的临界动峰值加速度较低，常常以震动散落的小石块或坡体裂缝形式发现出来[34]。从理论上讲，处于临界破坏状态的斜坡体只要受到微小地震动就会发生滑动破坏，从历史文献所记载的事件

来看[142]，一般地震震级大于 $M3.6$ 时才会发生地震滚石，而 $M3.6$ 以下时，虽也有部分地震滚石发生，但危害不大，如 1975 年 7 月 16 日渡口发生 $M2.8$ 地震，市自来水厂后面山坡有滚石[35]。

在邛海流域与汶川地区同属青藏高原东缘边界的 Y 字形断裂带附近，地形变化剧烈，山坡普遍陡峭，而且斜坡组成物质为比较破碎的砂泥岩，反映地质环境均比较脆弱，因此斜坡平均临界加速度不是很高。本次邛海流域川兴台站所记录到的汶川地震最大峰值加速度仅为 NS 向的 $29.104\mathrm{cm/s^2}$，且当时邛海流域并未有发生滑坡的报道，可能以震动掉落的小石块或小滑坡为主，难以引起人们的注意；另外，因为在一些触发大滑坡和破坏性滑坡的地震中，调查的重点主要集中在这些更大的滑坡上或更多集中在滑坡密集分布区上，而不是很小滑坡发生的极端极限上。故我们认为邛海流域斜坡的平均临界加速度高于川兴台站记录的汶川地震动峰值加速度值，但地震动仍然会对斜坡体产生一定的扰动影响，许多历史震例中均发现，本应该破坏较轻的地区却出现了破坏相对严重的异常区，这说明震区内地震动对岩体的动力破坏是不均匀的，这种不均匀性是岩体本身介质和力学属性的不均匀性、地震荷载的不均匀性及局部地形地貌的不均匀性等综合因素共同作用的结果，为此可认为斜坡的抗剪强度在地震过程中会发生变化，并非一固定值，可能某一坡体总体处于平衡状态，只是坡体上的局部临界加速度较低，从而在坡体局部区域会产生微小变形。为此我们为了评价远距离地震动对坡体变形的影响程度，在对历史地震诱发远距离滑坡时斜坡体的临界加速度分析和总结的基础上，分别选取临界加速度为 $0.01g$、$0.015g$ 和 $0.02g$ 对邛海流域斜坡体变形进行定量计算与评价。

4. 斜坡体累积位移计算

据上节介绍，Newmark 法通过在地震动加速度作用过程中滑体的累积位移来评价斜坡的稳定性，通常是将由 Newmark 法得到的位移与一个临界位移量对比来判断斜坡的变形和破坏程度，对于高度破碎岩土体，常取临界位移值 2cm 作为判断标准[143]。如前面所述，邛海流域地质构造十分复杂，地层主要由一套白垩系到侏罗系的陆相紫红色砂岩、泥岩组成，抗风化能力差，在区域构造和干湿循环交替作用下，区域岩体解体风化成碎屑堆积物，结构非常松散，故在邛海流域也选 2cm 作为斜坡临界位移量。

由于 3 个地震台站所记录的地震动分量较小，而且汶川地震时并未有邛海流域发生滑坡记录和报道，故在汶川地震动作用下，斜坡的累积变形可能没有超过 2cm 的临界位移标准，但由于现场并没有斜坡变形的实际监测资料，缺少斜坡变形的实际位移量值。一般来说，地震震级越大，远距离地震动越强烈，地震动放大效果越显著，地表破坏程度和规模越大。当斜坡累积变形位移与临界位移比率为 1.0 时，可以造成地表轻微破坏，如小规模表层滑坡；当累积位移与临界位移比率大于 1.0 时，根据比率大小，可造成严重破坏（中等规模滑坡）或非常严重破坏（大型深层滑坡）；当累积位移与临界位移比率小于 1.0 时，则可能不会对地表产生明显破坏，只是会造成斜坡体内部发生临时变形，并诱发坡体内部裂缝形成和扩展，在震后则随着坡体自身固结压缩变形调整，斜坡变形可能逐渐恢复其原来状态，但如果地震发生在雨季或震后一定时期内，附近区域再次发生地震，则斜坡体内暂时性的变形可能逐渐转化为永久变形，从而造成不稳定斜坡体转为滑坡破坏。为此可根据对区域不同坡体临界加速度的计算得到一系列累积位移量，从而对斜坡体的变形程度进行客观评价（图 4-35、图 4-36）。

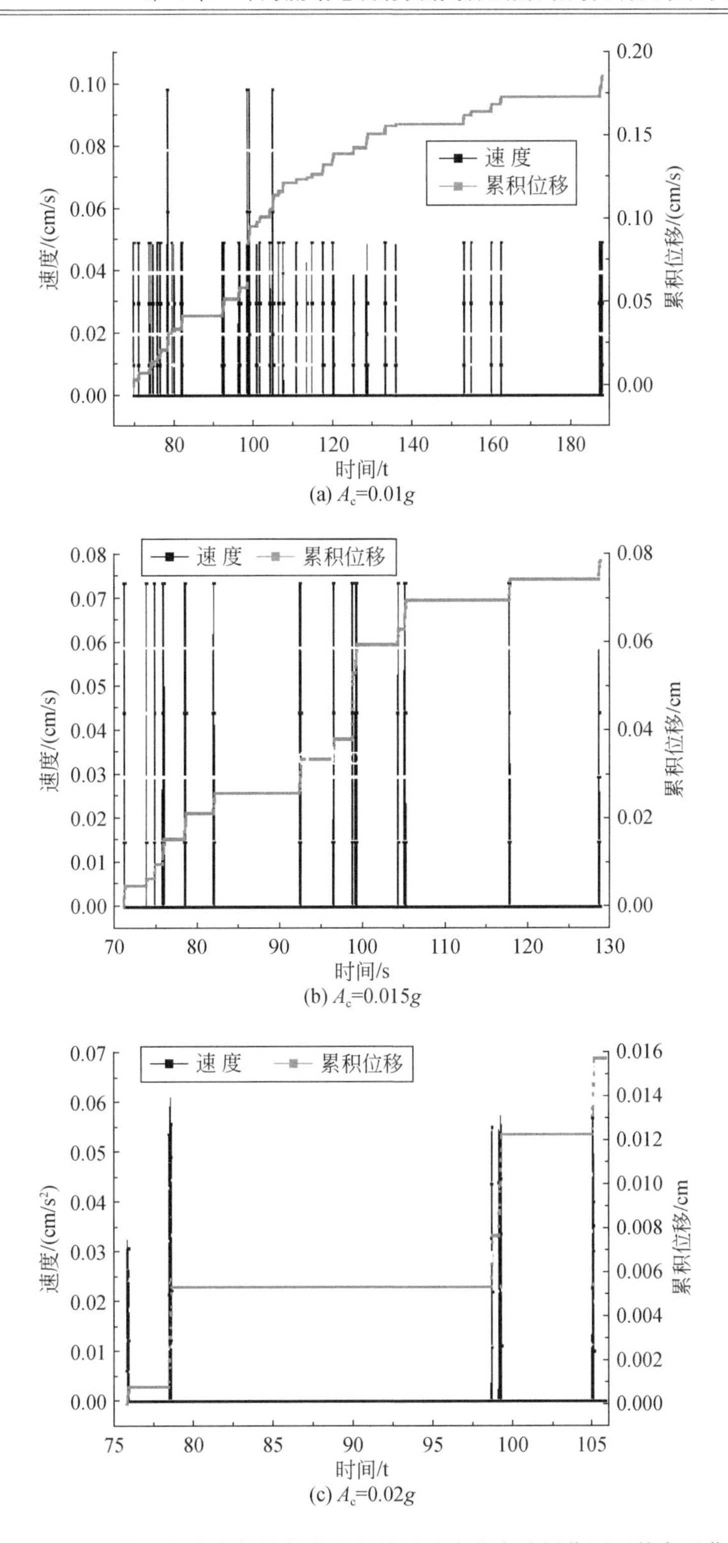

图 4-35　不同临界加速度斜坡体在汶川地震动南北向分量作用下的变形曲线

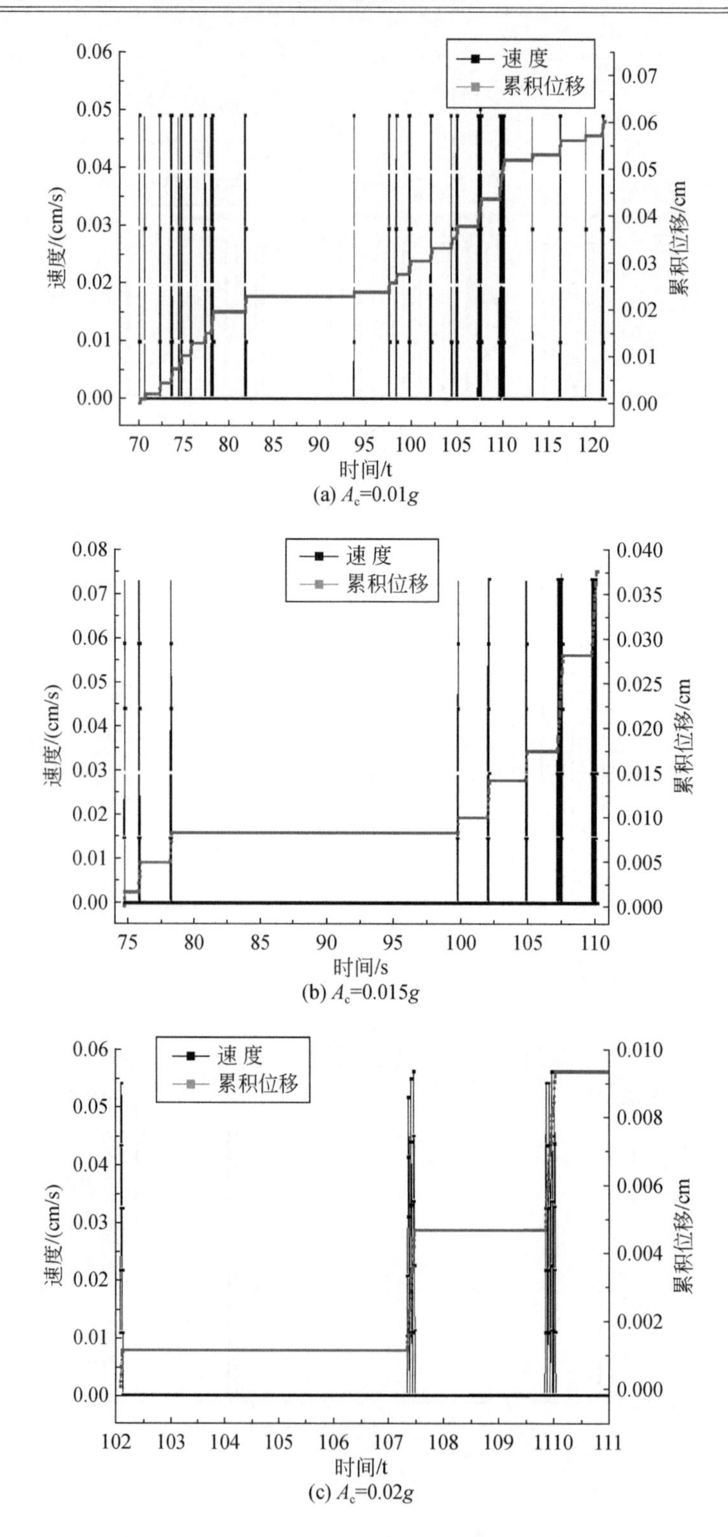

图 4-36　不同临界加速度斜坡体在汶川地震动东西向分量作用下的变形曲线

虽然在汶川 2008 年大地震过程中邛海流域并未发生滑坡报道，但流域内台站仍然记录到地震动峰值加速度数据，在对流域的地质构造环境综合分析基础上，采用 Newmak 法和合理临界加速值计算，发现斜坡体仍然产生了一定位移变形，如地震动东西分量下，斜坡累积变形位移为 0.0094～0.0602cm，地震动南北分量下斜坡累积变形位移为 0.0157～0.1854cm（图 4-37，表 4-12），可能致使斜坡体局部敏感部位产生微小裂隙，在一定雨水作用下可能破坏表壳岩石的稳固性，促使斜坡达到临界破坏状态，特别是地震动分量方向与斜坡临空面发生耦合时，更易造成斜坡变形破坏。为此我们认为汶川大地震对邛海流域坡体产生了扰动作用，由于该尺度变形形成微小裂隙较小，可能在经历 1～2 个雨季后逐渐固结闭合，但如果地震与降水同时发生或降水紧邻发生，则雨水入渗裂缝内部将增加斜坡体变形位移，可能会进一步加剧坡体的滑动破坏。

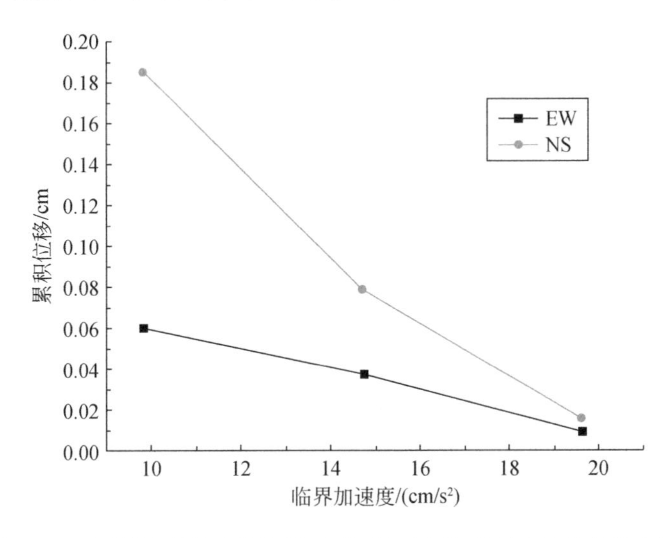

图 4-37　不同地震动分量作用下不同临界加速度下斜坡的变形曲线

表 4-12　不同临界加速度位移曲线

斜坡体临界加速度/（cm/s^2）	动分量 EW 向累积位移 S/cm	动分量 NS 向累积位移 S/cm
9.8（0.01g）	0.0602	0.1854
14.7（0.015g）	0.0377	0.0786
19.6（0.02g）	0.0094	0.0157

4.3.4　地震动对土体扰动变形试验分析

附近区域频繁地震对邛海流域斜坡土体扰动作用非常明显，不仅可以促使土体产生累进变形位移，诱发土体内部产生微小裂隙和促使原有裂缝的扩展，从而改变地表水入渗、产流和汇流条件，造成在雨季斜坡土体更易于侵蚀破坏，而且还能造成土体结构和性状变化，促使土体强度参数和渗透系数都发生变化，结构变得疏松，渗透性增大，强度参数降低，雨水侵蚀下极易发生启动形成滑坡泥石流。

邛海流域自 1850 年后并未发生由于大地震作用而产生的大量新滑坡，但附近频繁地震虽然对邛海流域坡体影响强度和幅度较小，但频繁的振动仍可能会对流域内坡体结构产生一定扰动影响，造成临界状态坡体发生滑动破坏，为泥石流发生提供物源。强烈的地震振动可促使土体液化，而震级较小的地震动则仅能促使土体扰动变形和强度衰减[144]。为此本书利用室内动三轴试验进行不同振次下斜坡土体的变形规律，以模拟附近频繁的地震震动的叠加对土体扰动累积变化效应。

1. 试验内容与方法

1）试样

在邛海流域内选取具有代表性的 9#滑坡体，并取表层深度下 15cm 处松散土样，其基本物理参数和原始级配见表 4-13 和表 4-14。由于试验条件的限制，试验中剔除大于 10mm 的颗粒，始终保持大于 2mm 的颗粒组分大于 50%，且小于 0.1mm 的颗粒含量不变，以保持黏土颗粒的百分含量，试验土样颗粒级配见表 4-14，试样直径 D=50.5mm，高 H=110mm，分 4 层击实，控制试样干密度为 2.05g/cm^3，对应的孔隙比 e=0.275。配置 4 个含水量 ω=10.55%、9.70%、8.87%、8.02%，对应饱和度分别为 S_r=100%、90%、85%、75%。所有试样均采用双面排水，固结历时 10～12 小时。

表 4-13　滑坡土体基本物理参数

取样位置	取样深度/cm	含水量 W_0/%	干密度 /（g/cm^3）	比重 G_S /（g/cm^3）	饱和度 S_r/%	孔隙比 e	孔隙率 n/%	饱和含水量 W/%	饱和后湿密度 /（g/cm^3）
9#滑坡	15	2.51	1.45	2.69	5.1	0.912	45.8	15.50	1.80

表 4-14　原始土样和实验土样的颗粒级配表

	颗粒级配									
原始土样/mm	200～60	60～20	20～5	5～2	2～0.5	0.5～0.25	0.25～0.1	0.1～0.05	0.05～0.005	<0.005
比例/%	10.25	20.05	28.26	9.87	8.01	2.32	2.21	1.63	8.78	8.62
试验用土/mm	10～5	5～2	2～1	1～0.5	0.5～0.25	0.25～0.1	<0.1	—	—	—
比例/%	27.93	21.55	11.1	10.08	7.5	2.1	19.74	—	—	—

2）试样制备

根据试验设计的要求，将邛海流域内所取的扰动土制备成所需的试样进行动三轴试验。根据试验设计的 4 种含水量，本次试验一共制作试样 12 个。每个试样按 1∶2 的宽高比制样，圆柱形土样尺寸为：D=150mm、H=300mm，按土样干密度和含水量计算出土样湿密度，以制样筒体积和试样湿密度计算出土料总重量。本试验采用击样法制样，土料分三层击实，击实后的不同黏粒含量的试样原状见图 4-38。

3）试验仪器

三轴试验仪器为英国 GDS 标准非饱和土三轴试验系统（图 4-39）。设备由 3 部分组成：加压系统、量测采集系统和压力室。4 套加压系统分别提供轴力、围压、反压（气）和反压（水）；量测采集系统包括水下荷重和线性位移等各类传感器；数据采集板和转换器用于数据采集和试验控制等，所有测量数据均由计算机采集。系统采用轴平移技术控制吸力，使试样顶端与可用以提供气压的压力生成装置相连，底端与孔隙水压力生成装置相接，用以通过高透气值陶瓷板提供水压，特点是允许水自由进出，而气则需在压强超过陶瓷板的最大吸力值 P 后才能通过，据此控制试样内部的吸力。

图 4-38　不同含水量的击实原状试样

图 4-39　GDS（DYNTTS）动态三轴测试系统

4）试验内容

A. 围压设定

本次所取斜坡土体分布于地表以下深度 15cm 的位置，但由于不同位置土体含水量各不相同，故采用不同围压值来代表地表不同深度的土体，围压分别取为 50kPa、100kPa、150kPa，在土体的颗粒组成不变的情况下，组成了不同深度的 12 组试验土样。

B. 试验饱和

试样上机后进行反压渗透饱和，反压力系统和围压系统相同（对不固结不排水剪切试验可用同一套设备）。设定饱和围压 20kPa、反压 10kPa，排水阀开，排水排气，并设定轴向接触压力 0.005kN，为了尽量减少对试样的扰动，反压力应分级施加，同时分级施加围压。测量试样饱和过程中的垂直方向的下沉深度，直至排水口有水量稳定排出，饱和稳定，试样下沉量不变。然后进行饱和度 B 检测（$B=\Delta \upsilon/\Delta\sigma$），如果试样的饱和度没有达到 99%，则可对试样施加反压力以促使其达到完全饱和。对于均匀砂土饱和后试样能够达到孔压增量与围压增量的比值（B 值）应为 1，但对于砾石土，由于围压的增量施加到试样后，砾石的颗粒不均匀性及孔隙的通透性不同，导致孔压的增量明显滞后，测试的 B 检测值偏低，就是砾石土完全饱和（在仪器上饱和后试样取下观测，试样液化并自动流水），B 值也只在 0.6～0.7。

C. 试样固结

分析试验土样在源区的堆积状态，试验用土属于弱固结状态，其 φ 值处于自然休止角范围，只受自重应力的作用，没有附加应力。故设定试验固结应力比 K=1∶1，固结时间20分钟，固结围压5kPa，反压0kPa。

D. 动三轴试验

分析斜坡土体在震动作用下内部强度变化特征，设置不同条件的动三轴剪切试验进行研究。依据 Seed 和 Idriss 简化方法[15]，不同震级地震可用等效振动次数来表示，因为实际的地震动在不同的时间其振幅是不同的，当采用 τ_{max} 表示震动最大振幅时，实验过程中的周期波振幅则为 $\tau=0.65\tau_{max}$，震动周次5周、8周、12周、20周、30周相对应的地震震级为5.5～6.0级、6.5级、7.0级、7.5级、8.0级（表4-15），振动周次50周、100周相对应的震级更高。在试验过程中取值并生成摩尔应力圆和包线，进而计算出土体的强度指标，如黏聚力 C 和内摩擦角 ϕ 值，有效黏聚力 C'、和有效内摩擦角 ϕ' 值。

表 4-15 不同地震等级对应的等效应力循环次数

震级 M	等效应力循环次数 N	持续时间/s
5.5～6.0	5	8
6.5	8	14
7	12	20
7.5	20	40
8	30	60

2. 试验结果分析

通过土体振动三轴实验，可得到不同含水量的土体在不同破坏标准和不同振动周次作用下土体的强度变化情况（表4-16，图4-40～图4-43）。

表 4-16 土体各组 C、ϕ 和 C'、ϕ' 值随震动周次的变化表

土体物理参数		土体黏聚力值 C/kPa							
饱和度/含水率		5	8	10	12	20	30	50	100
100/10.40	2.5	8.55	6.60	5.3	4.9	4.9	4.4	4.2	3.7
	5	6.95	5.60	4.7	4.5	4	4.2	4.5	3.1
90/9.50	2.5	8.10	7.20	6.6	7.1	5.7	5.7	5.7	4.6
	5	7.90	7.60	7.2	6.1	5.4	4.5	4.5	3.4
85/8.90	2.5	7.10	6.80	6.6	6.4	5.8	5.9	6	4.6
	5	7.35	7.20	7.1	6.7	6.4	6.3	5.4	4.4
75/8.12	2.5	4.60	4.60	4.6	5.2	4.6	3.7	4.2	4.4
	5	7.70	6.80	6.2	5.7	5.6	4.5	4	3.5
土体物理参数		土体有效黏聚力值 C'/kPa							
饱和度/含水率		5	8	10	12	20	30	50	100
100/10.40	2.5	6.55	5.80	5.3	4.7	3.3	2.4	0	0
	5	4.45	4.60	4.7	5.3	3.8	2.5	0.8	0

续表

土体物理参数		土体有效黏聚力值 C'/kPa							
饱和度/含水率		5	8	10	12	20	30	50	100
90/9.50	2.5	12.35	8.90	6.6	6.6	5.3	4.1	3	0
	5	6.90	6.70	5.7	6	4.3	4.2	1.6	0
85/8.90	2.5	7.35	6.90	6.6	6.4	5.8	5.1	4.2	1.9
	5	7.10	7.10	7.1	7.1	6.4	5.6	5.4	4.4
75/8.12	2.5	4.75	4.60	4.5	4.2	3.9	2.9	1.3	0
	5	7.70	6.80	6.2	5.7	5.5	5	4	3.5
土体物理参数		土体内摩擦角ϕ/(°)							
饱和度/含水率		5	8	10	12	20	30	50	100
100/10.40	2.5	9.35	9.50	9.6	9.5	8.7	8.4	8.6	7.9
	5	11.70	11.70	11.7	11.3	10.9	10.1	9.6	9.3
90/9.50	2.5	11.15	10.70	10.4	10	9.3	9.5	9.6	8.8
	5	12.05	11.90	11.8	11.8	11.6	11.6	11	11.1
85/8.90	2.5	11.75	11.60	11.5	11.4	11	10.7	10.6	10.9
	5	14.30	13.70	13.3	13	12.3	11.8	11.6	11.5
75/8.12	2.5	14.85	14.40	14.1	13.9	13.5	13.5	13.3	12.6
	5	14.85	15.00	15.1	14.9	14.2	14.1	13.8	13.4
土体物理参数		土体内有效内摩擦角ϕ'/(°)							
饱和度/含水率		5	8	10	12	20	30	50	100
100/10.40	2.5	10.75	11.50	12	12.5	14.7	18.7	38	0
	5	13.25	13.70	14	13.8	15.7	19.1	28	0
90/9.50	2.5	10.05	11.40	12.3	12.3	13.9	16	21.3	0
	5	11.70	12.90	13.7	13.8	15.6	17.6	23.1	49.8
85/8.90	2.5	12.05	12.50	12.8	12.9	13.8	15.1	18.5	27.4
	5	14.35	14.20	14.1	14.2	14.8	15.5	17.9	23.4
75/8.12	2.5	14.90	14.90	14.9	14.9	15.5	16.6	19.8	26.8
	5	14.75	15.20	15.5	15.7	15.7	16.4	18	21.6

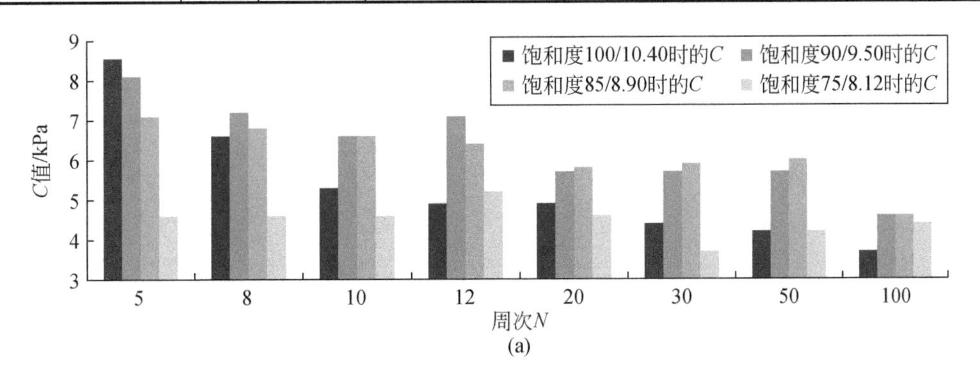

(a)

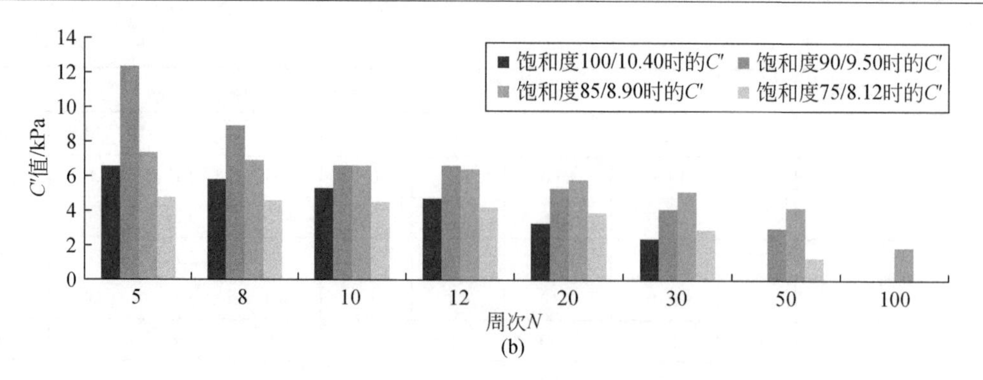

图 4-40　破坏标准为 2.5%时土体的 C 和 C'值随震动周次的变化

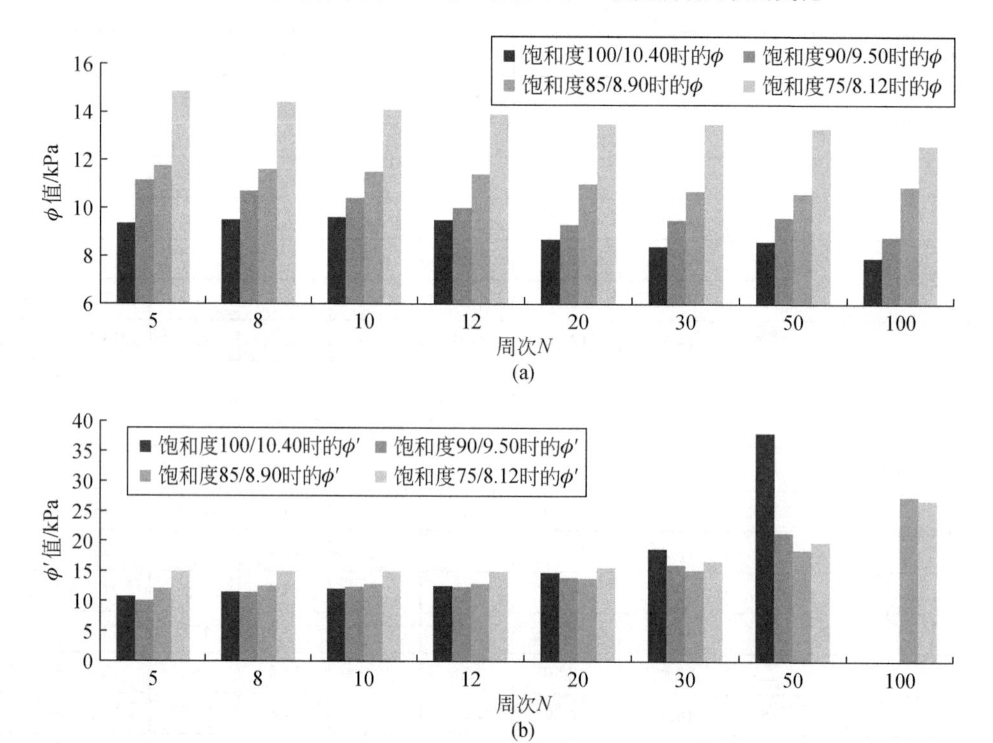

图 4-41　破坏标准为 2.5%时土体的 ϕ 和 ϕ' 值随震动周次的变化

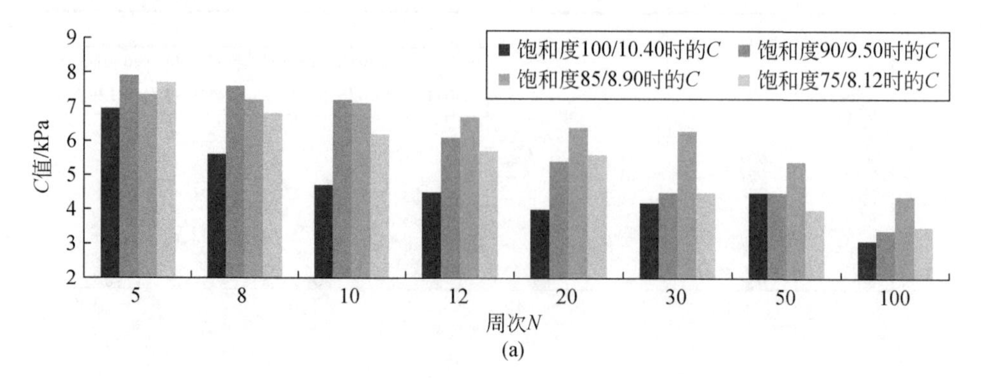

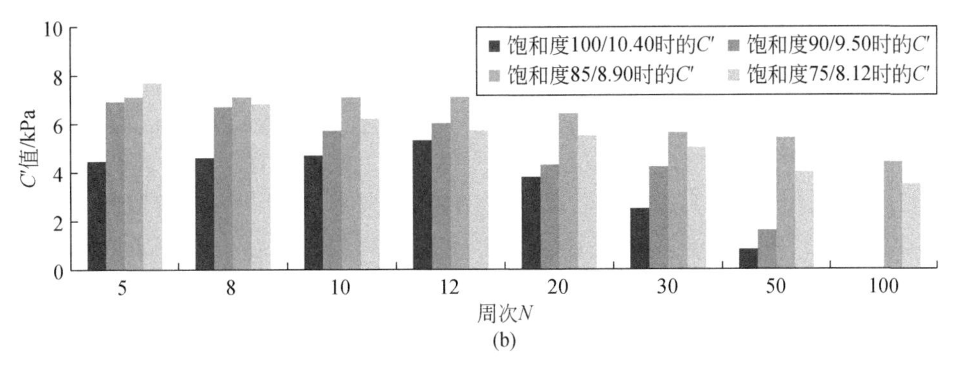

(b)

图 4-42　破坏标准为 5%时土体的 C 和 C'值随震动周次的变化

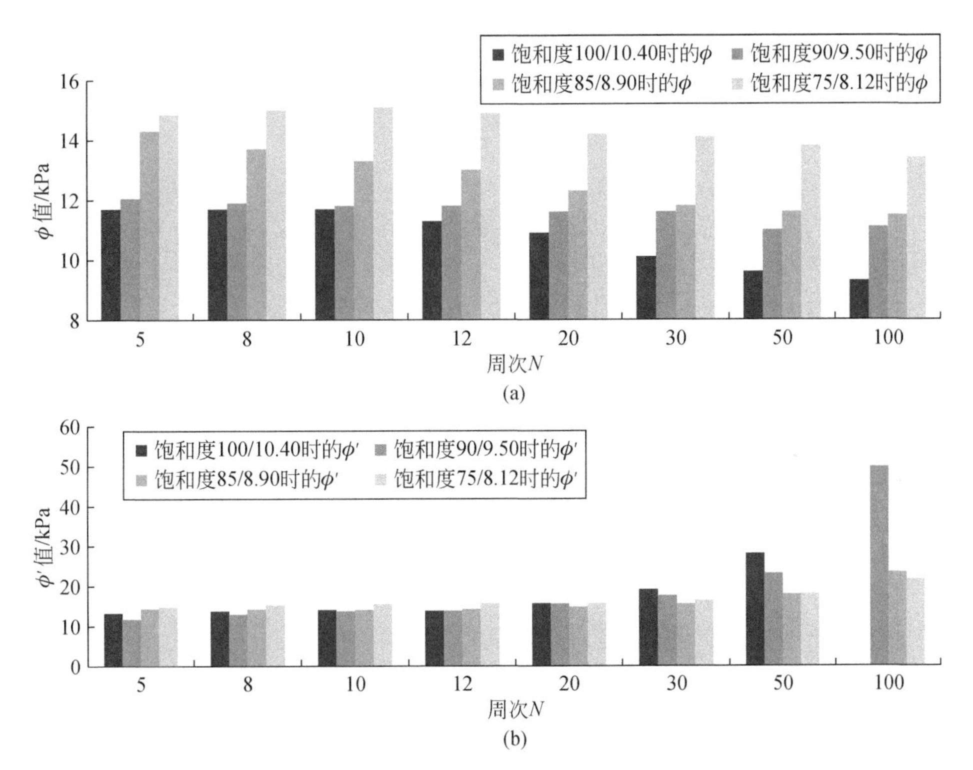

(b)

图 4-43　破坏标准为 5%时土体的 ϕ 和 ϕ' 值随震动周次的变化

从图 4-40～图 4-43 中可以看出，不同破坏标准的土体，其有效黏聚力和黏聚力随振动次数增加而减小，且在振动次数小于 20 次时黏聚力降低幅度较大，大于 20 次后变化曲线则逐渐趋于平缓，内摩擦角也有此变化规律，且随含水量增加，土体强度更小且更易于发生破坏，这说明大地震对土体扰动作用强烈，促进土体强度参数迅速降低，造成大量处于或接近临界状态坡体发生滑动破坏。然而有效内摩擦角的变化较为复杂，对于振动周次小于 20 次的低强度地震，土体的有效内摩擦角随着振动次数（或震级）的增加降低较小，而当振动周次超过 20 以上后，有效内摩擦角对含水量与地震的共同作用变化显著。对饱和度为 85%和 75%的低饱和度土体，当振动周次大于 20 周后有效内摩擦角会逐渐升高；但对于饱和度为 100%的高饱和土体，当振动次数超过 50 周后，土体的有效内摩擦角会迅速降低，直至为零。对于接近饱和的土体，如饱和度为 90%时，由于受到破坏标准等因素的影响，随振动周次的增多有效内摩擦角发生不断波动变化。

上述现象说明土体含水状况对土体强度和坡体稳定具有极大影响。饱和度为90%以上的较高饱和度土体，在强烈振动的作用下土体有效黏聚力可以降低为 0，这表明土体在高含水量情况下，突然强烈的振动（大地震）或附近小规模振动累加（频繁小地震）都将促进土体的孔隙水压力的增加，在振动作用下土体的孔隙水压力对降低土体的黏聚力起着重要的作用，致使土体的有效黏聚力普遍低于土体的黏聚力值。另外土体物质组成和内部结构特性也有利于孔隙水压力增加或阻碍孔隙水压力消散，进而影响土体强度变化。

自 1850 年 *M*7.5 大地震后，震区范围内山地环境受到强烈影响破坏，产生大量崩塌滑坡，理论上，随着时间推移这些松散固体物质在自身重力和降水渗透等作用下会逐渐固结稳定，但后期近场区≤5.0 级的小地震和远场区强震对邛海流域坡体的累积振动效应仍可能会产生较大影响，从上面试验结果可以看出，一方面该区域的小地震对土体强度参数降低幅度较大，另一方面频繁的小地震和临近区域大地震的振动效应累加，振动次数累加也可大幅度降低土体强度；故当受到频繁的地震动影响时，松散土体难以恢复至稳定状态，其内聚力并无显著的增大，孔隙率仍然较大，土体下渗率亦较大，特别是在降水与地震效应发生时间耦合时将极有可能造成原滑坡处进一步扰动破坏。

附近区域频繁地震对邛海流域斜坡土体再次扰动作用主要表现在以下两个方面：一种是改变地表土体水动力条件，促使土体产生累进变形，诱发土体内部产生微小裂隙和原有裂缝的扩展，进而改变地表水入渗、产流和汇流条件，在雨季造成斜坡土体更易于侵蚀破坏；另一种是造成土体结构和性状变化，由于频繁地震荷载的作用，土体受到重复扰动，渗透系数和强度参数都发生变化，土体结构变得疏松，渗透性增大，强度参数降低，雨水侵蚀下极易发生启动形成滑坡泥石流。

4.4 强降雨对脆弱斜坡土体的渗透变形试验分析

地震诱发滑坡在震后形成了大量松散固体物质，结构松散，孔隙率大，大多处于不稳定或欠稳定状态，但在无外力扰动下随着时间推移土体可能逐渐固结稳定，并恢复其自然堆积状态，而如果在此过程中附近区域地震频发，则频繁震动将不断对原本脆弱的山体和逐渐固结稳定的土体产生再次扰动，从而造成土体结构性和水文地质条件再次改变，土体孔隙率和渗透速率又逐渐增大，在雨季雨水极易沿微裂缝产生入渗，导致软弱面错位和孔隙水压力累积上升等，从而引起不稳定斜坡和之前滑坡堆积体处再次发生滑动破坏。

滑坡泥石流启动的临界雨量变化是震后松散固体物质渗透性改变的宏观表现形式。地震诱发的滑坡所产生的大量松散固体物质，其物理力学特征和物质组成不同于一般松散裸土，其渗透系数明显增大，但震后随着自身固结和降水入渗作用，震后土体的结构性将发生改变，进而影响其渗透性。震后松散土体渗透性的变化主要体现在孔隙率和颗粒组成的动态变化。在强降水的作用下，坡面土体将产生蓄满产流和超渗产流作用，表面径流将主要对坡面土体起到侵蚀冲刷和拖拽作用，而入渗流体所产生的动水压力将对内部结构产生扰动侵蚀，并将土体中细颗粒物质运移走，从而造成土体孔隙率变大，渗透性增强。根据陈晓清等野外试验，在试验过程中没有明显的蓄满表面产流，在坡脚处产生出流和汇流，水流变得非常浑浊[145]，这说明雨水渗流作用将渗流路径上的细粒土体携带走，进而改变了土体组成和结构，产生土体内部侵蚀，水体含沙量增加，侵蚀力加强，同时土体内部结构遭到破坏，土体强度降低和坡体稳定性下降，从而有利于滑动破坏的发生。这种现象在矫滨田的试验中得到进一步证实[146]，这说明了降水诱发滑坡过程伴随着细颗粒的迁移和汇集。庄建琦[23]研究指出汶川震区松散土体稳定渗透系数主要与土体孔隙度和颗粒级配有关，稳定入渗率与孔隙度和细颗粒含量之间关系较为明显：土体孔隙度越大，其稳定入渗率也越大，细颗粒含量越多，其稳定入渗率越小，然而震后松散土体在受到降水不断侵蚀作用，细颗粒不断减少，孔隙率和渗透系数不断增大的同时，土体在自身重力作用下也将逐渐固结变形，促使土体内部孔隙间的水和空气逐渐被挤出，内部骨架颗粒之间相互挤进，土体孔隙率和渗透系数则逐渐减小，降水作用则难以诱发大规模滑动破坏。但如果土体再次遭受附近地震动扰动，虽可能未直接发生滑动，但土体则再次发生振动松动且产生新的裂缝，破坏本已逐渐固结稳定的土体，在降水发生时雨水的入渗可能再次诱发新的滑动破坏。这也是邛海流域地震诱发滑坡长期活动的主要原因。

通过调查发现，邛海湖内淤积的大量泥沙颗粒主要为砂粒和粉黏粒源于中上游的滑坡物质，经历 160 年后地震诱发滑坡仍然能持续提供如此大量的泥沙物质，这显然与控制滑坡再次启动复活的主要因素有关，而邛海流域附近频繁地震显然对原本脆弱的岩土体具有显著的扰动影响，促使不断固结土体再次发生扰动变形，产生新裂缝和土体强度再次降低，当地震与降水发生耦合时，雨水将极易入渗并将改变坡体内结构，内部细颗粒将会被输移走，进而再次改变了土体自身的结构性和渗透性，而土体渗透和固结性质变化是决定崩塌滑坡等松散物源是否稳定的关键参数，进而影响震后滑坡和泥石流的长期活动性。故我们选择邛海流域内滑坡松散土体作为研究对象，运用渗流装置和 GDS 三轴仪对不同细颗粒含量土体进行固结前后的渗透试验，研究土体在固结前后随着细颗粒含量和含水率的不同渗透系数变化规律，以模拟震后松散土体在降水入渗和自身固结作用下，渗透系数如何变化，从而揭示震后松散斜坡体的长期活动性的主要控制因素。

4.4.1　试验内容与方法

1. 试样

在邛海流域内选取具有代表性的 16#滑坡体作为取样点，分别在滑坡体四个不同部位取土样（图 4-44），并对不同部位取得的土样进行颗粒粒度分析，样品原始级配见表 4-17。

图 4-44　野外滑坡取样点位置图

表 4-17　滑坡土体颗粒组成分析表

取样编号	颗粒粒度分析/%					粗颗粒	细颗粒
	60～20mm	20～2mm	2～0.075mm	0.075～0.005mm	＜0.005mm	≥0.075mm	＜0.075mm
1	5.47	27.07	48.51	16.40	2.55	81.05	18.95
2	13.45	50.96	30.30	3.31	1.98	94.71	5.29
3	4.56	36.80	22.44	31.20	5.00	63.80	36.20
4	16.03	43.41	25.87	10.50	4.20	85.30	14.70

通过上面颗粒粒度分析发现，虽然粗颗粒中各个粒组分布都不相同，但各粒组之间所占比例变化不大，而细颗粒部分在图样中所占比例却差别甚大，变化于 5.29%～36.2%，可见滑坡体表面土体受降水等外界动力作用显著，故为了避免取样的偶然性及由此带来的试验误差，在试验时对上面四个土样进行混合并进行筛分，保持土体粗粒部分（≥0.075mm）级配不变，粗粒土的干密度 P_d=1.72g/cm^3。通过改变土体内细粒百分含量，分别配置细粒含量为 0%、10%、20%、30%、40%、50%的试验土样，然后在饱和容器内饱和后测定其饱和含水量，分别为 16.8%、18.5%、19.6%、21.8%、26.2%和 27.1%，接下来分别配置饱和度 S_r=10%、50%、80%、100%的土样（表 4-18），并对不同细颗粒含量试验土样实施渗透试验和三轴固结试验，分析试样的渗透系数在土体固结前后随初始饱和度和细粒含量的变化规律。

表 4-18　试验土样配置级配分析表

试样质量/kg	饱和含水量/%	细颗粒含量/%	细颗粒（＜0.075mm）	粗颗粒质量/kg	60～5mm /kg	5～0.075mm /kg	水的质量/kg			
			质量/kg				饱和度 100%	饱和度 80%	饱和度 50%	饱和度 10%
2.452	16.8	0	0	2.452	1.121	1.331	0.412	0.278	0.174	0.040
	18.5	10	0.25	2.202	0.984	1.218	0.454	0.318	0.181	0.045
	19.6	20	0.45	2.002	0.897	1.105	0.481	0.336	0.192	0.048
	21.8	30	0.73	1.722	0.77	0.952	0.535	0.374	0.214	0.053
	26.2	40	0.95	1.502	0.673	0.829	0.642	0.450	0.257	0.064
	27.1	50	1.19	1.262	0.587	0.675	0.664	0.465	0.266	0.066

2. 试验过程

1）渗透试验

A. 渗透试验装置的设计

渗透试验采用自行设计的渗透装置，供水装置采用有机玻璃管加工成的马氏瓶，玻璃管内部用一根细长玻璃管控制水头，本次试验水头高度控制在 300mm。马氏瓶高度为 1000mm，内径 100mm，试样筒高度为 200mm，内径为 100mm，如图 4-45 所示。

B. 渗透试验装置的原理

渗透系数是水分运移规律研究中的重要内容，渗透系数反映了土体的透水性能的比例常数，相当于水力梯度为 1 时的渗透速度，其计算公式如下：

$$k = \frac{(h_0 - h_t)A_1 L}{A_2 \Delta t H} \tag{4-8}$$

式中，k 为渗透系数（m/s）；h_0 和 h_t 分别为试验初始时刻和 t 时刻对应的马氏瓶中的液面高度；H 和 L 分别为试验水头和试样长度；A_1 为马氏瓶内截面面积；A_2 为装土样的有机玻璃管内截面面积；Δt 为试验时间。

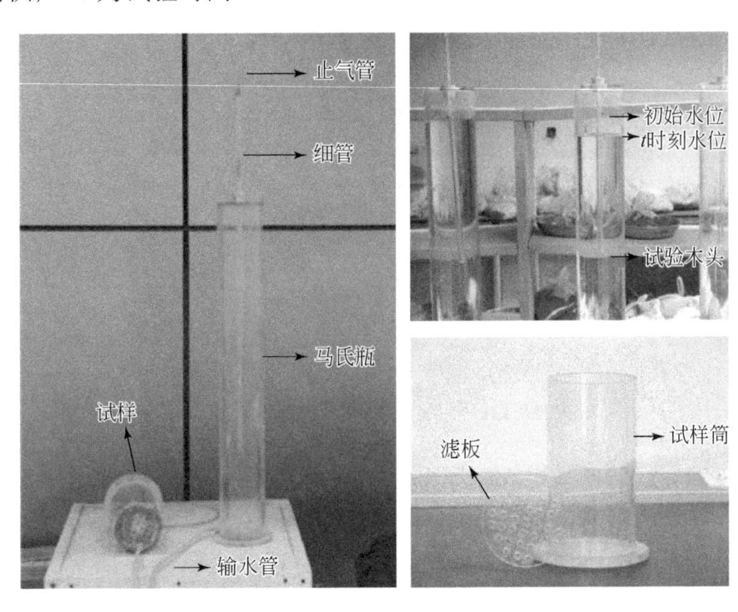

图 4-45　渗透试验装置

C. 渗透试验过程

（1）配样：按照表配置细颗粒含量不同的土样，然后放在饱和器中进行饱和，测定饱和含水量，分别按照饱和度为 100%、80%、50%、10%进行配样（表 4-18）。

（2）保湿：试样密封在保湿器中保湿 24 小时。

（3）装样：先在装样筒中放一层滤纸，将土样分三次放在样筒中击实，每次 60mm，土样完全装进去后，放滤纸和滤板，然后用 AB 胶水将盖板粘结在样筒之上（图 4-46）。

（4）排气：将马氏瓶的出水管套在盖板的进水口，打开止水夹，当样筒进水端的气体从排气孔排净后，关闭止水夹开始试验（图 4-47），同时记录马氏瓶此时的水位和时间。

图 4-46　试验装样过程

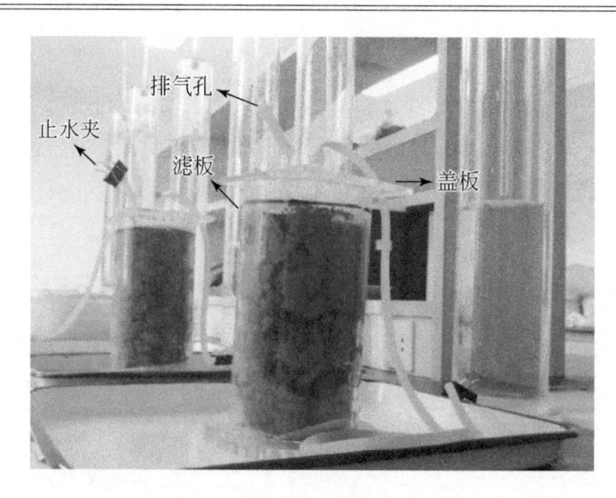

图 4-47　渗透试验之前的排气准备

2）三轴固结试验

A. 试验设备

三轴试验采用的仪器为英国 GDS 仪器设备有限公司生产的标准非饱和土三轴试验系统，具体参见 4.3.4 节。

B. 固结排水试验过程

（1）配样及装样（参照渗透试验）。

（2）预压试验：为了避免配样过程中土体的不均匀性对固结的影响，在对土体进行 GDS 三轴固结排水试验之前进行预压试验（图 4-48）。

（3）将样筒的底部用蜡密封，上部沿筒一圈放海绵，便于固结过程中吸水。

（4）采用三轴仪进行固结试验，试验中采取分级加载，加载压力分别为 50kPa、100kPa、150kPa、200kPa、250kPa、300kPa，在每级加载压力下，每小时变形量达 0.01mm 时，实施下一级加载，试验中记录土体的应力应变、孔隙水压力的变化。

（5）固结完成后再进行渗透试验，参照渗透试验过程。

图 4-48　预压和固结试验

4.4.2　试验结果分析

通过渗透试验装置和 GDS 三轴仪进行了渗透试验和固结压缩试验，发现细颗粒含量对滑坡表层土体的渗透系数有重要影响。固结前后土体渗透系数随细颗粒含量的增加呈单调性降低。

1. 固结前后土体渗透性变化

土样渗透系数在固结前后有较大变化，但是变化的幅度因细颗粒含量的不同而差别很大，且随着饱和度减小变化差异逐渐减小，不同细粒含量土体的渗透系数如表 4-19 和图 4-49 所示。

表 4-19　固结前后不同饱和度下土样渗透系数随细颗粒含量变化　（单位：10^{-3}mm/s）

饱和度	100%		80%		50%		10%	
细颗粒含量	固结前	固结后	固结前	固结后	固结前	固结后	固结前	固结后
50%	140.00	0.01	2.57	0.02	0.80	0.44	0.32	0.26
40%	175.00	0.02	5.83	0.03	2.46	0.94	0.56	0.52
30%	311.00	0.04	7.78	0.06	3.89	1.94	3.34	3.10
20%	560.00	0.10	13.70	0.31	8.48	3.10	6.00	5.72
10%	700.00	0.11	215.00	1.29	22.20	14.70	16.70	15.10
0%	934.00	0.92	400.00	11.10	24.80	15.40	18.70	16.50

从土体渗透系数变化可以得到如下结论：

（1）固结后土体的渗透系数较固结前降低，且随着初始饱和度增加土体渗透系数降低幅度变大，如当土体初始饱和度为 10%时，土体固结前后渗透系数变化很不明显，处于同一数量级范围［图 4-49（d）］，但当初始饱和度增大到 100%时，固结前后土体渗透系数则发生极大变化，固结后土体渗透系数比固结前小 3～4 个数量级［图 4-49（a）］，这说明初始饱和度很小时，固结对土体渗透性影响非常小，这主要是因为初始饱和度很小时，土体中的水以结合水的形式存在，而且孔隙中也存在较多气泡，当发生固结时，气体因孔隙水压力的变化而胀缩，从而造成过水断面积减小，甚至堵塞细小孔道；随着土体饱和度增加，土体中自由水增多，封闭气泡减少，渗透性增强，而此时在固结作用下，土体内的水体和连通气体从孔隙中排出，致使土体孔隙率变小，渗透性降低。

图 4-50 清晰地反映出固结前后土样渗透系数随初始饱和度的变化规律。在固结前土体渗透系数随初始饱和度的增加而增大，且随着细颗粒含量的减少，渗透系数随初始饱和度增大而增加幅度越显著；而固结发生后土体渗透系数随初始饱和度的增大而减小，这主要因为在水的软化作用下，土体固结变形量随初始饱和度增加而变大，致使土体的孔隙比变小，渗透系数也变小。

（2）固结前后土体渗透性随细颗粒含量减少均呈单调性增长，而且在不同饱和度下，土体渗透系数均随细颗粒含量的减少而增加（图 4-51）。随细颗粒含量的增加，不同初始饱和度的土体的渗透系数在固结前后差别越来越小，说明固结对土体渗透系数的影响随着细颗粒含量的增加而减弱。这是因为当细颗粒含量较少时，土体组成颗粒主要为粗颗粒，

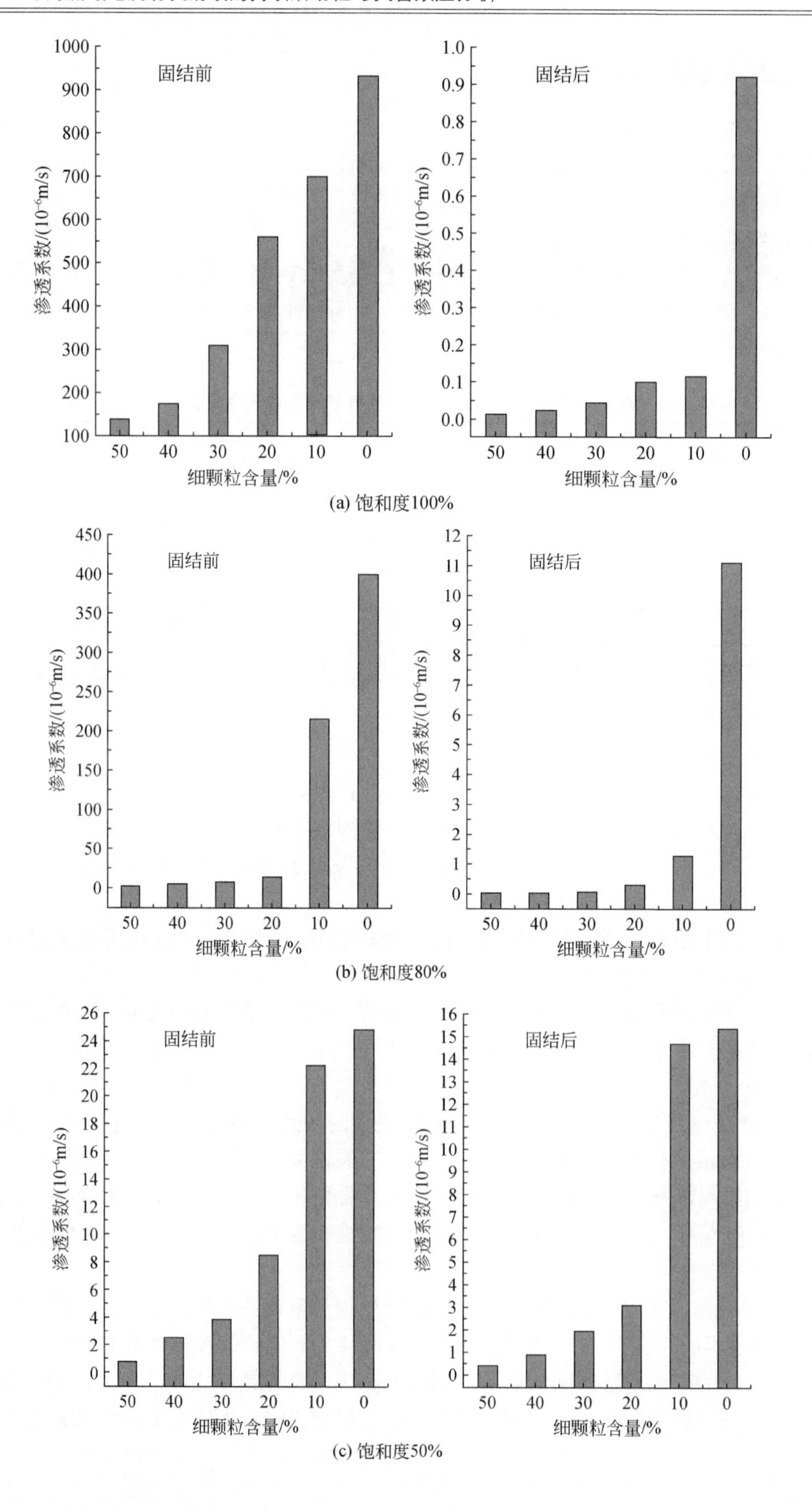

(a) 饱和度100%

(b) 饱和度80%

(c) 饱和度50%

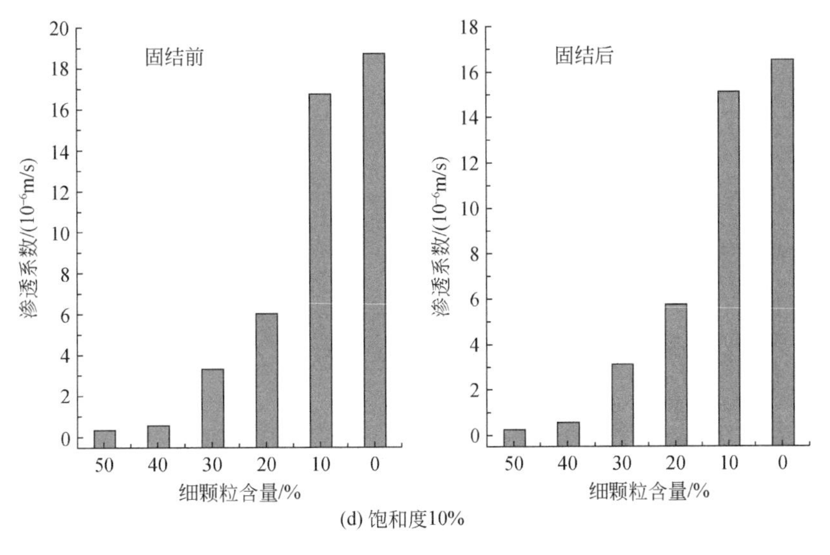

(d) 饱和度10%

图4-49　不同饱和度土样在固结前后渗透系数随细颗粒含量变化

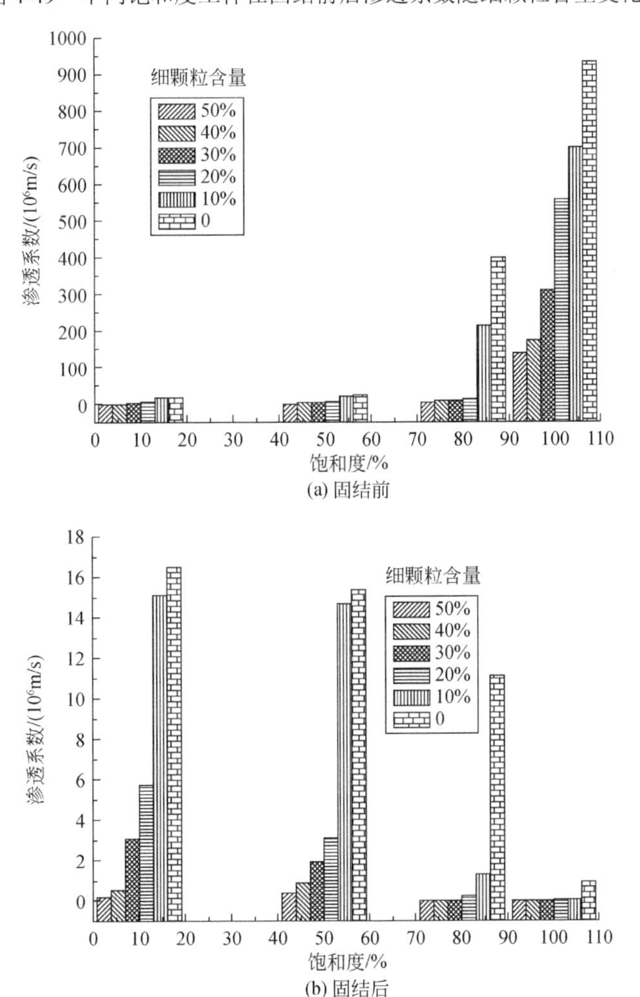

(a) 固结前

(b) 固结后

图4-50　固结前后土体渗透系数随初始饱和度的变化曲线

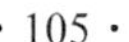

土粒较均匀，孔隙体积较大，当发生固结时孔隙逐渐被压缩，致使渗透系数降低较大；随着细颗粒含量增多，土的不均匀系数将会增大，进而逐渐转变为级配良好土体，大颗粒形成的孔隙有足够的小颗粒填充，土体易于密实，当再进行固结时，本已孔隙很少的土体难以再产生压缩变形，故渗透系数变化不大。

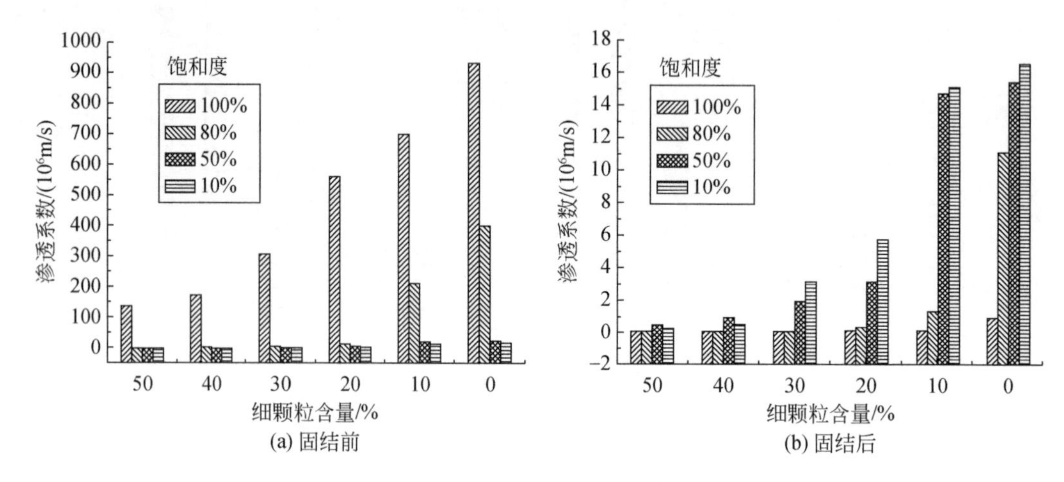

图 4-51　固结前后土体渗透系数随细颗粒含量变化

从图 4-51 中看出，土体固结之前，当饱和度在较低水平时（＜50%），细颗粒含量对渗透系数的影响较弱；随着细颗粒含量增多，在固结后不同饱和度的土体渗透系数趋于一致，说明随细颗粒含量增多，初始饱和度对渗透系数的影响逐渐减弱。

2. 固结过程中土体压缩沉降量变化

土体的渗透性变化主要来自于外界的固结压力，而压缩沉降量是直接反映土体内部结构变化的重要参数，不同饱和度、不同细颗粒含量土体的压缩沉降量差别很大，具体见表 4-20。

表 4-20　不同饱和度、不同细颗粒含量下土体的压缩变形量　（单位：mm）

变量	细颗粒含量					
饱和度	0	10%	20%	30%	40%	50%
10%	9.33	8.8	6.59	5.82	3.02	2.95
50%	12.97	11.02	9.32	7.29	3.33	3.01
80%	15.08	12.25	11.22	12.42	13.72	14.41
100%	21.95	17.1	14.95	13.85	14.18	15.02

1）土体压缩沉降量随细颗粒含量变化

根据实验分析发现，当初始饱和度较低时（10%、50%），土样压缩沉降量随细颗粒含量增大而降低（图 4-52），此时可能是土体中的细裂隙起主导作用，细颗粒含量越少，土体裂隙会越大［图 4-53（a）］，压缩沉降量越多；当初始饱和度（80%、100%）较高时，压缩沉降量则随细颗粒含量增大先降低后不断增大，这可能是因为初始饱和度较高时，土中的微裂隙、孔隙和水都在起作用，在固结初期，微裂隙和孔隙在起主导作用，因而细颗粒少的土体压缩量大，当固结到一定程度，微裂隙与孔隙变得很小时［图 4-53（b）］，水对细颗粒的软化起主导作用，且随着细颗粒含量的增加，粗颗粒所起的骨架支撑作用减弱，致使随着细颗粒含量增多，土体压缩沉降量反而增大。

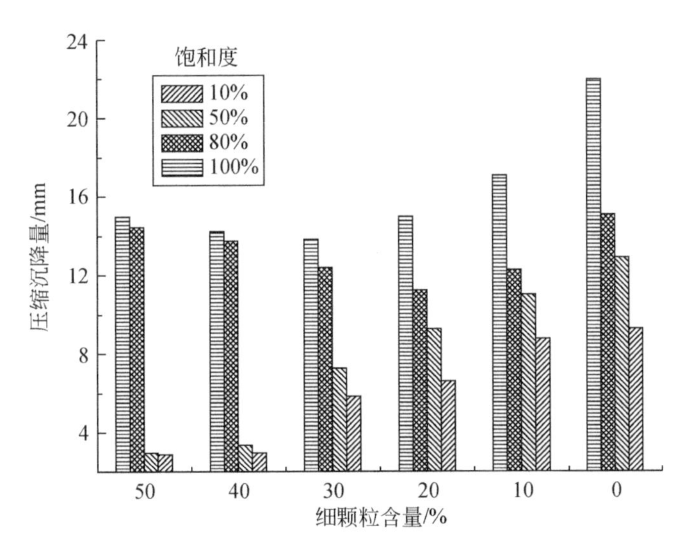

图 4-52　不同饱和度下土体压缩沉降量随细颗粒含量变化规律

2）土体压缩沉降量随初始饱和度变化

不同细颗粒含量土体的压缩沉降量都随初始饱和度的增大而增大（图 4-54），说明水分对土体的压缩变形有明显软化作用。当初始饱和度较小时，细颗粒表面水膜很薄，水分主要以结合水和毛细水的形式存在，要使颗粒移动，需要克服结合水的抗剪切阻力和毛细压力，而随着饱和度的不断增加，土体中出现了自由水，自由水起到润滑作用促使粒间阻力减小，从而造成土体压缩沉降量变大，水的渗流通道变小，这也可解释土体在固结后渗透系数随初始饱和度的增加而降低。

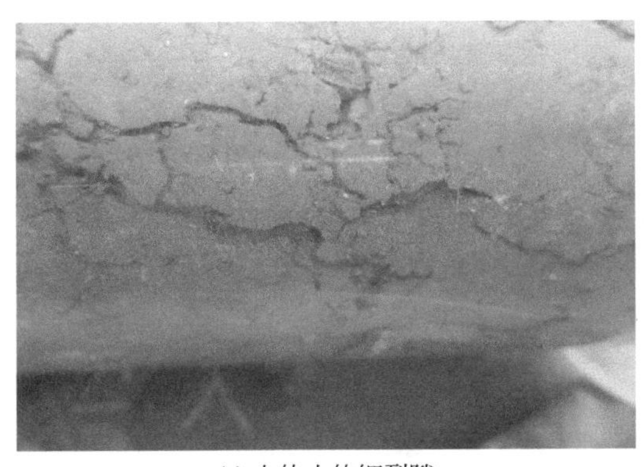
(a) 土体内的细裂隙

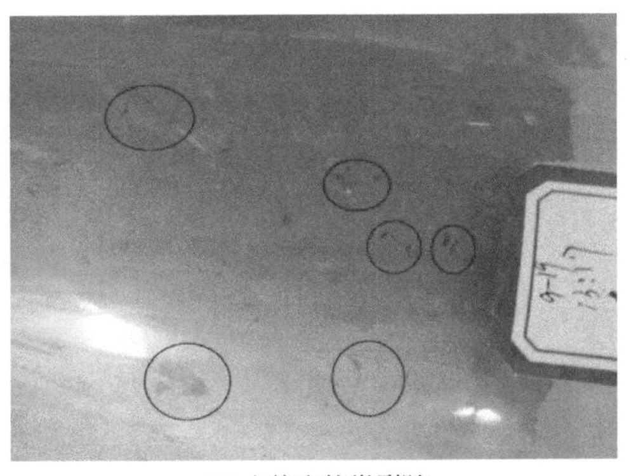
(b) 土体内的微裂隙

图 4-53　土体内的裂隙变化

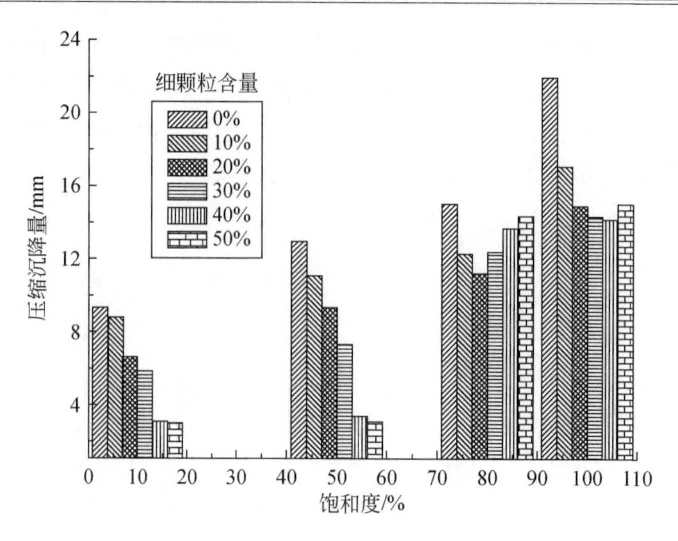

图 4-54　不同细颗粒含量土体压缩沉降量随初始饱和度变化规律

3. 固结过程中孔隙水压力变化

不同细颗粒含量的饱和土体的孔压随时间的变化：不同细颗粒含量土体孔压变化较为复杂，有些呈波动式变化，有些呈单调增长，当孔压达到稳定值后，不同土样孔压随着细颗粒含量的减小均逐渐降低（图 4-55）。

细颗粒含量较少的土体裂隙比较大［图 4-53（a）］，细颗粒和气泡在不同的水力梯度作用下在裂隙中运移的难易程度不同，水力梯度大时细颗粒和气泡在裂隙中运移要容易一些，甚至排出土样，逐渐增大了土体中水的渗透通道，宏观上表现为渗透系数增大；而细颗粒含量多的土体，裂隙较小［图 4-53（b）］，细颗粒和气泡在土体中运移需要很大的水力梯度，因而水头在一定范围内的变化对其影响较小，宏观上表现为渗透系数受水头影响小。

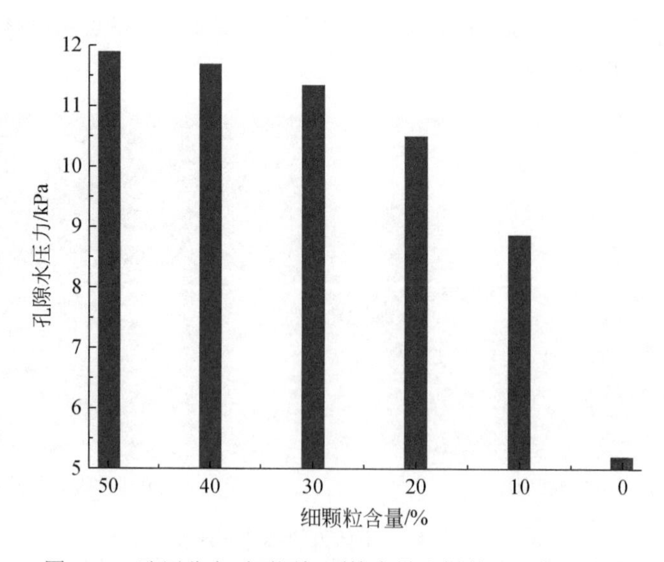

图 4-55　孔压稳定后不同细颗粒含量土样的孔压变化曲线

通过试验分析可知，大地震后大量的松散固体物质堆积在坡面和沟道内，由于快速堆积导致堆积体颗粒级配处于混杂状态，表现出不同于一般窄级配土体的渗流固结特性，具有粒径范围大，细颗粒含量变化大，孔隙大等特点。震后当降水发生时，细颗粒在内部水流侵蚀的作用下发生运移，从而改变了土体内部结构和降低了渗透稳定性，极易再次启动形成新滑坡。这说明震后一定时间内这些堆积物的抗水流侵蚀能力较差，松散堆积物在雨水作用下，细颗粒发生迁移、堆积等现象，降水对土体扰动性显著增强，造成土体孔隙度大，渗透系数越来越大。但在降水冲刷侵蚀松散土体的同时，土体自身也在发生固结变形，固结作用则促使土体发生沉降变形，不断降低孔隙率，并限制细颗粒的输移，从而保持土体良好颗粒级配和较低的孔隙率，增加土体的渗透稳定性，逐渐减小发生滑坡泥石流的频次和规模，但土体在遭受附近频繁的地震扰动时，虽可能未直接发生滑动，但再次受到超限强震冲击，土体则再次发生振动松动且产生新的裂缝，破坏本已逐渐固结稳定的土体，再次增大土体孔隙和渗透性，并降低了启动临界降水阈值，在降水发生时雨水容易渗入土体孔隙和微裂隙，从而促使地震诱发滑坡的再次复活启动，这也是邛海流域地震滑坡长期活动性的根本原因之一。

4.5　典型滑坡泥石流事件分析

地震与滑坡泥石流活动关系十分密切，这已是不争的事实，世界上滑坡泥石流多分布于地震构造带附近，地质作用是滑坡形成的重要驱动因素之一，而集中强降水作用则进一步加剧坡体变形破坏，两者共同控制着流域松散固体物质的补给形式、数量和速度，并进而影响滑坡和泥石流的活动频次和强度。下面对官坝河典型滑坡泥石流案例分析，从物源形成条件与供给形式、降水的渗透变形和激发破坏角度分析，进一步说明地质构造活动和极端降水的耦合对区域滑坡泥石流形成的控制作用。

4.5.1　官坝河流域概况

官坝河是邛海流域东北方的支沟，东连昭觉县，北接喜德县，西与著名的泸山风景区遥相对应（图 4-56）。流域中上游为昭觉县普诗乡和玛增依乌乡，中下游为西昌市大兴乡和川兴镇。

官坝河流域面积约为 137.24km^2，主沟长 24.12km，平均纵比降 64.4‰，流域入海口处海拔 1510m，相对高差达 1754m。官坝河流域地势东高西低，整个流域的水系发育，其走向为南北向，呈钩子状，在象鼻寺处出现拐点，由东西流向改为北南流向，在海拔 1510m 处汇入邛海。主沟河道呈串珠状，张巴寺河源头至大湾子为上游，属中高山峡谷地貌；大湾子至象鼻寺段为中游，为低山宽谷，其中大兴乡石安村至建新园艺场段，河道展宽，转化为平原型的宽浅河谷，建新园艺场至象鼻寺段为低山宽谷；象鼻寺至入海口段为宽浅宽谷。支沟上游主要为中高山峡谷和“U”谷，下游为浅宽谷（图 4-57）。

在官坝河上游，地形起伏大，沟道狭窄弯曲，以“V”字形沟谷为主，沟床纵比降为 83.33‰～463.88‰；在中游大兴断陷盆地段发育游荡型河流，河道内心滩、边滩较多，形成辫流，坡度较缓，平均比降在 59.78‰～83.33‰；出口处地势平坦，属于平原型宽浅河流，平均比降 13.56‰。官坝河干流比降特征见表 4-21 和图 4-58。

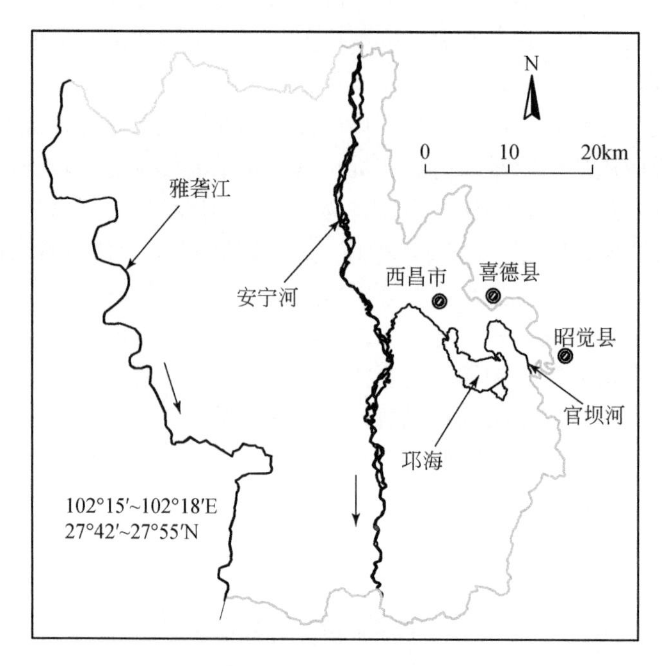

图 4-56　官坝河区位图

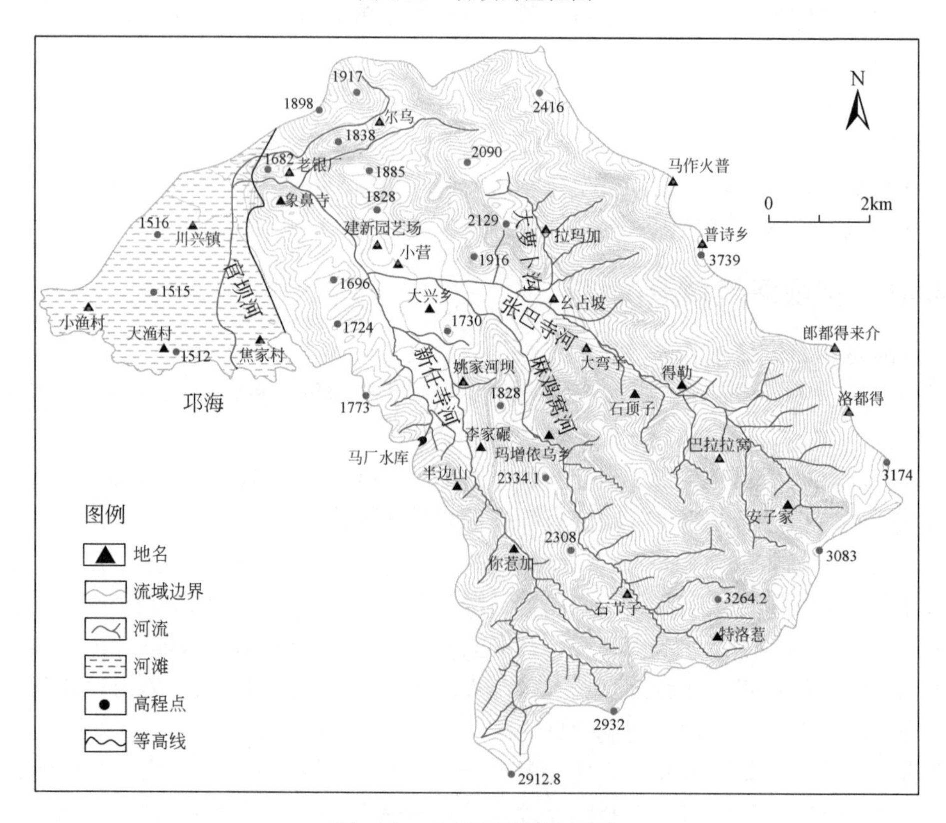

图 4-57　官坝河流域地形图

表 4-21　官坝河干流纵比降特征参数统计表

编号	河段长度/km	最低高程/m	最高高程/m	高差/m	平均比降/‰
L1	1.737	1510（入海口）	1513（吴家院子）	3	1.73
L2	3.216	1513（吴家院子）	1541（象鼻寺）	28	8.71
L3	4.687	1541（象鼻寺）	1622（新任寺河汇入）	81	17.28
L4	1.345	1622（新任寺河汇入）	1659（麻鸡窝河汇入）	37	27.51
L5	1.606	1659（麻鸡窝河汇入）	1755（大萝卜沟汇入）	96	59.78
L6	2.422	1755（大萝卜沟汇入）	1908（大湾子）	153	63.17
L7	1.692	1908（大湾子）	2049（石顶子）	141	83.33
L8	6.121	2049（石顶子）	2999.7（源头）	950.5	155.22

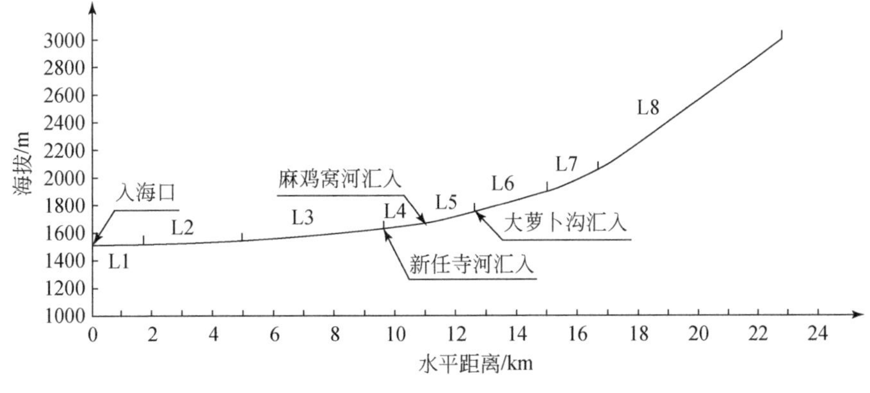

图 4-58　官坝河主沟床比降图

流域内发育的支沟众多，其中较大且危害严重的有 4 条，分别为张巴寺河、麻鸡窝河、新任寺河和大萝卜沟，其中张巴寺河为官坝河主河，其余三个支沟的沟床平均比降在 89‰～96‰，中上游山高坡陡，沟床纵比降大，一般在 122.43‰～127.88‰范围内，下游沟道比降减小，属于典型的漏斗形沟谷。流域各支沟比降特征见表 4-22。

表 4-22　流域支沟比降特征参数统计表

沟名	流域面积/km^2	沟长/km	流域最高点/m	相对高差/m	沟床比降/‰
张巴寺河	28.97	8.23	3264	1532	98.9
麻鸡窝河	22.78	12.96	2900	1241	93.1
新任寺河	28.55	13.02	2800	1178	89.1
大萝卜沟	12.2	3.57	2100	345	96.3

4.5.2　官坝河流域地质背景

在川滇南北向构造作用下，官坝河工作区分为两个不同地貌单元，即流域上游为构造剥蚀地貌，平均海拔 2550m，约占流域总面积的 77.6%，山体为中深切谷、剥蚀、侵蚀构造中高山，又加上受安宁河断裂带和则木河断裂带控制，断裂密集，岩性软弱，主要表现为褶皱、断层和断块山，表层为第四纪山麓坡积层覆盖，基底岩石以砂岩、泥质页岩为主，岩层多为单斜地层，实测地层产状 300°∠15°；流域下游为河湖相沉积，平均海拔 1735m，约占流域总面积的22.4%，主要由河湖相堆积的砂卵石层、粉砂层和粉细砂层及黏土层等，厚4～60m，基底为泥岩及页岩。

区域构造稳定性主要受安宁河断裂及则木河断裂控制，官坝河流域地势东高西低，水系发育，其走向受构造控制呈南北向展布。从区域地质构造图上分析得知（图4-59），该流域共有三条逆断层分布，走向呈北西—南东向，倾角40°～50°，分别沿沟谷附近展布，致使中上游河谷深切，斜坡陡峻，地质破碎，坡面崩塌滑坡体发育。

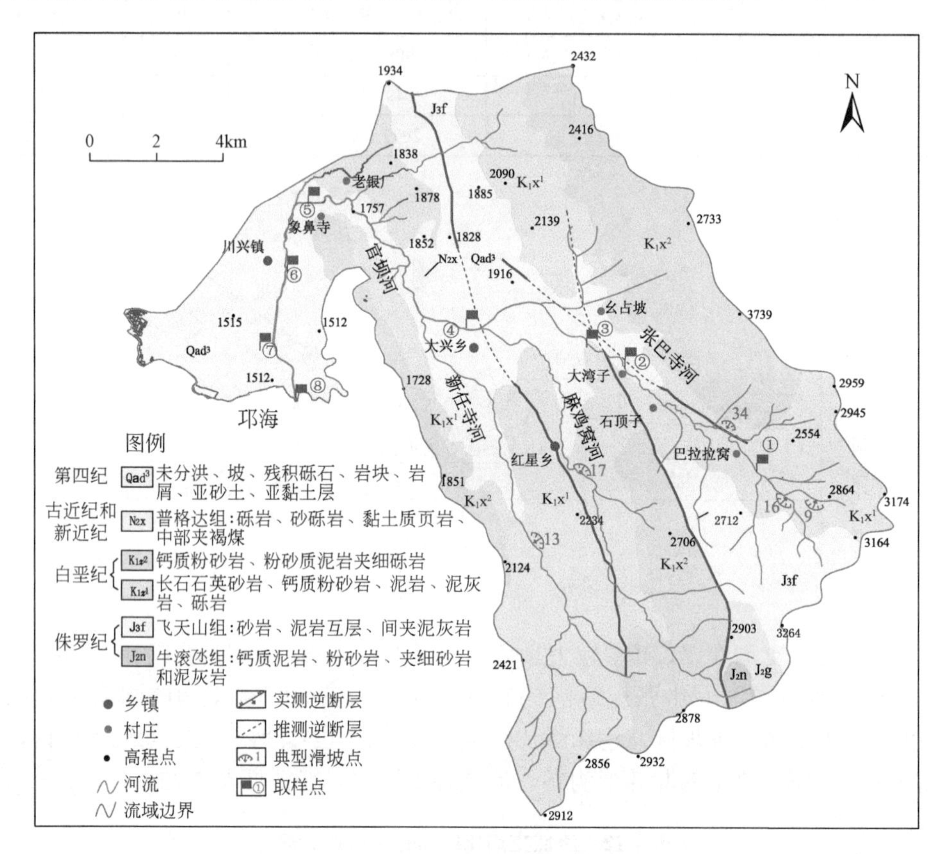

图4-59　官坝河流域地质构造图

4.5.3　官坝河1998年7月6日泥石流事件过程分析

历史上官坝河山洪泥石流问题严重，每年都有不同程度暴发山洪泥石流灾害，其中1998年邛海流域暴发群发性泥石流事件最为严重，官坝河和鹅掌河同时发生百年一遇泥石流，高苍河和小清河则发生洪水。其中1998年7月6日官坝河暴发泥石流规模最大，据对大兴乡政府工作人员5人（唐昌华等，58岁，男）的调访，该次泥石流至少为百年一遇，当时官坝河流域内突降特大暴雨，主沟和支沟泥石流都有暴发，泥深2～4m，速度比人跑得快，泥石流像浓粥那么浓，水中大石块碰撞发出巨大声响，持续将近2个小时，泥浆夹带着巨石和树木涌入出山口，树木直径约为20cm，造成千亩农田受淹，大兴乡至西昌公路中断，大量泥沙推向邛海，致使入海原河道改道，一次性泥沙推进了172m。通过上述现场调访资料可知，官坝河近100年内发生了一次泥石流，规模较大，主沟泥石流十分黏稠，沟道内局部段呈现阵性特征。

1. 物源供给条件

物源供给条件对泥石流的频率和规模具有重要的作用。通过现场调查，官坝河的固体物源主要来源于以下两种：一是重力侵蚀作用形成的松散崩坡积物；二是滑坡堆积物堆积于沟道内形成的冲洪积物，其中滑坡、崩塌是泥石流最主要的松散固体物质来源。据当地村民小古安嘎（42 岁）等 4 人描述，1998 年 7 月 6 日在鹅掌河和官坝河中上游均出现多处滑坡淤堵河道，其中新任寺河内滑坡体影响对岸形成高约 20m 的堰塞体。官坝河上游多处发生溃坝并诱发 100 年一遇泥石流，泥位高，入海口推进 100 多米。

1）滑坡发育与分布

滑坡是官坝河泥石流最主要的物质来源。主沟流域滑坡体主要分布于中上游区域，主要受断层控制。支沟滑坡体亦主要分布于中上游，沟谷的物质主要由碎石土组成，下伏基岩为泥岩、砂岩。

通过现场调查，当前官坝河流域内共分布 98 个滑坡体，总共方量约为 1614969m^3，其中官坝河主沟（张巴寺河）分布 51 个滑坡，麻鸡窝河分布 17 个滑坡，新任寺河分布 23 个滑坡，大萝卜沟分布 7 个滑坡，详见表 4-23。

表 4-23　官坝河流域内滑坡发育与分布表

名称		滑坡数量/个	滑坡面积/m^2	滑坡体积/m^3
官坝河	张巴寺河	51	245740	1347080
	麻鸡窝河	17	31950	98500
	新任寺河	23	42912	147444
	大萝卜沟河	7	8563	21945

A. 张巴寺河

自大兴乡以上官坝河中上游主沟道称为张巴寺河，张巴寺河流域面积 28.97km^2，主沟

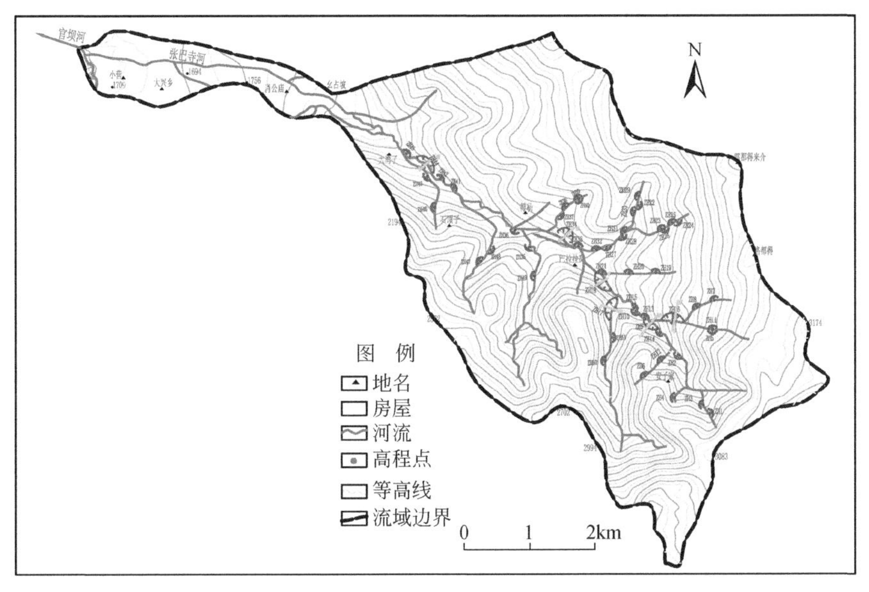

图 4-60　张巴寺河滑坡分布图

道总长 8.23km，沟床平均比降 98.9‰。根据调查结果，张巴寺河沟道两侧存在大大小小崩滑体共计 51 个（图 4-60，表 4-24），松散堆积物方量达到 1347080m^3，平均滑坡密度为 1.76 个/km^2，其中较大典型滑坡为 ZH9/ZH16 和 ZH34 滑坡，滑坡体积分别为 55000m^3，90000m^3 和 450000m^3（图 4-61）。

表 4-24 张巴寺河段滑坡物源方量统计表

编号	面积/m^2	体积/m^3	编号	面积/m^2	体积/m^3
ZH1	500	1000	ZH27	5000	20000
ZH2	800	2400	ZH28	2000	6000
ZH3	3900	3900	ZH29	18000	36000
ZH4	1000	2000	ZH30	1000	5000
ZH5	1300	5200	ZH31	2500	10000
ZH6	2000	10000	ZH32	2000	6000
ZH7	900	2700	ZH33	600	1200
ZH8	5000	10000	ZH34	30000	450000
ZH9	11000	55000	ZH35	1000	2000
ZH10	10000	40000	ZH36	16000	32000
ZH11	1200	3600	ZH37	2500	7500
ZH12	1400	4200	ZH38	900	2700
ZH13	2000	6000	ZH39	400	800
ZH14	3000	12000	ZH40	120	240
ZH15	1500	7500	ZH41	250	500
ZH16	15000	90000	ZH42	250	500
ZH17	17000	102000	ZH43	1000	2000
ZH18	20000	120000	ZH44	1200	2400
ZH19	5000	20000	ZH45	120	240
ZH20	600	1200	ZH46	7600	30400
ZH21	500	500	ZH47	10000	30000
ZH22	800	2400	ZH48	3000	15000
ZH23	800	1600	ZH49	4000	12000
ZH24	5000	25000	ZH50	22000	132000
ZH25	1000	2000	ZH51	1800	7200
ZH26	1300	5200	—	—	—

B. 麻鸡窝河

麻鸡窝河流域面积为 22.78km^2，沟道长度为 12.96km，沟床平均比降 93.1‰，滑坡主要分布在中上游河谷两侧，存在大大小小崩滑体共计 17 个（图 4-62，表 4-25），松散堆积物方量达到 98500m^3，平均滑坡密度为 0.75 个/km^2，其中最大滑坡 MH17 的体积为 33000m^3。

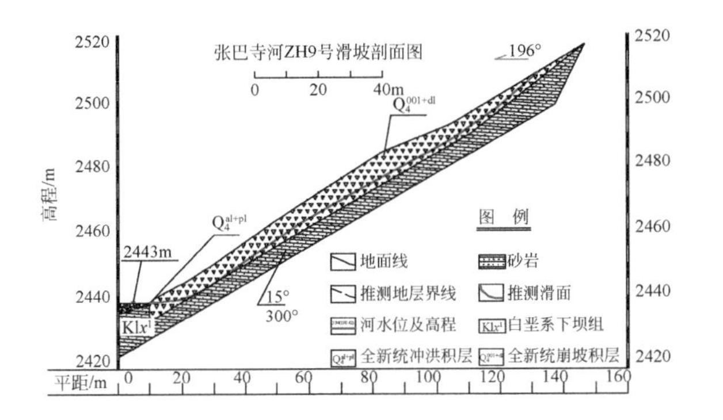

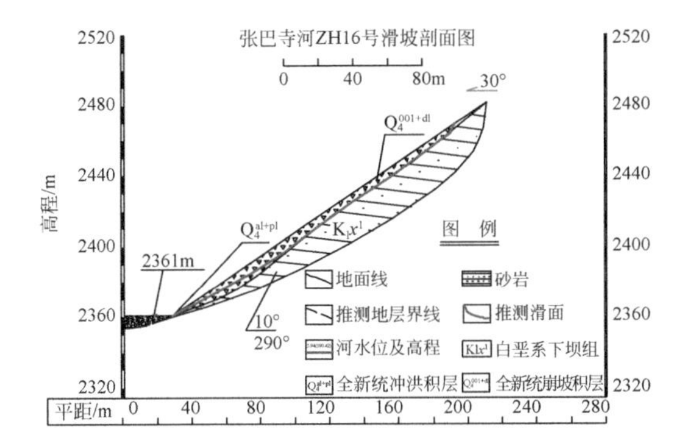

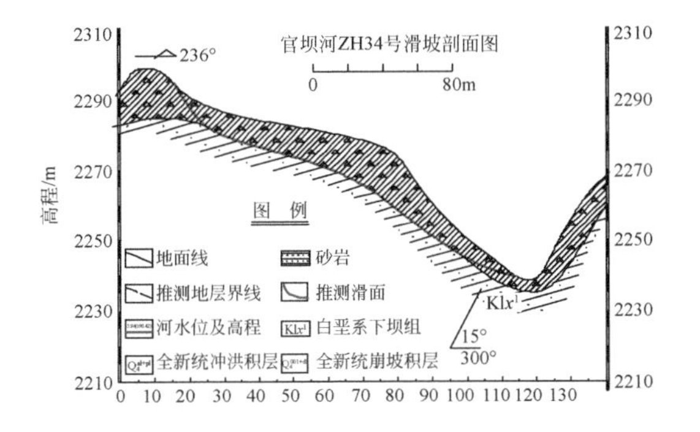

图 4-61　张巴寺河内典型滑坡剖面图

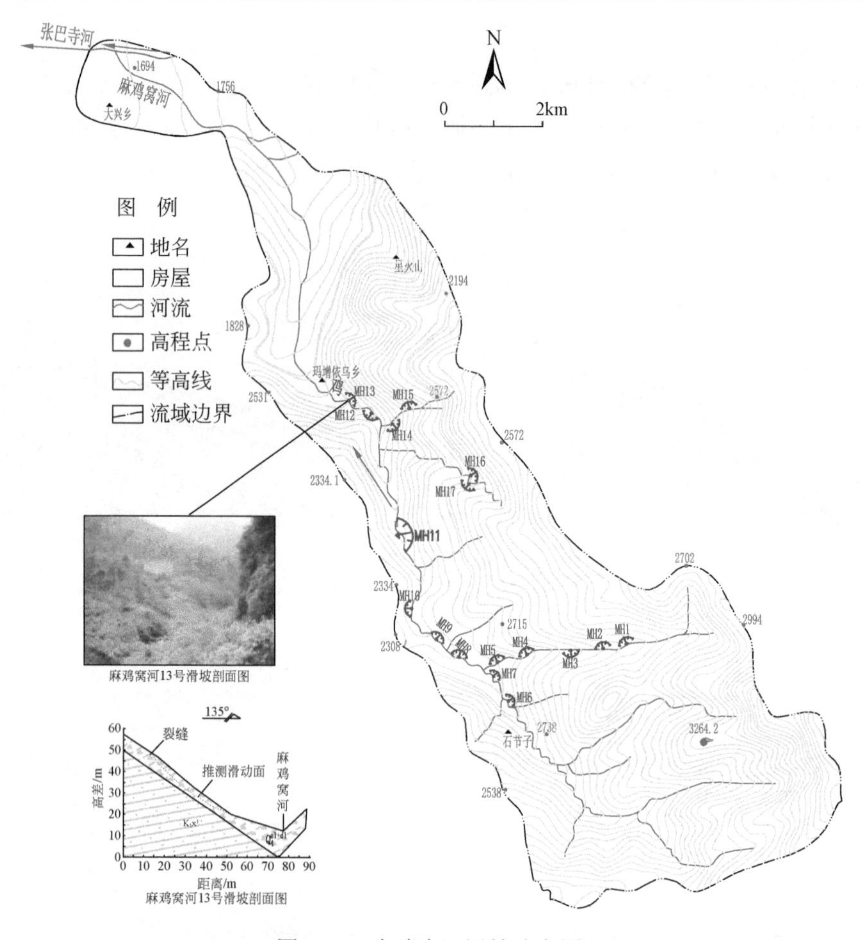

图 4-62 麻鸡窝河滑坡分布图

表 4-25 麻鸡窝河滑坡物源方量统计表

编号	面积/m²	体积/m³
MH1	1000	2000
MH2	200	600
MH3	500	1000
MH4	500	1500
MH5	1000	3000
MH6	400	1600
MH7	350	1050
MH8	800	4000
MH9	1500	6000
MH10	400	2000
MH11	300	900
MH12	350	1050

续表

编号	面积/m^2	体积/m^3
MH13	150	300
MH14	10400	31200
MH15	350	1050
MH16	2750	8250
MH17	11000	33000

C. 新任寺河

新任寺河流域面积为 28.55km^2，沟道长度为 13.02km，沟床平均比降为 89.1‰，分布在中上游的崩滑体共计 23 个（图 4-63，表 4-26），松散堆积物方量达到 231588m^3，平均滑坡密度为 0.81 个/km^2，其中最大滑坡 XH13 体积为 48500m^3。

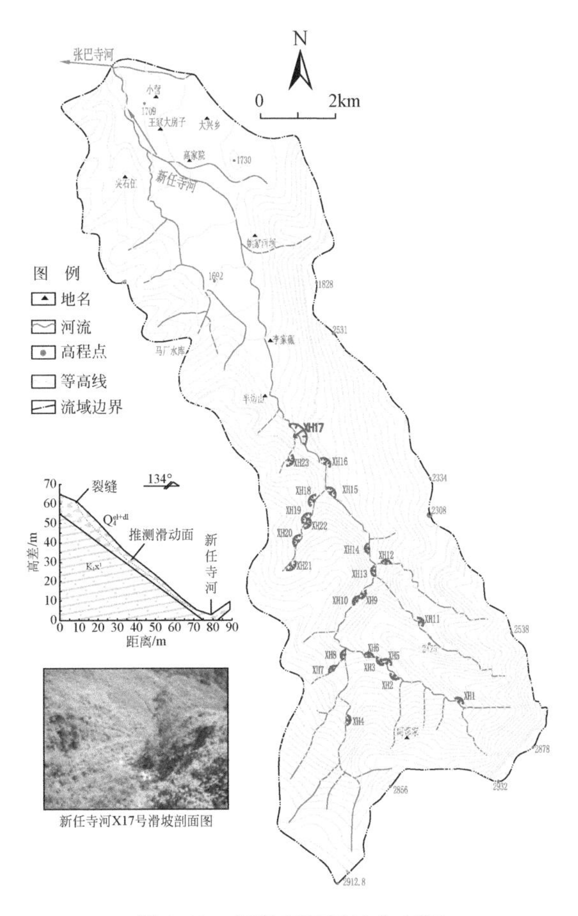

图 4-63　新任寺河滑坡分布图

表 4-26　新任寺河滑坡物源方量统计表

编号	面积/m^2	体积/m^3
XP1	16100	48300
XP2	760	2280

续表

编号	面积/m^2	体积/m^3
XP3	7200	21600
XP4	2100	10500
XP5	512	1024
XP6	240	240
XH1	250	500
XH2	300	900
XH3	50	100
XH4	200	600
XH5	300	900
XH6	500	1500
XH7	2000	8000
XH8	5000	25000
XH9	400	1200
XH10	800	2400
XH11	1500	6000
XH12	1800	9000
XH13	16100	48500
XH14	700	2100
XH15	800	1600
XH16	400	1200
XH17	500	1000
XH18	500	1500
XH19	760	2280
XH20	7200	21600
XH21	2100	10500
XH22	512	1024
XH23	240	240

D. 大萝卜沟

大萝卜沟流域面积为12.2km^2，长度为3.57km，平均比降为96.3‰，中上游存在滑坡共计7个（表4-27），松散堆积物方量达到21945m^3，平均滑坡密度为0.57个/km^2。

表4-27　大萝卜沟滑坡物源量统计表

编号	面积/m^2	体积/m^3
DH1	3600	10800
DH2	450	675
DH3	513	769.5
DH4	2100	6300

续表

编号	面积/m^2	体积/m^3
DH5	500	1500
DH6	900	900
DH7	500	1000

由于该流域分布三条逆断裂，走向呈西北-东南向，倾向西东向，倾角约 50°，分别位于沿张巴寺河、麻鸡窝河和大湾子—石顶子—石节子一线分布，沿断裂带处山地结构破碎，又加上砂泥岩完整性差，易风化干裂崩解，亲水性极强，遇水迅速软化呈可塑状或松散状，岩土物理力学性质急速变差，故在频繁地震动作用下致使崩塌滑坡发育；大部分滑坡体多处出现张性拉裂缝，裂缝垂直于滑动方向分布，如张巴寺河上游 ZH34 号滑坡体上裂缝为 10～50cm 宽，滑体的裂缝两侧错位 200cm，裂缝延伸最长距离可达 200m 左右，滑坡后壁出露，出现明显滑坡台地，后壁高约 300cm。

滑坡体的组成大部分为宽级配的黏性碎块石土，C、ϕ 值较大，C 值 12.4～15.2kPa，ϕ 值 25°～32.2°，滑坡体表面的平均坡度 20°～30°，总体上处于稳定状态，如在降水作用下，雨水将沿斜坡体内震裂松动裂缝产生入渗，渗透水流一方面在土体内部产生饱和并液化产流，另一方面在渗流里携带大量细颗粒物质进入沟道，致使土体强度指标降低，同时，斜坡体基脚受水流侵蚀冲刷，不断使斜坡坡脚堆积体冲蚀下切，形成新的滑动临空面，如张巴寺河上游较大滑坡 ZH9、ZH16 和 ZH34，麻鸡窝河上游 MH17 滑坡，新任寺河上游 XH14 滑坡，这些滑坡具有明显的地震激发特点，在地震和降水作用下持续滑动，在历史上活动频繁。根据现场取滑坡土样进行颗粒分析，其各部分组成见表 4-28 和图 4-64。

表 4-28　官坝河上游典型滑坡颗粒组成分析

土体类型	海拔/m	颗粒成分/%												
		砾粒						砂粒			粉粒			黏粒
		60～20mm			20～10mm	10～5mm	5～2mm	2～0.5mm	0.5～0.25mm	0.25～0.075mm	0.075～0.05mm	0.05～0.01mm	0.01～0.005mm	＜0.005mm
ZH9 滑坡	2443	0.00	0.00	3.91	2.49	6.26	10.75	23.20	10.96	19.29	4.60	8.60	3.60	6.30
ZH16 滑坡	2438	0.00	3.86	1.62	6.72	8.85	11.49	16.53	10.32	21.67	5.30	9.00	2.10	2.50
ZH34 滑坡	2404	0.00	9.15	4.30	14.05	14.60	17.29	15.71	7.62	6.97	0.71	3.30	2.30	4.00
MH17 滑坡	2361	0.00	0.00	0.00	0.00	0.00	0.13	4.74	13.43	32.40	12.60	26.50	5.20	5.00
XH13 滑坡	2344	0.00	10.7	5.24	16.39	14.58	12.44	12.09	5.83	7.94	2.30	5.70	2.50	4.20

由图 4-64 分析可知，上游 5 处较大滑坡黏粒含量较高，变化于 6.3～2.5mm，小于 2mm 细颗粒物质大于 50%以上，其中麻鸡窝河内 MH17 滑坡达到 99.87%，当滑坡物质堆积于沟道内时，大量细粒物质将被水流携带走，进而影响坡体的结构和渗透稳定性。

2）沟道堆积物

A. 现有沟道堆积物

由于频繁地震作用在流域内产生大量滑坡碎屑物质，在接下来的降水作用下，被携带至沟道内产生堆积，现场调查发现，沟道堆积物断断续续地分布在主支沟内，主要分布于中下游河床比降为2%～5%的范围区域。官坝河主沟（张巴寺河）中游约有50%以上的沟段有松散的堆积物分布，该类堆积物为少黏粒的漂卵砾石土，局部呈垄岗状乱石堆积，棱角多，最大颗粒可达3～4m（图4-65），主要因为细颗粒被水流携带至下游入湖口附近，支沟中游也有大量分布，支沟中下游约40%的沟段有冲洪积物分布，由块石混砂砾石组成，一般颗粒尺寸为10～100cm（表4-29）。

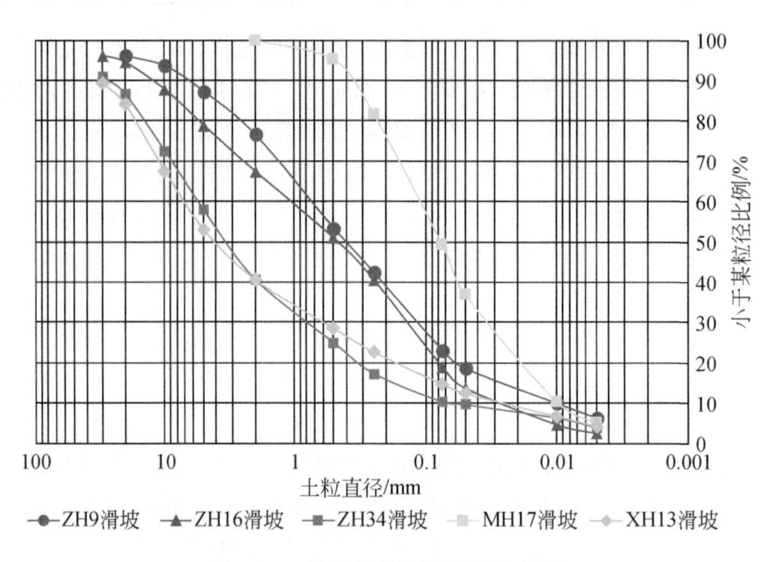

图4-64　典型滑坡体颗粒组成分析

(a) 张巴寺河沟道堆积物

(b) 麻鸡窝河沟道堆积物　　(c) 新任寺河沟道堆积物

图4-65　官坝河沟道内堆积物

表 4-29　沟道堆积物方量统计表

名称	面积/km^2	平均厚度/m	体积/m^3	淤积量/10^4m^3
大萝卜沟	0.01	0.20	2100.00	0.21
新任寺河	0.16	0.40	62160.00	6.22
麻鸡窝河	0.06	0.30	18312.00	1.83
官坝河主河	0.74	0.45	345375.00	34.54
合计	0.97	—	427947.00	42.79

a. 官坝河主河

官坝河上游大量滑坡碎屑物质被携带至中下游而产生沿程堆积，由于沟道边界条件和堆积厚度变化，难以进行堆积方量估算，为此我们在现场选取典型沟道断面，并结合坑探和钻孔等资料，分段估算沟道沿程堆积体的方量。官坝河主河沟道可分为三段，堆积物共计 34.54×10^4m^3（表 4-30，图 4-66～图 4-68），其中第一段为巴拉拉窝至幺占坡段，沟道地形主要为由“V”谷向“U”谷过渡段，堆积物为 20.07×10^4m^3，第二段为幺占坡至老银厂段，沟道地形主要为河滩地向“U”谷过渡段，堆积物为 10.69×10^4m^3，第三段为老银厂至象鼻寺段，沟道地形主要为由“U”谷向河滩地过渡段，堆积物为 3.78×10^4m^3。

表 4-30　官坝河主河沟道堆积物分布及方量

名称	面积/km^2	平均厚度/m	体积/m^3	淤积量/10^4m^3
官坝河（1#至 6#断面）	0.40	0.50	200700.00	20.07
官坝河（6#至 7#断面）	0.21	0.50	106875.00	10.69
官坝河（7#至 8#断面）	0.13	0.30	37800.00	3.78
合计	0.74	—	345375.00	34.54

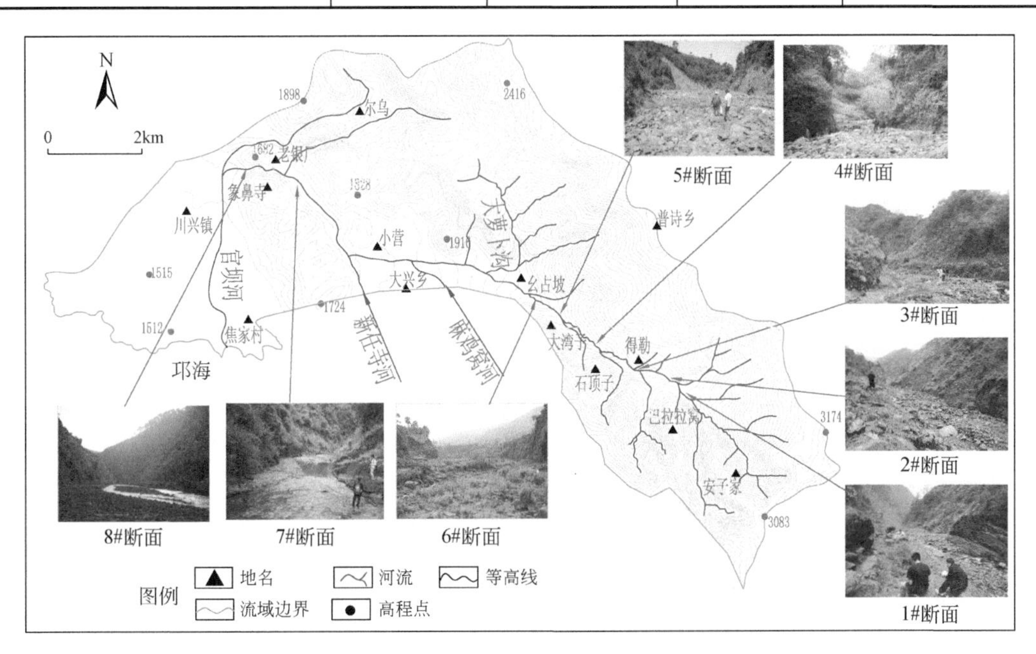

图 4-66　官坝河主河段沿程沟道堆积状况

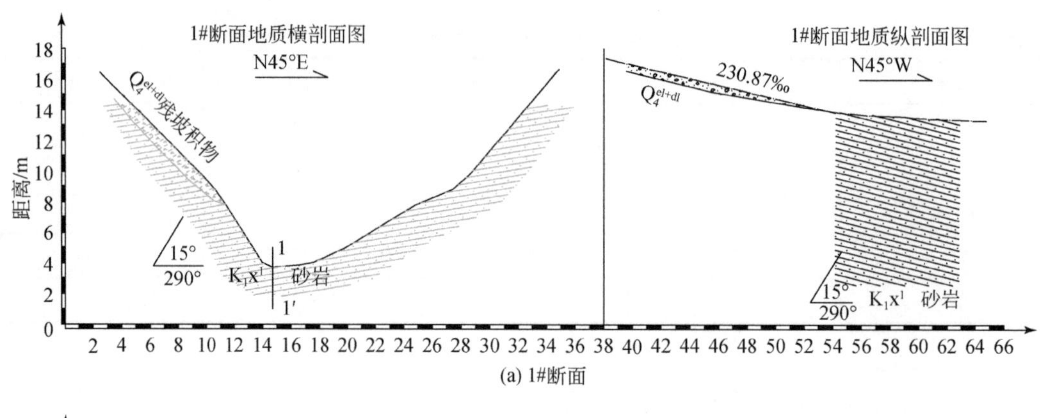

(a) 1#断面

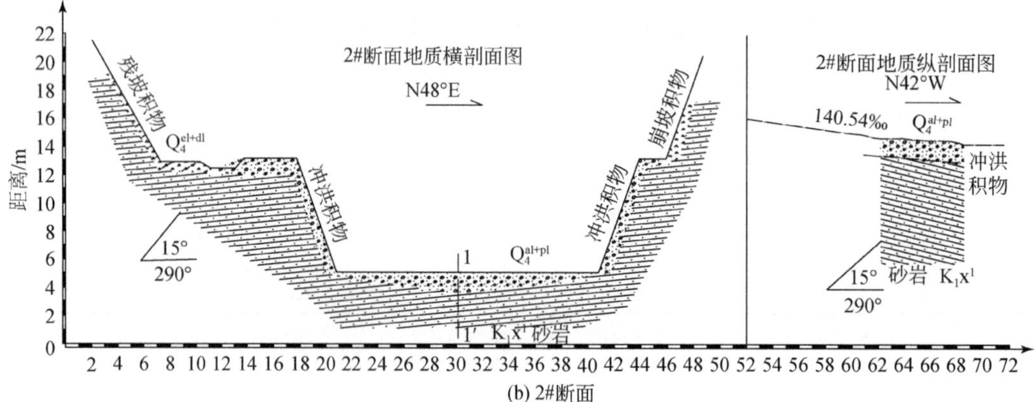

(b) 2#断面

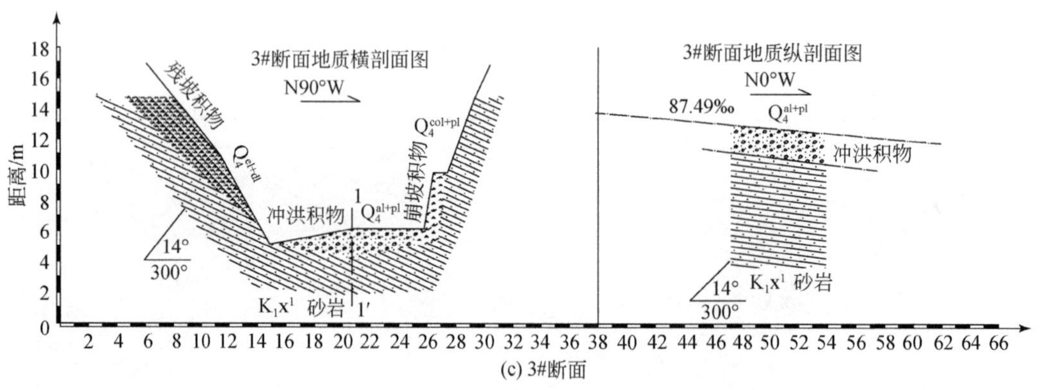

(c) 3#断面

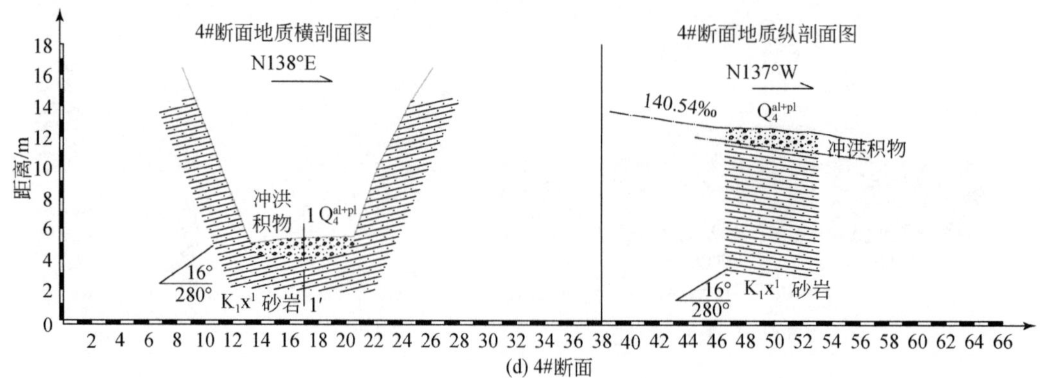

(d) 4#断面

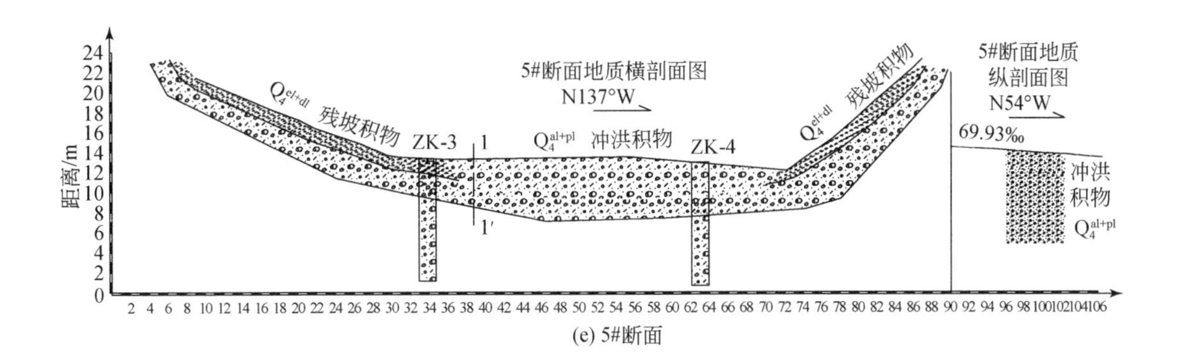

(e) 5#断面

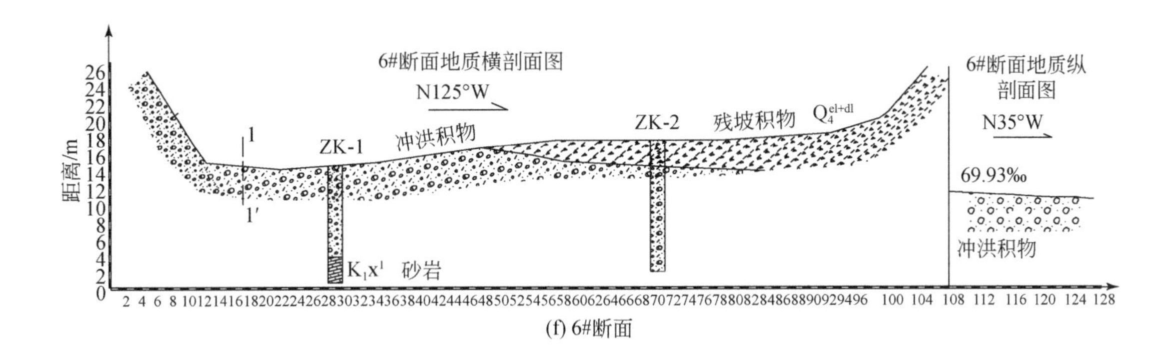

(f) 6#断面

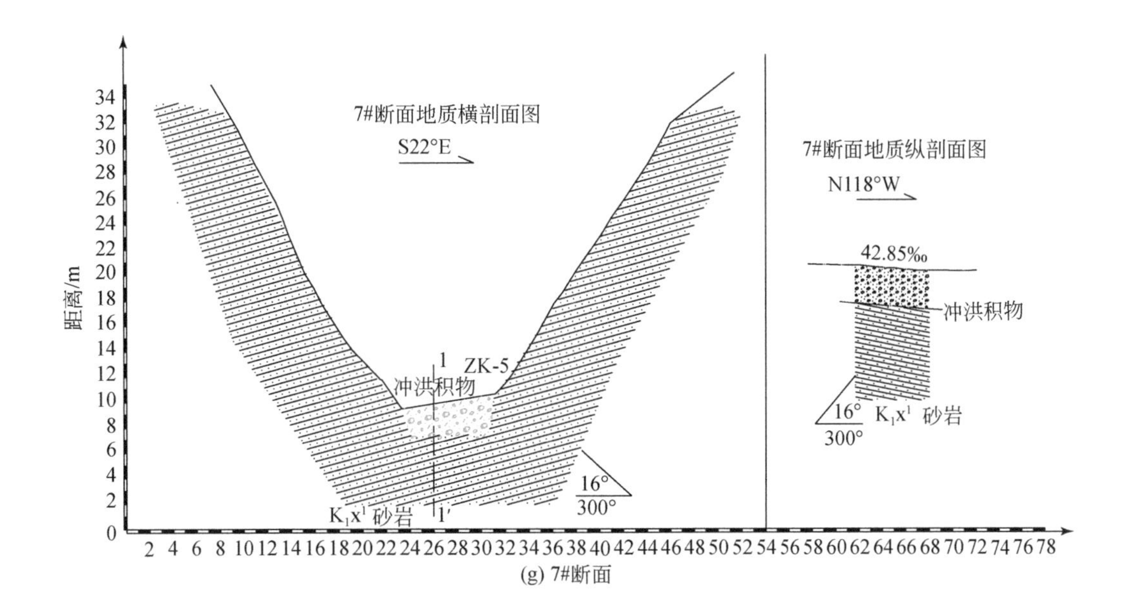

(g) 7#断面

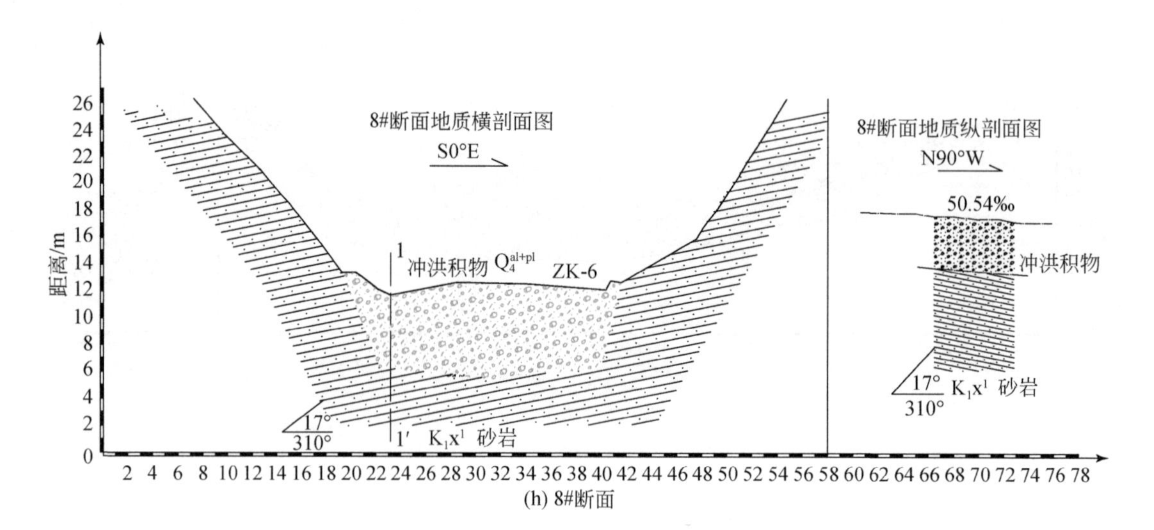

图 4-67 官坝河主河段典型断面地质断面图

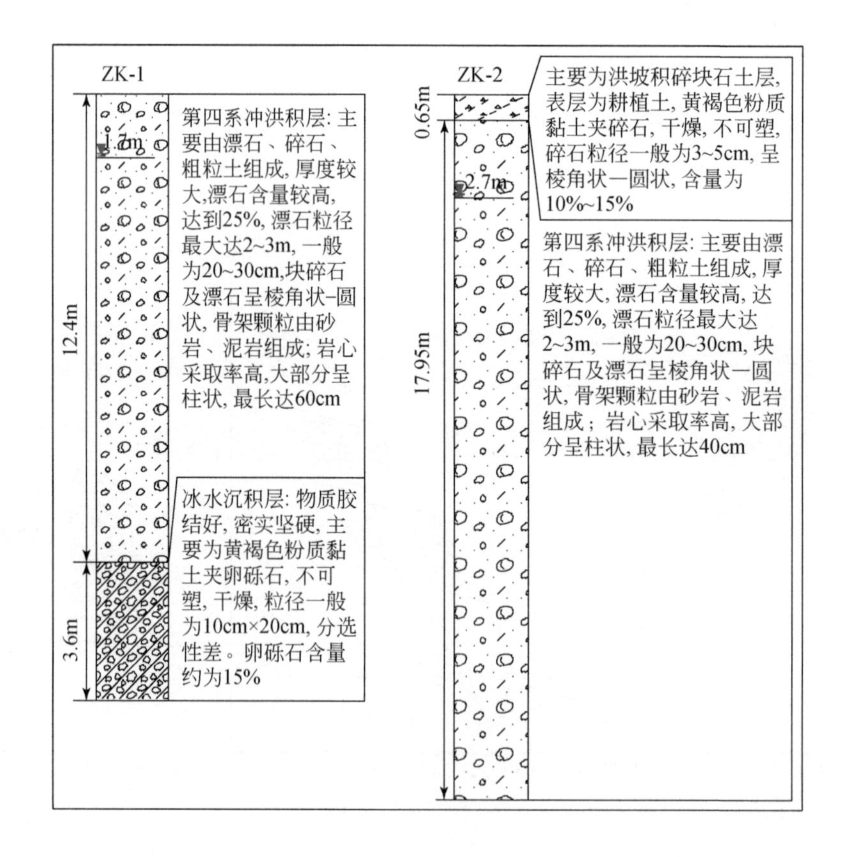

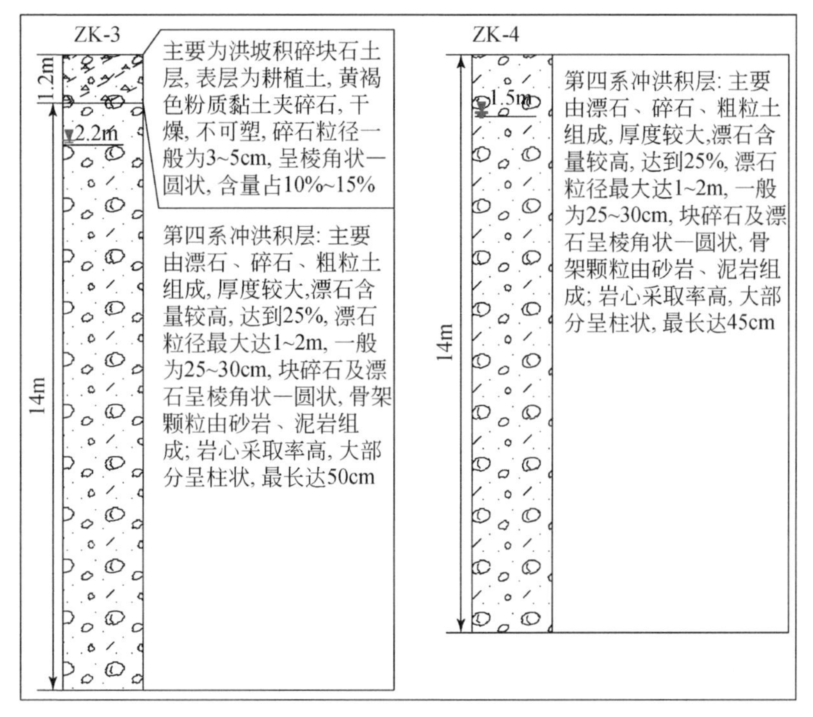

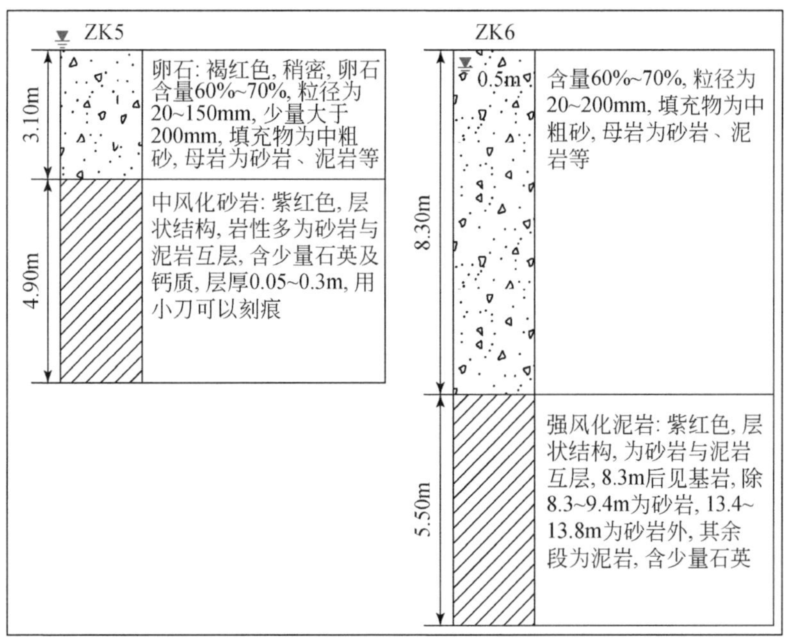

图 4-68　官坝河主沟道典型断面处钻孔柱状图

b. 麻鸡窝河

经过实地调查和典型断面测量发现，麻鸡窝河沟道堆积物主要堆积在出山口之前，出山口至汇口处沟道断面变窄，且主要以细颗粒为主（图 4-69、图 4-70），整个沟道堆积物范围为 0.06km^2，淤积量约达到 1.83×10^{4}m^3。

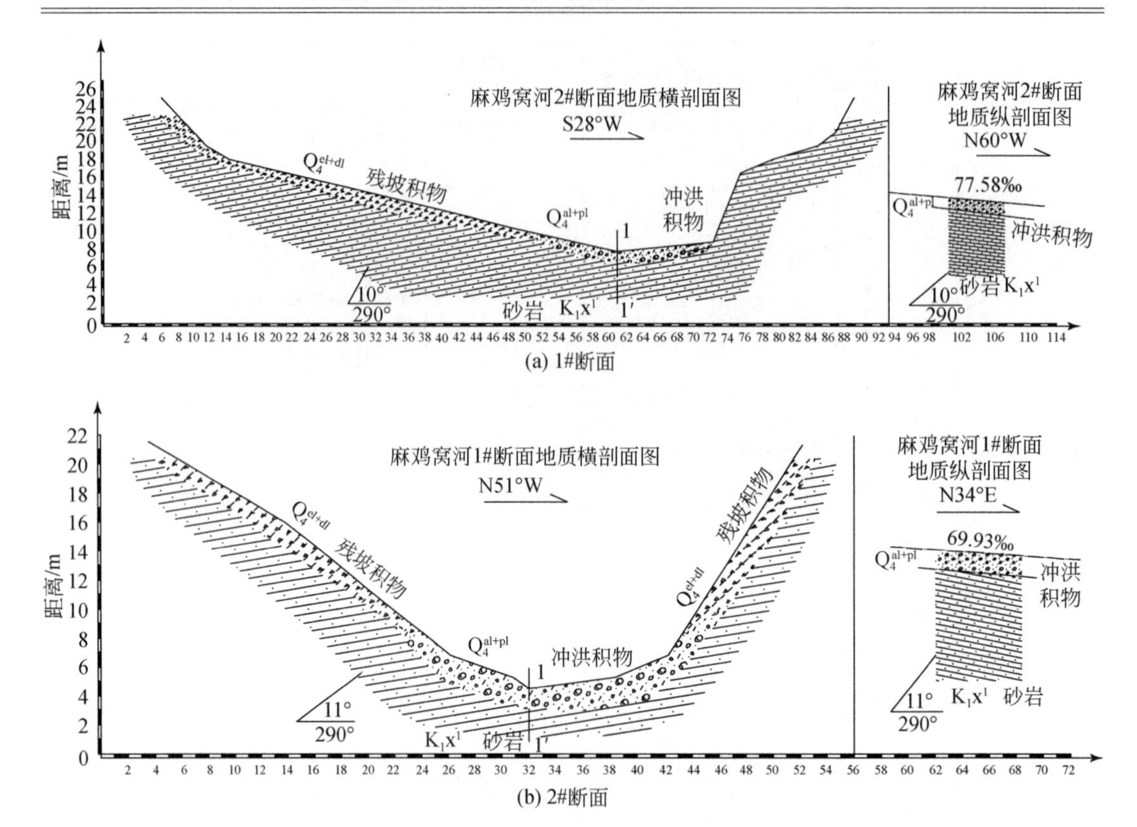

图 4-69　麻鸡窝河沿程沟道典型地质断面图

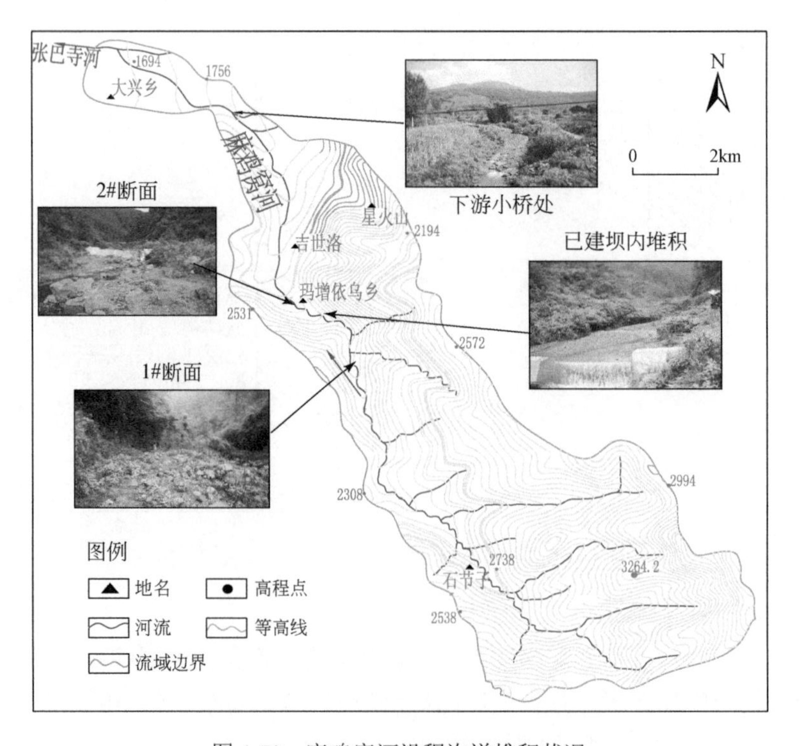

图 4-70　麻鸡窝河沿程沟道堆积状况

c. 新任寺河

经过实地调查和典型断面测量发现，新任寺河沟道堆积物主要堆积在出山口之后，上游沟道狭窄，堆积物较少，出山口至汇口处沟道断面展宽，粗大颗粒沿程分选堆积，汇口处主要以细颗粒为主（图 4-71、图 4-72），整个沟道堆积物范围为 0.16km^2，淤积量约达到 6.22×10^{4}m^3。

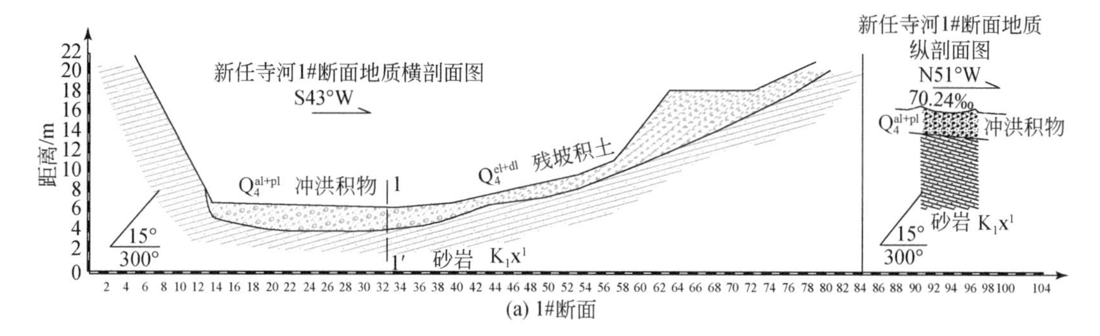

(a) 1#断面

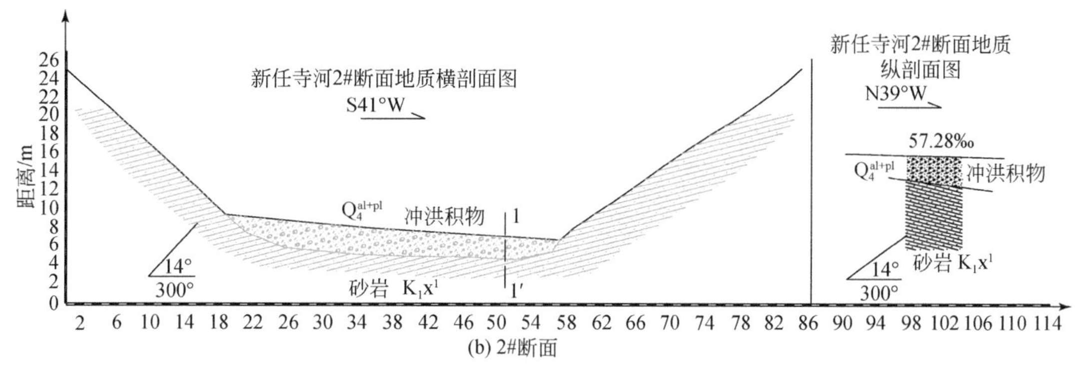

(b) 2#断面

图 4-71　新任寺河沿程沟道典型地质断面图

d. 大萝卜沟

经过实地调查发现，大萝卜沟流域面积小，沟道堆积物较少，且主要堆积于出山口之后，上游沟道狭窄，堆积物较少（图 4-73），整个沟道堆积物范围为 0.01km^2，淤积量约达到 0.21×10^{4}m^3。

由于细小颗粒随水流一起被携带至下游，河床堆积物表面被水流“粗化”，流域中上游大部分为粗大颗粒，这些粗大颗粒在洪水和泥石流的影响作用下，随水流以跳跃或翻滚的形式向下运动，直至冲淤平衡点。据统计估算，官坝河流域沟道内堆积物量达到 42.79×10^{4}m^3，其中张巴寺河（官坝河主河）堆积方量为 20.07×10^{4}m^3。

B. 古老泥石流堆积物

张巴寺河流域内大湾子段左右两侧存在老泥石流堆积物形成高台地，呈条带状分布，表面黏粒组分较少，颗粒大部分为棱角状，少量次圆状和圆状，块石含量 50%～60%，呈半胶结状态。老泥石流堆积物粗大颗粒形成格架结构，沙和黏土颗粒充填其间，形成特有的网粒结构，粗大颗粒中含有少量外表被磨圆的卵石，大颗粒大部分由泥、砂岩组成。老泥石流堆积物主要分布于大湾子下游附近，岸坡陡立，高度为 5～15m，两岸堆积老泥石流堆积量为 349.73×10^{4}m^3（图 4-74、表 4-31）。

图 4-72　新任寺河沿程沟道堆积状况（单位：m）

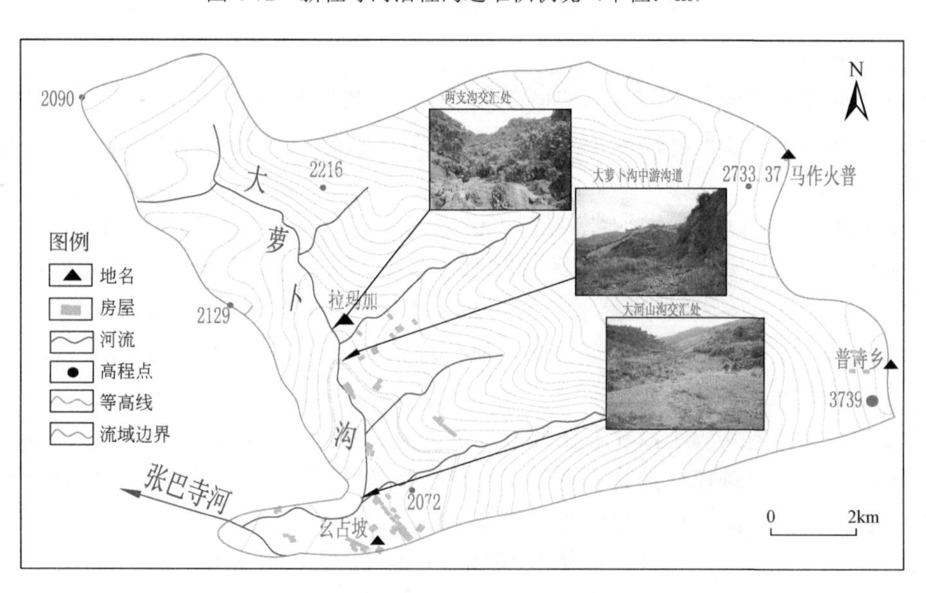

图 4-73　麻鸡窝河沿程沟道堆积状况（单位：m）

图 4-74　张巴寺河大湾子段沟道两岸老泥石流堆积物

表 4-31　老泥石流堆积物物源方量统计表

位置	面积/km^2	平均厚度/m	体积/10^4m^3
大湾子段河左岸	0.57	15	284.00
大湾子段河右岸	0.39	5	65.73

根据地质构造特征及物源分布分析，大量滑坡明显由官坝河内 3 条断层控制，其中张巴寺河沟道两侧滑坡最多，滑坡密度达到 1.76 个/km^2，而麻鸡窝河和新任寺河则分别为 0.75 个/km^2 和 0.81 个/km^2，这主要是因为张巴寺河沟道延伸方向与断层走向一致，斜坡体对地震动放大作用显著，而麻鸡窝河和新任寺河处沟道走向并未与断层延伸方向重合，可能只是受断层之间块体来回波荡振动作用；官坝河流域内松散固体物源总量达 $554.02\times10^4m^3$，主河及支沟两侧活动崩滑体 $161.50\times10^4m^3$；沟道内泥石流堆积物和冲洪积物 $42.79\times10^4m^3$，老泥石流堆积物 $349.73\times10^4m^3$。其中动储量主要为滑坡堆积物和沟道堆积物，相应活动物源方量为 $204.29\times10^4m^3$，约占 36.8%。

2. 强降水激发作用

官坝河流域共有三条逆断层分布，分别沿官坝河上游主沟及其支沟展布，致使中上游区岩体破碎，土体结构性变差，斜坡稳定性降低，也极大降低了坡体发生滑动形成泥石流的临界雨量。经受强烈扰动的脆弱山体，在降水的激发作用下极易引发已存在不稳定斜坡和古滑坡再次启动形成大规模泥石流。

滑坡转化为泥石流往往取决于短历时雨强和前期累计降水量，以及土体含水状况等因素，连续的前期降水量将促使旧土体接近饱和，致使诱发滑坡泥石流暴发的短历时雨强变小。前人研究发现[138, 139]，坡面的滑动破坏明显受土体前期含水量的影响，主要由于前期累积降水可促使滑动面抗剪强度降低。不同的前期降水入渗可促使坡面土体处于接近饱和状态，在接下来的强降水下极易发生滑动形成泥石流。

1）官坝河流域年降水特征

官坝河流域下游地处西昌市境内，中上游位于昭觉县，研究区的降水特征以西昌气象站和昭觉气象站降水资料为准。由西昌市袁家山和昭觉县杉木树的雨量观测站年降水量资料可知，官坝河流域年降水主要集中在 5～10 月夏半年湿季，其降水量占全年降水总量的 85%以上（表 4-32、表 4-33，图 4-75）。

表 4-32　官坝河流域附近雨量站基本情况表

序号	站名	地理坐标		海拔/m	设立年份	所属区域
1	杉木树	102°24′E	27°52′N	2450	1962	昭觉县
2	袁家山	102°13′E	27°54′N	1512	1958	西昌市

表 4-33　西昌官坝河流域多年降水年内分布表

站点	月降水量/mm											
	1 月	2 月	3 月	4 月	5 月	6 月	7 月	8 月	9 月	10 月	11 月	12 月
1	4.5	8.2	19.4	33.69	110.25	233.31	277.15	160.97	160.97	80.57	17.49	7.13
2	4.3	7.3	16.5	30.4	96.6	229.3	258.0	159.3	159.3	79.0	16.8	5.2

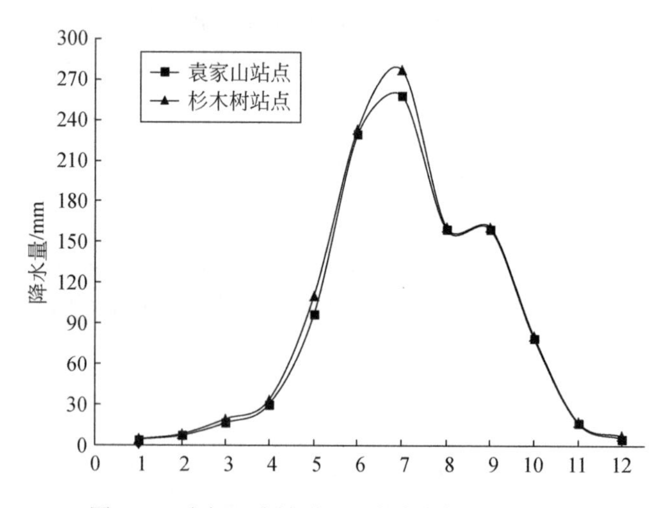

图 4-75　官坝河流域附近站点降水年内分布曲线

2）1998 年 7 月 6 日泥石流事件降水过程分析

研究过程中，分别获得了袁家山和杉木树 2 个气象台站的降水资料，并进一步分析了该滑坡泥石流形成过程中短历时集中强降水情况，包括月、日和小时雨量变化指标，为该次滑坡泥石流的形成过程与机理的研究提供有力的支撑。

A. 前期降水过程分析

a. 1998 年 7 月降水量特点

昭觉境内：7 月气温略偏高，降水严重偏多，日照少，7 月 1 日和 7 月 6 日的降水量分别达 51.0mm 和 55.9mm；西昌境内：7 月总降水量为 539.0mm，较历年同月平均降水量 210．2mm 偏多 156%。本月气温正常，降水偏多，日照偏少，7 月内有 5 次暴雨天气过程，降水量分别为：78.6mm（1 日）、55.6mm（4 日）、61.5mm（6 日）、60.0mm（9 日）、74.1mm（22 日），连日的强降水天气持续时间长且集中。

b. 前期降水量

邛海流域多年的气候资料表明，具备形成山洪泥石流灾害的降水过程平均每年至少有 4～6 次。这些强而集中的暴雨促使大量古滑坡复发启动，从而导致山溪河山洪泥石流的发生。通过对 2 个气象台站日降水量数据的收集可知，1998 年 7 月 6 日典型泥石流事件，其前 7 日内普遍有降水：杉木树可达 108.9mm，袁家山可达 231.3mm，而激发泥石流的日雨量也较大，杉木树和袁家山观测值最大分别为 55.9mm 和 61.5mm，见表 4-34。

表 4-34　1998 年 6 月 29 日～7 月 6 日泥石流暴发前期雨量表

日期	西昌（袁家山站）	昭觉（杉木树站）
	降水量/mm	
6 月 29 日	46	27.3
6 月 30 日	29.6	27.7
7 月 1 日	78.5	51
7 月 2 日	21.5	2.1
7 月 3 日	0	0
7 月 4 日	55.6	0.8
7 月 5 日	0.1	0
前 7 日累计值	231.3	108.9
7 月 6 日	61.5	55.9

由表 4-34 可知，6 月 29 日～7 月 5 日的 7 天期间，西昌和昭觉境内同时持续降水；西昌总降水量和日降水量都远大于昭觉境内，西昌总降水量达 231.3mm，最大日降水量为 7 月 1 日的 78.5mm，昭觉总降水量达 108.9mm，最大日降水量为 7 月 1 日的 51mm，该段时间为连阴雨天，降水量大且集中。而 7 月 6 日暴发泥石流的当天，西昌最大日降水量为 61.5mm，昭觉最大日降水量为 55.9mm，西昌和昭觉的日降水量较为接近。通过分析可知，本次降水泥石流过程是一次典型的降水灾害事件，前期连阴降水的入渗作用和暴发当日的雨强激发是本次泥石流暴发的关键因素。

B. 降水激发过程分析

在杉木树气象站收集到 1998 年 7 月 4 日～7 月 6 日以小时为单位的降水过程(图 4-76，表 4-35）。通过观测小时雨强和降水过程发现，本次滑坡泥石流事件过程中，前期 6 月 29 日～7 月 5 日的 7 天为连阴雨天，一开始土体吸水率大，降水沿震动微裂隙全部入渗土壤，随降水量增大且集中，表层土体达到饱和并产生积水，致使土体内孔隙水无法自由排泄，造成土体内孔隙水压力剧增，抗剪强度消减，使源区崩滑体处于失稳的临界状态，虽然在中间出现了无降水时段，但土体的含水率衰减较小，含水率基本维持平衡状态，在 7 月 6 日短历时雨强激发下形成滑坡泥石流，但从降水历时与强度的关系看，当天激发泥石流时间为下午 16 时，当时雨强并未到达最大值，仅为 7.1mm，而当日最大雨强则出现在 19 时，雨强也仅为 9.5mm，可见，前期累计降水沿裂隙的入渗饱和作用对本次滑坡泥石流形成的贡献率更明显，从 6 月 29 日开始降水到滑坡泥石流暴发前期累积降水量达到了 108.9mm，而短历时雨强主要起到激发作用，Tecca 等[147]指出只是稍先于泥石流发生前的短历时雨强和累计雨量对泥石流激发是必需的，但不是泥石流发生的充分条件；崔鹏等[148]通过对云南蒋家沟泥石流的观测研究发现，前期降水在影响泥石流的各项降水指标中贡献超过 80%，对激发泥石流短历时雨强有较大的影响。另外，土源特性和地形等变量条件也是激发泥石流的重要因素。

表 4-35　1998 年 7 月 4～7 日以小时为单位的降水过程表

时间	累积降水量/mm	时间	累积降水量/mm	时间	累积降水量/mm	时间	累积降水量/mm
4 日 0 时	0	5 日 0 时	52.5	6 日 0 时	90	7 日 0 时	113.2
4 日 1 时	18	5 日 1 时	52.5	6 日 1 时	97.8	7 日 1 时	113.2
4 日 2 时	24.5	5 日 2 时	52.5	6 日 2 时	103.6	7 日 2 时	113.3
4 日 3 时	28	5 日 3 时	52.5	6 日 3 时	104.8	7 日 3 时	114.1
4 日 4 时	30.9	5 日 4 时	52.5	6 日 4 时	104.8	7 日 4 时	114.9
4 日 5 时	35.5	5 日 5 时	52.5	6 日 5 时	104.8	7 日 5 时	114.9
4 日 6 时	46.8	5 日 6 时	52.5	6 日 6 时	104.8	7 日 6 时	115
4 日 7 时	48.6	5 日 7 时	52.5	6 日 7 时	104.8	7 日 7 时	115
4 日 8 时	52.5	5 日 8 时	52.5	6 日 8 时	104.8	7 日 8 时	115.3
4 日 9 时	52.5	5 日 9 时	52.6	6 日 9 时	104.8	7 日 9 时	—
4 日 10 时	52.5	5 日 10 时	52.6	6 日 10 时	104.8	7 日 10 时	—
4 日 11 时	52.5	5 日 11 时	52.6	6 日 11 时	104.8	7 日 11 时	—
4 日 12 时	52.5	5 日 12 时	52.6	6 日 12 时	104.8	7 日 12 时	—
4 日 13 时	52.5	5 日 13 时	52.6	6 日 13 时	104.8	7 日 13 时	—
4 日 14 时	52.5	5 日 14 时	52.6	6 日 14 时	104.8	7 日 14 时	—
4 日 15 时	52.5	5 日 15 时	52.6	6 日 15 时	104.8	7 日 15 时	—
4 日 16 时	52.5	5 日 16 时	52.6	6 日 16 时	104.8	7 日 16 时	—
4 日 17 时	52.5	5 日 17 时	52.6	6 日 17 时	105.5	7 日 17 时	—
4 日 18 时	52.5	5 日 18 时	52.6	6 日 18 时	107.3	7 日 18 时	—
4 日 19 时	52.5	5 日 19 时	52.6	6 日 19 时	107.8	7 日 19 时	—
4 日 20 时	52.5	5 日 20 时	52.6	6 日 20 时	110.3	7 日 20 时	—

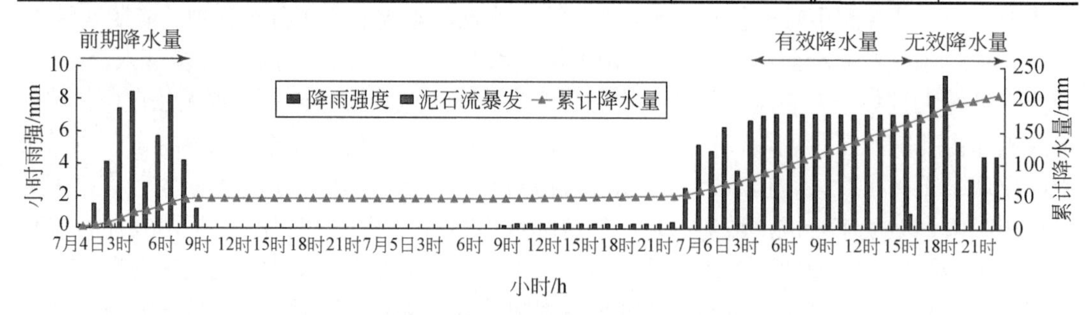

图 4-76　1998 年 7 月 4～6 日小时雨强和累计雨量分布表

分析官坝河 1998 年 7 月 6 日典型滑坡泥石流事件发现，官坝河流域内大量松散物源主要来自崩塌滑坡及其产生的沟道堆积物，相应活动物源方量为 $204.29\times10^4\text{m}^3$，其中崩滑体为 98 个，方量为 $161.50\times10^4\text{m}^3$，沟道堆积物为 $42.79\times10^4\text{m}^3$，大量发育的崩塌滑坡明显受到三条走向呈北西-南东向逆断层控制，当年附近≤150km 范围内 $2\leqslant M\leqslant5$ 级地震共发生了 47 次，频繁地震可能对原本脆弱山体产生了再次扰动；另对当年降水特点和滑坡泥石流暴发前降水过程进行分析，1998 年降水为最近半个多世纪以来最大一年，年降水量达到 1291mm，灾害发生前为连阴雨天，从 6 月 29 日开始降水到泥石流暴发前（7 天）累积降水量达到了 280.4mm，而激发泥石流发生小时雨强仅为 7.1mm，并未达到最大值，这说明前期降水沿土体原有微裂隙的入渗饱和对原滑坡体的复活启动具有重要贡献，而短历时雨强则主要起激发破坏作用。典型案例的分析进一步证实了附近频繁地震活动和强降水事件的时空耦合对流域地质灾害具有明显控制作用，是邛海流域地震诱发滑坡再次启动复活的主要控制因素和根本原因。当然，区域内人类活动和气候变化也可能起到一定的促进作用。

3. 泥石流活动特征和形成模式

1）泥石流运动特征

1998 年 7 月 6 日官坝河发生的大型泥石流为百年一遇，沟道内洪痕保留较为完整，现场测量了 4 处代表性的典型横断面并进行最大流速和流量的估算（图 4-77）。由于坡度和沟床糙率及边界条件的差异，沿程物源补给不均匀，致使泥石流的流速流量是动态变化的，而且变化幅度较大，在不同沟段之间流速为 1.00～8.00m/s，从上游至下游流量为 78.54～820.28m^3/s，但有时泥石流流速与流量沿程的变化是不同步的（表 4-36），*A-A'*到 *B-B'*断面段，由于靠近物源区，沟道比降大，重力侵蚀加剧，沿程大量物质裹挟和径流补给，泥

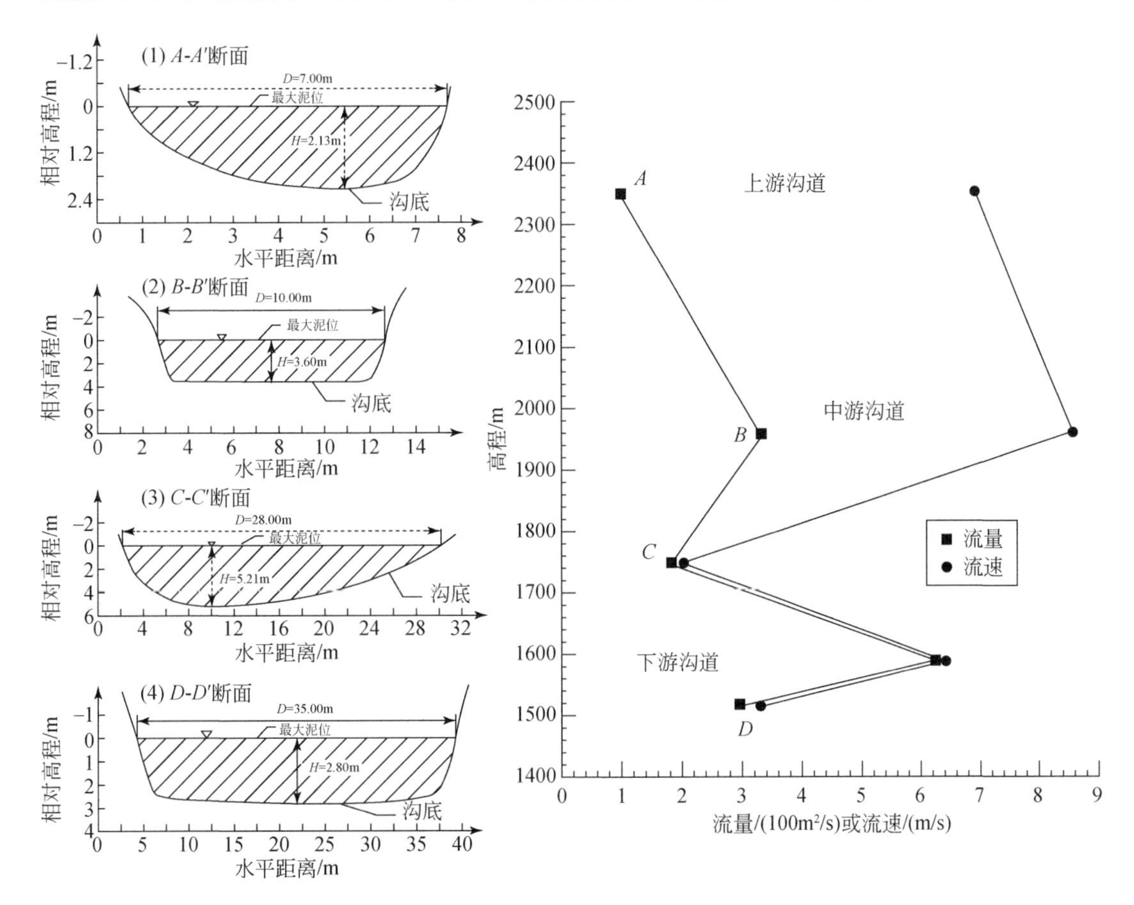

图 4-77　典型泥石流洪痕断面的流速流量变化图

石流的流速和流量均呈增长的趋势；在 *B-B′* 到 *C-C′* 断面段，处于大兴乡断陷盆地区，沟道展宽，比降减小，流速开始呈现下降趋势，并随着能量降低，粗大固体物质产生停淤，流量减小；但在 *C-C′* 断面附近虽然沟道比降仅为 35.00‰，流速仍达到 5.62m/s，流量达到了最大值 820.28m^3/s，主要是由于在该段有两大支流汇入其中（麻鸡窝河和新任寺河），又加上沟道经过宽阔大兴乡断陷盆地段沟道后又进入段的峡谷沟道，沟道束窄作用加快了泥石流流速，只是泥石流的性质可能由黏性泥石流转化为稀性泥石流；*C-C′* 断面下游为宽浅泥石流滩地，出山口后断面展宽，流速降低，泥石流固体物质沿程停淤少，但由于此时稀性泥石流已经转化为高含沙水流，致使在入湖口处流量仍然较大。

表 4-36　典型断面参数和泥石流计算结果

位置	海拔/m	距入海口距离/km	断面平均宽度/m	性质	流速 V /（m/s）	断面面积 A/m^2	流量 Q /（m^3/s）
A-A′	2354	19.05	7.00	黏性	6.23	12.60	78.54
B-B′	1962	15.18	10.00	黏性	8.02	36.00	288.76
C-C′	1584	5.85	28.00	稀性	5.62	145.83	820.28
D-D′	1520	2.00	35.00	稀性	1.02	736.88	751.62

2）泥石流形成模式分析

官坝河泥石流形成模式可归纳为 3 种，分别为沟道侵蚀起动型、滑坡液化启动型和地震滑塌溃决型，其中滑坡液化启动型泥石流暴发频率高，地震滑塌溃决型泥石流规模较大。

A. 沟道侵蚀起动型

官坝河中上游沟道比降大，比降为 83.33‰～463.88‰，降水形成径流快速汇集且具有较大的冲刷侵蚀能力，致使沟道内细颗粒首先起动，形成高含沙水流和稀性泥石流，随着沿程水流汇入，流速和流量增大，高速紊动水流冲刷冲击粗颗粒物质，致使其发生滚动、跃移、漂浮现象，最终形成大规模泥石流体。在此过程中，泥石流不断冲刷铲刮沟道堆积物，还对沟岸产生淘蚀冲刷，致使大量物质掺混进入泥石流体内［图 4-78（a)］。

B. 滑坡液化启动型

官坝河区域降水丰富，且降水量较大，又加上流域独特的砂泥岩地层，山坡松散固体物质在降水渗透侵蚀作用下，土体逐渐饱和且强度降低，斜坡运动破坏过程中直接液化或流态化启动形成泥石流，当其堆积于河道内时将阻断河道形成短暂性堰塞体，随着水流汇集和能量蓄积，堰塞体被侵蚀溃决形成大规模泥石流灾害，如 1998 年 7 月 6 日山洪泥石流暴发过程中，官坝河支沟新任寺河曾发生土坡液化启动型泥石流，土坡液化形成泥石流体冲击对岸形成高约 20.00m 的堰塞坝，随后发生溃决形成泥石流，对下游产生严重危害［图 4-78（b)］。

C. 地震滑塌溃决型

强烈地震活动诱发沟道两岸滑坡灾害常常是随机的，在陡峭峡谷里地震滑坡多呈簇状密集分布，由于峡谷沟段内没有足够空间停积滑坡物质，滑坡体常堵塞河道而形成滑坡坝，挤压河流主线冲刷对岸山坡，并改变原有顺直沟道呈“S”形，这种现象在汶川地震过程后大量出现[12]。官坝河流域受则木河和安宁河断裂段控制，地震诱发型滑坡发育，在官坝河流域大湾子沟道段内出现典型的“S”形河道，这可能为地震诱发滑坡淤堵河道所形成［图 4-78（c）］。该类泥石流为多处滑坡淤堵河道并溃决所形成，具有一处溃决连续暴发的连锁效应，常常诱发大规模泥石流灾害。

(a)　(b)

(c)

图 4-78　泥石流形成模式示意图

4.6　小　　结

地震的波动振荡作用在岩土体变形破坏过程中主要产生两种效应：累进变形效应和触发破坏效应。一次大地震的触发破坏效应可能诱发大量崩塌滑坡，而要保持这些滑坡的持续长久活动显然需要地球内外动力地质作用的相互影响，特别是后期附近区域频发的地震对脆弱山体的持续扰动而产生的累进变形效应和极端降水对扰动土体的入渗激发效应可能共同对地震诱发滑坡的长期活动具有重要影响。为此，我们通过区域地震、气象和灾害资料的统计分析，采用理论计算和试验手段等方法，并对典型灾害案例进一步进行验证分析，揭示出附近地震活动对坡体扰动变形和极端降水的入渗激发的耦合作用是促使邛海流域地震诱发滑坡长期活动的控制因素。

（1）通过区域地震、气象和灾害资料的统计分析，发现区域地质灾害的发育与附近频繁地震活动和极端降水事件存在明显的耦合关系，且附近地震次数（≤150km）至少为 10 次以上，年降水量在 900mm 以上的年份地质灾害也频繁，并进一步发现频繁地震扰动可能对土体结构和强度产生延时影响达 1～2 年，这也是非极端气候年份流域发生滑坡泥石流事件根本原因。

（2）一次强烈地震可以在远距离触发滑坡现象，且超过全球类似震级地震的距离极限标准，进一步对邛海流域地震台站记录到的汶川地震动加速度数据进行分析，提出盆地边缘断层对地震动具有放大效应，进而经过邛海流域地震动场地放大效应计算分析，指出远距离地震对流域内斜坡体扰动变形主要是场地地层放大效应、地形放大效应和盆地边缘断层放大效应三者相叠加的结果。

（3）通过 Newmark 法和邛海流域台站记录的汶川地震动加速度数据（相距 336km），计算了汶川地震对邛海流域内脆弱斜坡体（0.01g）的累积位移为 0.0602cm（东西向）和 0.1854cm（南北向），指出宏观破坏常以小块石坠落或微小裂缝形式出现，该尺度裂缝在 1～2 个雨季可能会恢复至初始状态，但如与雨季耦合则可能发生滑动破坏。

（4）利用土动三轴试验发现，振动次数超过 20 次后，高饱和度的岩土体累积变形效应更加显著，土体强度会产生较大幅度降低，一方面说明一次强震可能对土体强度参数降低幅度显著，另一方面也反映了附近频繁地震的振动累积变形效应也可大幅度促进土体强度降低，特别是雨季处于高饱和状态的土体。

（5）经受地震扰动的土体，在强降水作用下内部细颗粒将会被侵蚀输移，进而改变土体性状，增大土体孔隙率和渗透性，但随着不断固结压缩，土体渗透稳定性逐渐增强，通过运用渗流装置和 GDS 三轴仪对不同细颗粒含量土体进行固结渗透试验，发现土体渗透系数随细颗粒含量减少而单调增加，且随着土体初始饱和度的增大而变得更加显著，固结作用对土体渗透系数影响随细颗粒含量减少而增强，随初始饱和度增加而变得明显，特别是低于 20%或初始饱和度高于 50%时，固结前后土体的渗透性变化较大，并产生明显的压缩沉降量。

（6）分析官坝河 1998 年 7 月 6 日典型滑坡泥石流事件可知，滑坡泥石流的发生与当年频繁地震扰动和强降水激发存在明显的时空耦合关系，当年附近≤150km 范围内 $2 \leqslant M \leqslant 5$ 级地震共发生了 47 次，当年降水量达到 1291mm，且泥石流暴发前（7 天）累积降水量达到了 280.4mm，进一步证实了附近频繁地震活动和强降水事件的时空耦合对流域地质灾害具有明显控制作用，是邛海流域地震诱发滑坡再次启动复活的主要控制因素和根本原因。

第5章　地震诱发滑坡对邛海流域侵蚀淤积长久效应分析

5.1　地震诱发滑坡对邛海流域侵蚀淤积效应分析

邛海流域的大量滑坡为1850年*M*7.5大地震所触发，且现今仍在持续活动。大量滑坡等重力侵蚀物质为泥石流提供充足物源，致使震后流域内泥石流灾害频繁，自从1850年以来至少发生了几百次不同规模泥石流灾害，泥石流携带大量泥沙进入邛海，导致邛海面积和体积不断减小。据实际调查发现，邛海流域严重的泥沙问题主要为频发的泥石流灾害所造成。因此，泥石流作为一种物质和能量的传输介质，将上游滑坡侵蚀与下游泥沙淤积联系起来，会造成湖泊的严重淤积灾害。

5.1.1　邛海流域泥石流灾害

据实地调查和分析，邛海流域山洪泥石流沟发育，规模较大且频率较高，大量泥沙淤积邛海，使邛海面积和深度不断缩小，淤积问题相当严重。

1850年以前，邛海流域山上森林茂密，水源涵养极佳；随着1850年大地震发生，邛海流域产生大量的崩塌、滑坡，为震后泥石流的持续暴发提供了大量的松散固体物质，造成流域内各支沟每年汛期都暴发不同程度山洪泥石流灾害，这已被史料记载的山洪泥石流资料所证实。自1850年至今，邛海流域共发生山洪泥石流灾害几百次，其中官坝河和鹅掌河共发生了山洪泥石流100多次，共毁淹农田20×10^4亩，死亡2000多人。

官坝河山洪泥石流问题最为严重，每年都不同程度暴发山洪泥石流灾害，史载1925年山洪冲毁农田400亩，民房15户，1931～1949年洪水冲毁两岸田地1600亩，民房4户；1998～2004年，官坝河5次暴发山洪泥石流共冲毁田地70亩，受灾人口2500人，毁坏房屋780m^2，直接经济损失41万元；2006～2009年又暴发了2次泥石流。其中，1998年7月6日暴发山洪泥石流规模最大，超过了百年一遇，造成大兴乡河段千亩农田受淹，大兴乡至西昌公路中断，大量泥沙推向邛海，致使原河流改道，一次性泥沙向邛海中推进了172m；2001年8月下旬以来，西昌持续阴雨，至9月3日累计降水多达200mm，造成川兴镇官坝河决口，几十户人家受到洪水的危害。

鹅掌河于震后的1853年暴发百年一遇泥石流，将海南乡钟楼坡附近村庄淤埋，造成数十人伤亡；此后一段时间内，每年均暴发山洪泥石流灾害，后期，如1949年、1957年、1968年、1985年和1991年均暴发泥石流灾害；1996～1998年连续3年发生规模较大泥石流，淤埋农田面积近66.7hm^2，直接经济损失100万元左右，其中1998年泥石流持续时间约12小时，山洪泥石流将大量泥沙直接携带流入邛海。

高苍河流域山洪泥石流灾害也较为严重。1998～2004年，6年间山洪泥石流多次暴发，共冲毁田地 70 亩，受灾人口 2500 人，毁坏房屋 780m^2，直接经济损失 41 万元。

5.1.2　邛海泥沙淤积灾害

据史料记载[149]，在 1952 年和 2003 年邛海面积分别为 31km^2 和 27.41km^2，平均每年约减少 7.04×10^{4}m^2，面积萎缩了 11.6%，邛海的库容从 1952 年的 3.2×10^{8}m^3 减少到 2003 年的 2.93×10^{8}m^3，最大水深和平均水深也由原来的 34.0m 和 14.0m 分别减少到 2003 年的 18.32m 和 10.95m（表 5-1，图 5-1）。据 2010 年实地测量，邛海面积变为 27km^2，2003～2010 年邛海平均每年减少约 50000m^2，面积萎缩了 1.45%。邛海主要汇水支沟泥石流暴发频繁，携带上游源区的大量泥沙进入邛海，每年向邛海推进 10～100m，在邛海岸边形成了多个泥沙淤积扇，其中以官坝河最严重、最典型。1998 年 7 月 6 日官坝河暴发超过百年重现期最大的一次泥石流，一次性泥沙推进了 172m，海岸线前推不仅缩小了邛海的水面面积，而且降低了邛海的库蓄寿命和旅游景区的质量。

表 5-1　不同年份邛海相关参数变化表

名称	最大面积	蓄水量	最大水深	平均水深
1952 年	31.00km^2	320000000.00m^3	34.00m	14.00m
2003 年	27.41km^2	293000000.00m^3	18.32m	10.95m
变化量	50813.73km^2	529411.76m^3	0.31m	0.06m
变化率/%	0.16	0.16	0.90	0.43

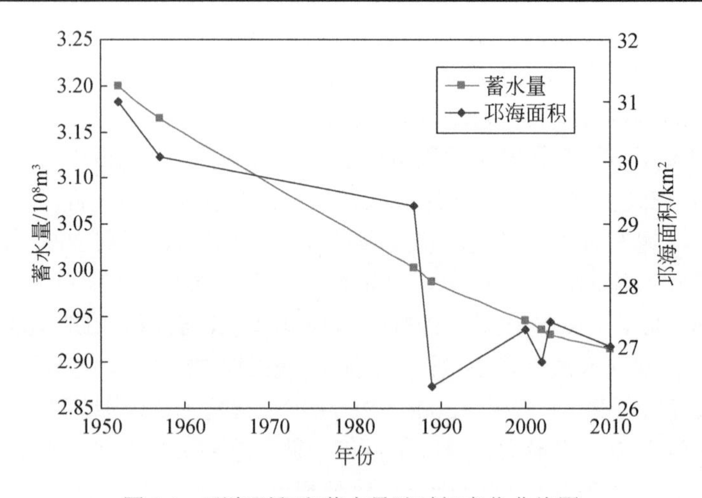

图 5-1　邛海面积和蓄水量随时间变化曲线图

5.1.3　官坝河对邛海的泥沙淤积效应分析

1. 官坝河对邛海的陆上淤积效应

在每年汛期，官坝河山洪携带大量泥沙冲入邛海，致使邛海面积和容积逐年减少（表 5-2）。图 5-2 为 1958 年、1989 年、2006 年和 2009 年邛海濒临官坝河河口的湖岸线图。经过地形对照和实地勘察，官坝河自 1998 年改道至今，入海口总淤积量为 181.08×10^{4}m^3，平均每年淤积量为 15.09 万 m^3，淤积总面积为 0.2km^2，湖岸线前推 665m，平均每年前进 55.42m（图 5-3）；其中 1998 年 7 月 6 日官坝河暴发了百年一遇的泥石流，泥沙一次推进了 172m，淤积量 $68.98\times10^4m^3$，淤积面积 $0.089km^2$（133.63 亩）；其后，1999～2006 年平均湖岸线再推进 359m，淤积量为 $99.45\times10^4m^3$，淤积面积为 $0.102km^2$（153.15 亩），8 年内平均每年推进 44.87m，淤积量为 $12.43\times10^4m^3$；2007 年至今平均湖岸线又推进 124m（包括部分水下淤积体），淤积量为 $12.65\times10^4m^3$，淤积面积为 $0.011km^2$（16.51 亩），在 3 年时间内平均每年推进 41.33m，平均每年淤积量为 $4.14\times10^4m^3$。

表 5-2 官坝河入海口泥沙淤积情况

时间	推进面积/km^2	平均深度/m	体积/m^3	平均每年体积/m^3	淤积量/万 m^3
1998 年	0.089	7.75	689750	689750	68.98
1999～2006 年	0.102	9.75	994500	123125	99.45
2007～2009 年	0.011	11.5	126500	42166	12.65
合计	0.202	—	1810750	855041	181.08

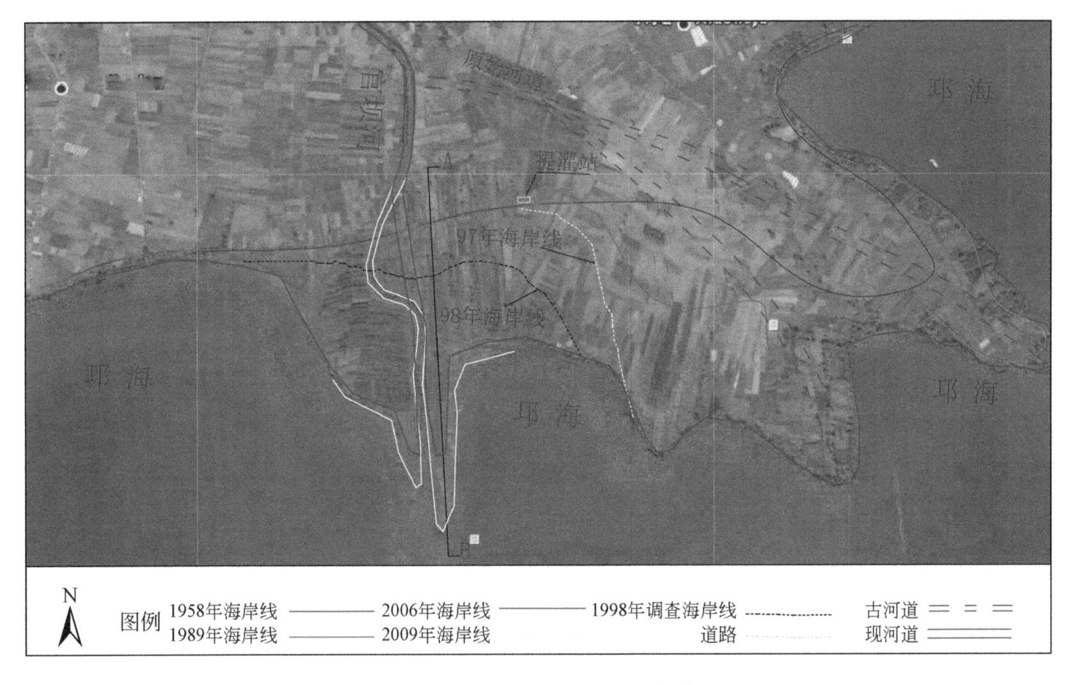

图 5-2 官坝河入海口不同年份海岸线平面图

从图 5-4 可以看出，官坝河淤积量随时间呈波动式减小的变化趋势，其中 1998～1999 年，由于暴发百年一遇泥石流，淤积量变化较大，其后 10 年期间，总体上仍呈波动式减小的趋势。

从图 5-5 遥感图中清楚地看出，在 2004～2010 年入海口处官坝河泥沙淤积邛海的情况非常明显。泥石流注入邛海形成入湖三角洲沉积，堆积形态呈舌状，并逐渐发育成扇状，属最典型的高建设性三角洲。

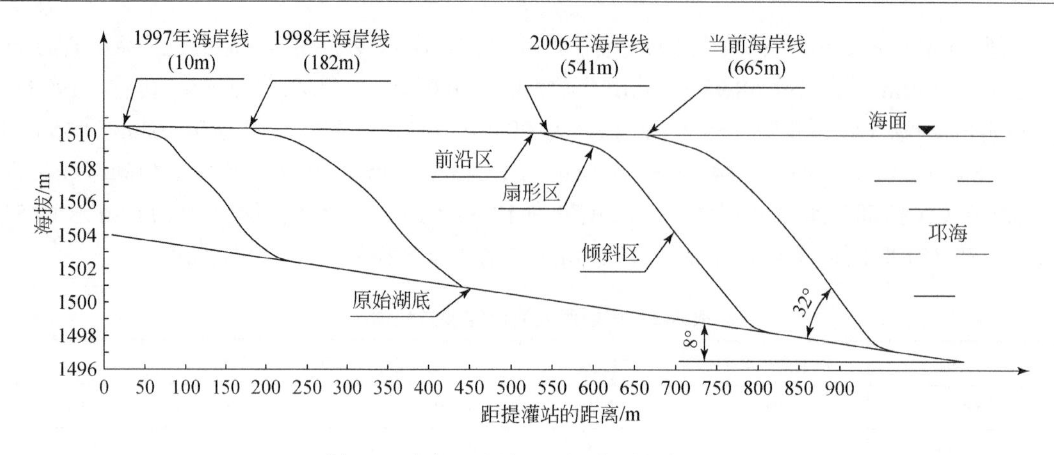

图 5-3　官坝河入海口不同年份纵剖面图

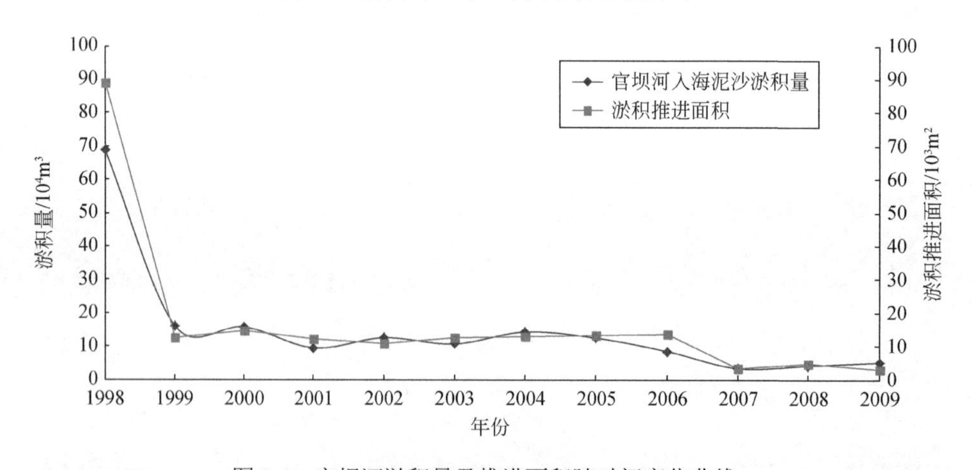

图 5-4　官坝河淤积量及推进面积随时间变化曲线

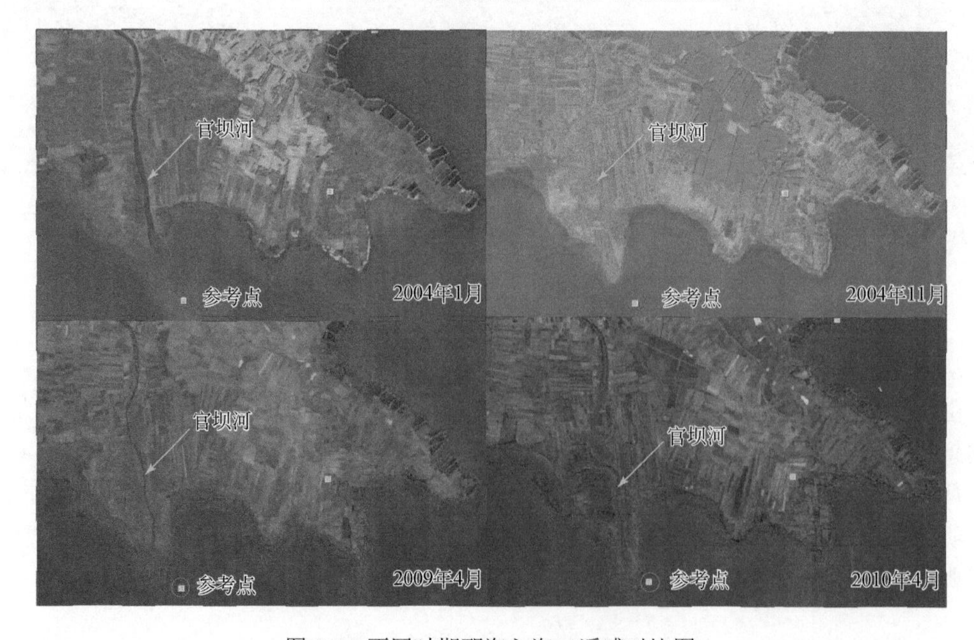

图 5-5　不同时期邛海入海口遥感对比图

由于湖泊的异重流分异作用，从河口到湖滨、湖心，沉积物颗粒由粗到细并呈现由条带状向同心状分布的沉积形式。沉积相分布模式表现为河流-三角洲相逐渐变为湖滨潜水相，再逐渐至湖心深水相，由河道到湖心，依次出现砾石带、砂石带、粉砂带和淤泥带（图 5-6～图 5-8）。

(a) 巴拉拉窝村　(b) 大湾子村

(c) 幺占坡村　(d) 大兴乡

(e) 象鼻寺　(f) 川兴镇

(g) 焦家村　(h) 入海口

图 5-6　官坝河不同区段沟道堆积情况

邛海岸边沉积样品的颗分试验表明，在河口处基本并无砾粒和黏粒存在，主要为≤2mm 粉砂颗粒（图 5-7），而上游滑坡的土样分析表明，上游土体为宽级配砾石土，具有特殊的结构，粒径大小相差悬殊，大者可达数米，小者则低于 10^{-6}m，说明官坝河泥石流的沿程运动和沉积过程极为复杂。从流变学的角度，由于官坝河沟道长，物源远，从源区到出山口比降较大（59.78‰～463.88‰），而从出山口到湖岸有较长的平缓斜坡（5.2‰～17.4‰），故泥石流在形成、运动和堆积过程中随着沿程冲淤，流体容重变化较大，泥石流在沟道内运移时，黏性泥石流、稀性泥石流和高含沙水流之间在一定条件下可以相互转化，同时浊流和泥石流等重力流之间也存在着改造和转换（图 5-8）。由源头至幺占坡段，崩塌滑坡较多，随着沿程径流不断汇入，主要形成黏性泥石流，当泥石流进入大兴乡段时，断面展宽，流速降低，以淤积作用为主，加上麻鸡窝河和新任寺河两大支沟的汇入，黏性泥石流逐渐又过渡转变为稀性泥石流；从出山口象鼻寺到湖岸，随着比降降低，泥石流则进一步停淤，稀性泥石流转化为高含沙水流；高含沙水流进入湖泊，由于重度、盐度和温度等差异，在高含沙水流和湖泊清水之间形成一定的密度差，产生所谓的密度流即浊流。

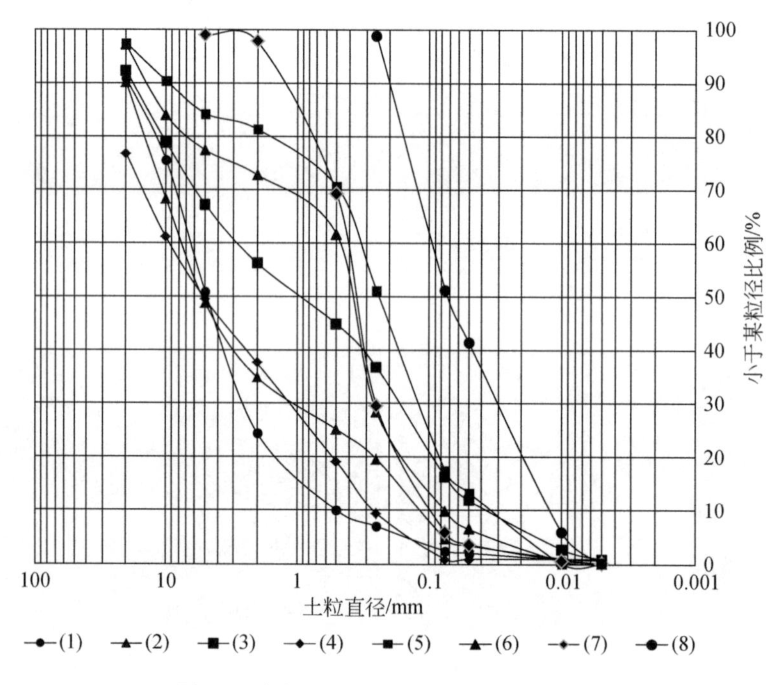

图 5-7　官坝河沿程沟道土样颗粒分析曲线

2. 官坝河对邛海的水下淤积效应

通过对官坝河沟道内堆积样品颗分试验分析（图 5-7），从上游到入海口处≥2mm 粗颗粒沿程逐渐减小，而≤2mm 细颗粒含量则逐渐增加，在出山口象鼻寺下游至入海处≤2mm 细颗粒含量变化于 81.4%-72.8%-97.8%-100%，入海口处≥2mm 颗粒几乎消失，说明大部分≥2mm 粗颗粒沿程停淤在出山口以内，此现象与实际沟道调查一致（图 5-6），即粗颗粒在沟道内运移过程中，大部分上游细颗粒和沟道内细颗粒在水流作用下输移到邛海岸边。另外，从沟道内沿程山洪泥石流样品颗分试验还可以看出，沟道内和入海口岸边

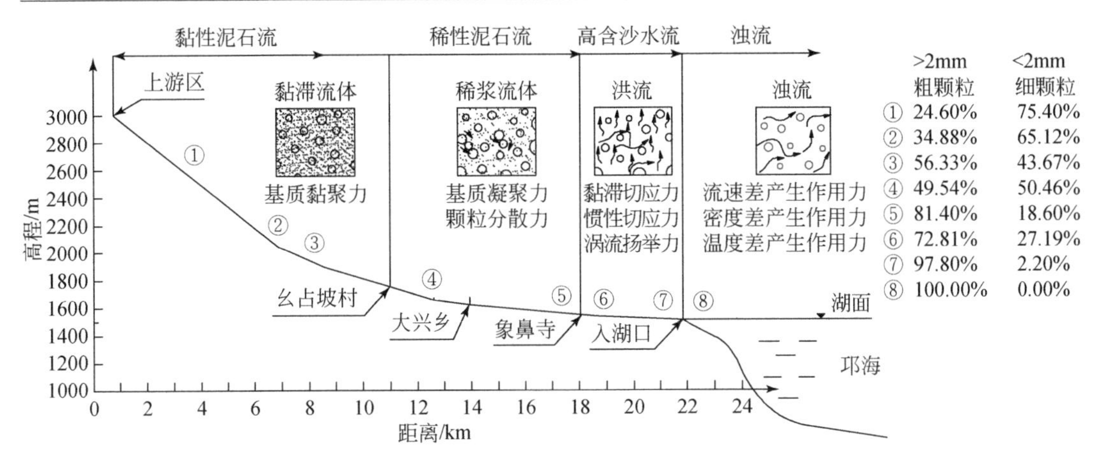

图 5-8　官坝河沟道内泥石流流态沿程变化图

黏粒含量较少，入海口几乎没有，而通过对源区 5 处大滑坡样品的试验分析显示（图 4-54），源区黏粒含量较高，为 2.5%～6.3%，说明大量的黏粒物质进入邛海后以浊流的形式被输移至邛海深处。

通过对比 1988 年和 2003 年实测的邛海水下地形图发现，在官坝河和鹅掌河口的湖水内出现明显的水下堤，一条为官坝河泥沙淤积形成，长约为 1km，平均高度约为 2m，由北到南逐渐变宽，北面宽 100m，南面宽 200m，估算水下堤体积为 $30\times10^4m^3$，约为 1998 年来总淤积量的 16.56%，另一条为鹅掌河泥沙淤积形成，长约 2km，平均高度约为 2m，南段宽 200m，北段宽 600m；虽然 1988 年的水下地形图较粗糙，但仍能看出邛海湖底较为平坦，并未形成水下堤，故可推断 2003 年邛海湖底水下堤是最近 15 年来形成的，由邛海湖底淤积图可估算，15 年来泥沙淤积形成的水下堤体积 $7.19\times10^6m^3$。另外，2003 年邛海湖底地形起伏大，在形态上呈扇状，还形成了所谓“湖底扇”，说明水下淤积作用显著（图 5-9），山洪泥石流不仅将泥沙携带至入邛海口，而且还将潜入邛海，在邛海底部以浊流形式继续运动。

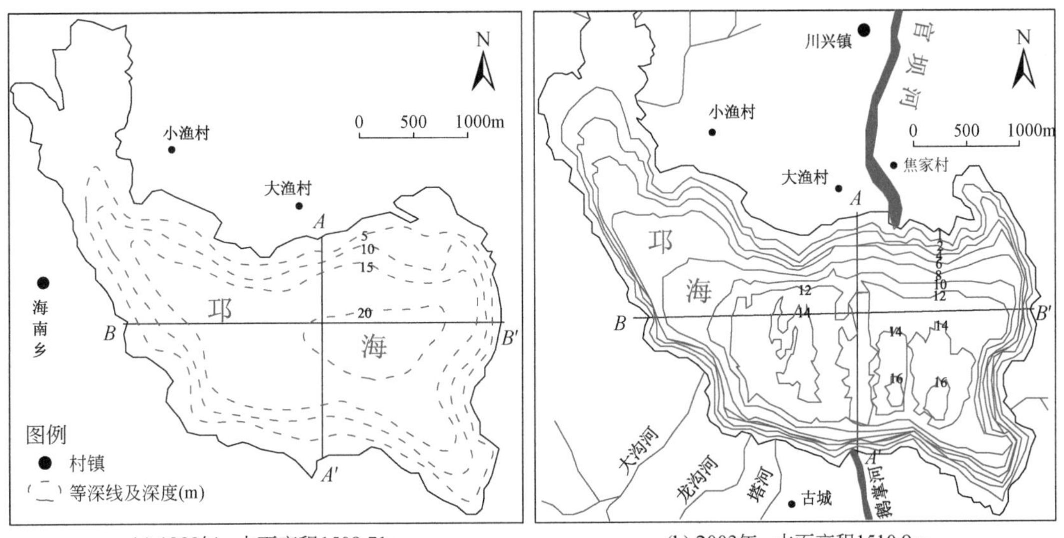

(a) 1988年，水面高程1509.71m　　(b) 2003年，水面高程1510.9m

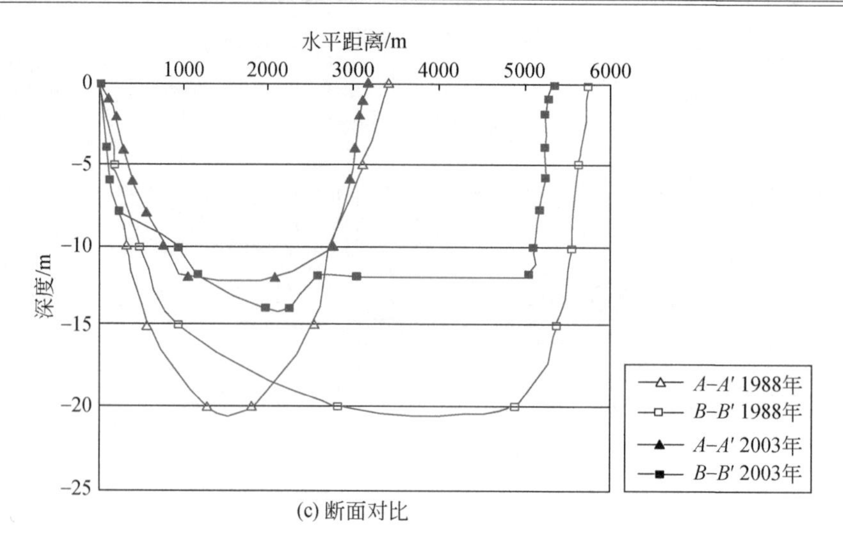

图 5-9 1988 年和 2003 年邛海水下地形图[149]

根据流变特性，官坝河入湖后泥沙主要呈低密度浊流形式运动，这种现象在坡度很小的海底江河入海口处大陆架可运动上千米，如云南省抚仙湖浊流运动最为显著，最远的沉积距浊流发生地达 9km，最终沉积在很小的缓坡或反坡上[150]。对 1998 年官坝河山洪泥石流的调查发现，在官坝河入邛海前泥石流已转变为洪水，洪水内泥沙体积含量 10%～20%，这么高的泥沙含量足以促使水下浊流的长距离运动，故官坝河入海泥沙淤积问题除了由山洪泥石流造成外，平水年水流挟沙进入湖底也是重要因素之一，因为平水年的河水携带的大量坡面侵蚀土壤和沿程沟道冲洪积物在河口形成不同浓度的含沙水流进入湖库继续在水下输移，直至静水状态而沉积。

5.2 历史地震诱发滑坡完整编目模型建立与分析

为了说明地震诱发滑坡对流域侵蚀淤积的贡献和影响，首先需要获得 1850 年西昌大地震时所触发的滑坡相关数据，虽然自 1850 年 *M*7.5 大地震事件以来，该流域并未发生诱发大规模滑坡的事件，然而由于不同程度的外界动力扰动，如降水侵蚀过程、人类活动和植被生长等，大量小规模滑坡证据被破坏。随着时间推移几乎所有小规模滑坡证据缺失，且滑坡边界难以辨别。故当前的邛海流域滑坡编录并不完整，所观测到的滑坡仅为当时大地震滑坡的一部分，致使难以系统准确地对流域内地震诱发滑坡与侵蚀产沙的关系进行定量研究。为此我们需要借鉴临近区域具有完整地震诱发滑坡编录的汶川地震诱发滑坡事件进行统计分析，采用三参数反 Gamma 函数，建立历史地震滑坡反演模型，以此估算 1850 年西昌大地震时所触发的滑坡体积等数据，进而估算出大地震触发滑坡对邛海流域侵蚀淤积的影响，通过与前人研究的全新世以来邛海流域平均侵蚀速率对比分析，进一步说明地震滑坡的对流域侵蚀淤积的贡献大小，以及对流域侵蚀产沙的长久影响效应，这可为青藏高原东南缘地震活动区河流侵蚀产沙与地貌演化、滑坡与泥石流研究等提供基础数据，也可为历史其他地震诱发滑坡事件研究提供研究方法，并为未来地震滑坡事件的防灾减灾提供指导。

5.2.1　汶川地震诱发滑坡完整编录数据来源

滑坡完整编录的定义是一个滑坡编录应该包含所有滑坡，无论是被单个滑坡事件所激发（单事件激发），还是随时间推移因多个滑坡事件所形成（多事件激发）。这个定义认为所有的滑坡是可见且可识别的，而且被激发事件影响的整个研究区域是完全被调查的。在一次大地震事件后，如果详细的滑坡调查尽快及时实施并生成滑坡图件和数据库，则滑坡的编目将是非常完整的。2008 年汶川大地震发生至今，众多研究学者对灾区及时地进行了大量实地考察和遥感解译分析，但由于研究区域不完整、中小规模滑坡数据缺失和解译技术及精度等方面的局限性，致使地震滑坡编目存在多个版本，使人们难以正确评估其适用性和权威性（表 5-3），如殷跃平[151]调查发现汶川地震触发的地质灾害点有 3×10^4～4×10^4 处，地震触发了 15000 多处滑坡，地质灾害隐患点 10000 余处；黄润秋等[110]在对灾害应急排查基础上，结合有限的 ALOS/ASTER，以及航空摄影等多源数据统计分析，确定崩滑灾害点为 16704 处；戴福初等[152]对汶川地震滑坡空间分布进行分析统计，确定滑坡数量约为 56000 处；Parker 等[14]提出地震诱发滑坡的数量为 73367 处；吴树仁等[66]在四川省龙门山地区、甘肃省陇南地区和陕西省西部地区的调查基础上，指出滑坡数量约为 18000 处；Gorum 等[153]调查发现汶川地震诱发滑坡约为 60000 处；祁生文等[111]认为汶川地震滑坡数量小于 10000 处；许冲等[48, 154]根据不同的统计范围和影像精度统计确定滑坡数量分别为 48007 处和 197481 处。

表 5-3　汶川地震滑坡编录成果

编号	数量	面积/km^2	覆盖范围	参考文献
1	<10000	无	未覆盖	祁生文[111]
2	15000	无	基本覆盖	殷跃平[151]
3	18000	无	基本覆盖	吴树仁[66]
4	16704	无	基本覆盖	黄润秋[110]
5	60000	无	基本覆盖	Gorum[153]
6	73367	无	未覆盖	Parker[14]
7	48007	711.8	未覆盖	许冲[154]
8	56000	811	未覆盖	戴福初[152]
9	197481	1160	全覆盖	许冲[48]

分析上面多种汶川地震滑坡编目可知，许冲在对汶川震后滑坡的调查和解译分析基础上，多次对滑坡编录进行调整，最终详细全面地完成了对汶川的地震滑坡编录，故本次研究主要以许冲统计的汶川地震滑坡完整编录数据为依据。

5.2.2　地震诱发滑坡完整编目反 Gamma 概率分布模型建立

1. 滑坡频率密度分布

通过完整汶川地震诱发滑坡编录来获得滑坡概率密度与滑坡面积之间的关系，并以概率密度函数形式来表达：

$$p(A_{\mathrm{L}})=\frac{1}{N_{\mathrm{LT}}}\frac{\delta N_{\mathrm{L}}}{\delta A_{\mathrm{L}}}=\frac{f(A_{\mathrm{L}})}{N_{\mathrm{LT}}} \tag{5-1}$$

式中，δN_{L} 为介于滑坡面积 A_{L} 和 $A_{\mathrm{L}}+\delta A_{\mathrm{L}}$ 之间的滑坡数量；δA_{L} 为滑坡面积增量；N_{LT} 为本次完整编录中滑坡的总数量。

如果一次滑坡事件编录非常完整，则采用式（5-1）所定义的概率密度函数满足归一化条件：

$$\int_0^{\infty} p(A_{\mathrm{L}})\mathrm{d}A_{\mathrm{L}}=1 \tag{5-2}$$

接下来我们首先利用汶川地震完整的滑坡编录进行统计分析，得到一概率密度函数，并讨论如何利用该函数对其他不完整滑坡编录进行统计分析和预测评价。

图 5-10 给出了汶川地震诱发滑坡面积概率密度双对数图，并显示本次汶川地震诱发滑坡编录是完整的，以至于概率密度分布函数曲线在小面积区域出现指数翻转，这与众多完整滑坡编录的分布规律明显一致，因为这些滑坡是在震后较短时间内被调查并成图，接下来的崩滑作用没有破坏这些小滑坡，以至于小滑坡的边界还是清晰可见的，另外汶川地震过程中主要以浅层扰动滑坡为主，其滑坡分布面积处于最大范围；最大的滑坡虽然较少，但其对总体积贡献作用较大，汶川地震过程中最大滑坡为大光包滑坡，其面积为 6.97km^2，体积为 $11.52\times10^8\sim11.99\times10^8$m^3；而中等-大滑坡其面积密度的离散型较大，这可能与汶川地震中出现大量长距离碎屑流，致使覆盖面积非常大，或是大量小滑坡体成片发育，难以通过遥感影响区分开有关。为此可以认为整个滑坡面积概率分布总体是完整的且呈一定趋势分布，故我们以尺度范围为 A=25m^2 进行滑坡密度分布统计。同时，基于上面的地震滑坡概率密度按照 Malamud 等[155]提出的三参数反 Gamma 函数形式进行拟合，其拟合曲线如下：

$$p(A_{\mathrm{L}};\rho,a,s)=\frac{1}{a\Gamma(\rho)}\left[\frac{a}{A_{\mathrm{L}}-s}\right]^{\rho+1}\exp\left[-\frac{a}{A_{\mathrm{L}}-s}\right] \tag{5-3}$$

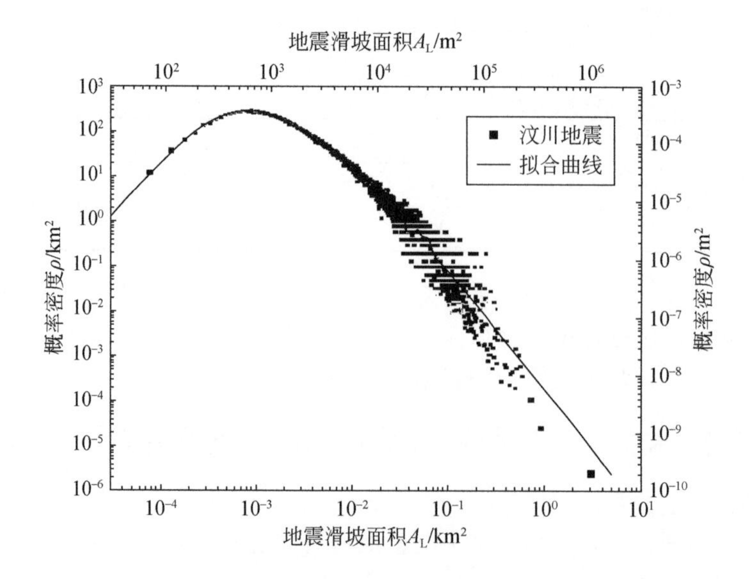

图 5-10　汶川地震诱发滑坡概率密度与滑坡面积关系曲线

式中，$\Gamma(\rho)$为参数ρ的 Gamma 函数，$\rho=1.35$，$a=2.25\times10^{-3}\text{km}^2$，$s=-1.82\times10^{-4}\text{km}^2$。从图 5-11 可发现中等和大面积的滑坡具有典型幂律衰减关系，这与文献［156，157］的结论一致，而小面积滑坡分布则表现指数翻转形式。参数ρ控制着中等-大滑坡面积的幂律衰减幅度，其幂数为$-(\rho+1)=-2.35$，与文献［158］的统计结果非常接近（2.3）；参数a主要影响最大滑坡面积概率密度出现位置的参数值，参数s主要控制小面积滑坡分布的指数翻转形式。

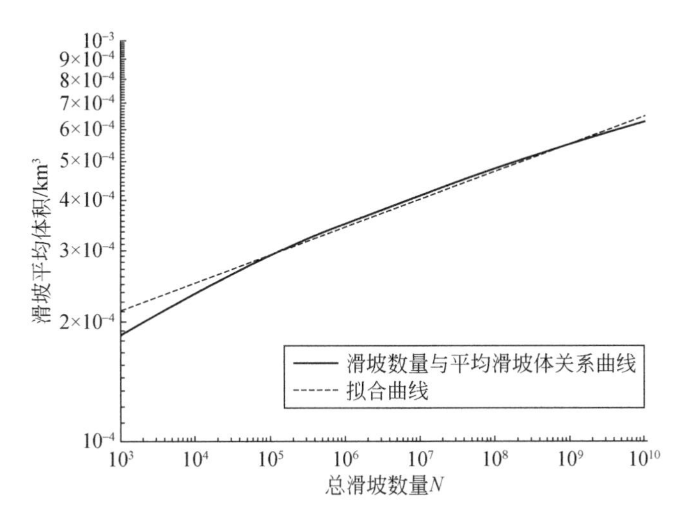

图 5-11　地震诱发滑坡平均体积与总数量关系曲线

在上面公式中我们发现在正常情况下，在区间$s\leqslant A_\text{L}<\infty$对公式进行反 Gamma 分布的积分应当为 1，积分后的均一化方程为

$$\int_s^\infty \frac{1}{a\Gamma(\rho)}\left[\frac{a}{A_\text{L}-s}\right]^{\rho+1}\exp\left[\frac{a}{A_\text{L}-s}\right]\mathrm{d}A_\text{L}=1 \tag{5-4}$$

但在本书中滑坡概率分布模型却只能定义为$0\leqslant A_\text{L}<\infty$，故式中参数$s$为负值，式的左边在$0\leqslant A_\text{L}<\infty$区间内存在一定的误差，故有：

$$\begin{aligned}&\int_0^\infty \frac{1}{a\Gamma(\rho)}\left[\frac{a}{A_\text{L}-s}\right]^{\rho+1}\exp\left[-\frac{a}{A_\text{L}-s}\right]\mathrm{d}A_\text{L}=\\&\int_s^\infty \frac{1}{a\Gamma(\rho)}\left[\frac{a}{A_\text{L}-s}\right]^{\rho+1}\exp\left[-\frac{a}{A_\text{L}-s}\right]\mathrm{d}A_\text{L}-\int_s^0 \frac{1}{a\Gamma(\rho)}\left[\frac{a}{A_\text{L}-s}\right]^{\rho+1}\exp\left[-\frac{a}{A_\text{L}-s}\right]\mathrm{d}A_\text{L}\end{aligned} \tag{5-5}$$

根据不完全 Gamma 函数定义，则有：

$$\Gamma(\rho,-a/s)=\int_{-a/s}^\infty y^{\rho-1}\exp(-y)\mathrm{d}y \tag{5-6}$$

如另$y=a/(A_\text{L}-s)$，则$\mathrm{d}y=-a\mathrm{d}A_\text{L}/(A_\text{L}-s)^2$，将其带入上式并两侧除以$\Gamma(\rho)$得

$$\frac{\Gamma(\rho,-a/s)}{\Gamma(\rho)}=\frac{1}{\Gamma(\rho)}\int_{s}^{0}\frac{1}{a}\left[\frac{a}{A_{\mathrm{L}}-s}\right]^{\rho+1}\exp\left[-\frac{a}{A_{\mathrm{L}}-s}\right]\mathrm{d}A_{\mathrm{L}} \tag{5-7}$$

将式（5-7）和式（5-4）代入式（5-5）的右边，则可得

$$\int_{0}^{\infty}\frac{1}{a\Gamma(\rho)}\left[\frac{a}{A_{\mathrm{L}}-s}\right]^{\rho+1}\exp\left[-\frac{a}{A_{\mathrm{L}}-s}\right]\mathrm{d}A_{\mathrm{L}}=1-\frac{\Gamma(\rho,-a/s)}{\Gamma(\rho)} \tag{5-8}$$

式（5-8）右端$\frac{\Gamma(\rho,-a/s)}{\Gamma(\rho)}$为修正项，当$-a/s$很大时，式（5-6）则有近似对应关系：

$$\Gamma(\rho,-a/s)=\left(-\frac{a}{s}\right)^{\rho-1}\exp\left(\frac{a}{s}\right) \tag{5-9}$$

将式（5-3）中得到的各参数值代入式（5-8）和式（5-9），可得到修正项为$\Gamma(\rho,-a/s)/\Gamma(\rho)=0.003206/0.9021=0.00355$，故在式（5-8）中可忽略该误差值。因此可以认为式（5-3）符合汶川地震滑坡的三参数反 Gamma 概率密度分布模型，而对于大的滑坡面积值，在式（5-3）中的反 Gamma 分布可近似写成下式：

$$p(A_{\mathrm{L}})\approx\frac{1}{a\Gamma(\rho)}\left(\frac{a}{A_{\mathrm{L}}}\right)^{\rho+1} \tag{5-10}$$

从式（5-10）可看出大滑坡面积的概率分布尾端是呈指数$-(\rho+1)$的幂律分布规律，本次汶川地震大滑坡面积的幂指数为$-(\rho+1)=-2.3$，Malamud 等[155]通过统计降水诱发滑坡、地震激发滑坡和融雪触发滑坡的完整编录事件发现，对于大的滑坡面积分布相应的$-(\rho+1)=-2.4$；Stark 等[159]利用双 Pareto 分布对滑坡进行统计分析，对大滑坡也发现同样的幂律分布规律，在中国台湾地区中等规模和大规模滑坡面积的幂指数为−2.11，新西兰的中等规模和大规模滑坡的相应幂指数分别为−2.44 和−2.48。

2. 平均滑坡面积

式（5-3）反映的是在汶川地震事件中的滑坡概率分布，故可得到一个理论平均滑坡面积$\overline{A}_{\mathrm{L}}$，代表一个滑坡事件中所有滑坡面积的平均值，是其概率密度分布函数的一阶矩：

$$\overline{A}_{\mathrm{L}}=\int_{0}^{\infty}A_{\mathrm{L}}\,p\left(A_{\mathrm{L}};\rho,a,s\right)\mathrm{d}A_{\mathrm{L}} \tag{5-11}$$

将式（5-3）的三参数反 Gamma 分布函数代入式（5-11）中，得到：

$$\begin{aligned}\overline{A}_{\mathrm{L}}&=\frac{1}{a\Gamma(\rho)}\int_{0}^{\infty}A_{\mathrm{L}}\left[\frac{a}{A_{\mathrm{L}}-s}\right]^{\rho+1}\exp\left[-\frac{a}{A_{\mathrm{L}}-s}\right]\mathrm{d}A_{\mathrm{L}}\\&=\frac{1}{\Gamma(\rho)}\int_{0}^{\infty}A_{\mathrm{L}}\left[\frac{A_{\mathrm{L}}-s}{a}\right]\left[\frac{a}{A_{\mathrm{L}}-s}\right]^{\rho+1}\exp\left[-\frac{a}{A_{\mathrm{L}}-s}\right]\mathrm{d}A_{\mathrm{L}}\\&\quad+s\frac{1}{a\Gamma(\rho)}\int_{0}^{\infty}\left[\frac{a}{A_{\mathrm{L}}-s}\right]^{\rho+1}\exp\left[-\frac{a}{A_{\mathrm{L}}-s}\right]\mathrm{d}A_{\mathrm{L}}\end{aligned} \tag{5-12}$$

由式（5-8）及忽略修正项$\Gamma(\rho,-a/s)/\Gamma(\rho)$，式（5-12）可得

$$\overline{A}_{\mathrm{L}}=\frac{1}{\Gamma(\rho)}\int_{0}^{\infty}\left[\frac{a}{A_{\mathrm{L}}-s}\right]^{\rho}\exp\left[-\frac{a}{A_{\mathrm{L}}-s}\right]\mathrm{d}A_{\mathrm{L}}+s \tag{5-13}$$

令$y=a/(A_{\mathrm{L}}-s)$，则$\mathrm{d}A_{\mathrm{L}}=-a\mathrm{d}y/y^{2}$，式（5-13）可写成：

$$\overline{A}_{\mathrm{L}}=\frac{a}{\Gamma(\rho)}\int_{0}^{-a/s}y^{\rho-2}\exp(-y)\mathrm{d}y+s\approx\frac{a}{\Gamma(\rho)}\int_{0}^{\infty}y^{\rho-2}\exp(-y)\mathrm{d}y+s \tag{5-14}$$

对汶川地震诱发滑坡概率分布$-a/s=9.7$，$\exp(-9.7)=0$，故可将积分上限$-a/s$改为无穷大值；在式（5-14）中定义的积分是 Gamma 函数$\Gamma(\rho-1)$，故利用Γ函数的定义和性质，式（5-14）可改写为

$$\overline{A}_{\mathrm{L}}=\frac{a\Gamma(\rho-1)}{\Gamma(\rho)}=\frac{a}{\rho-1}+s \tag{5-15}$$

根据图 5-2 的汶川地震滑坡概率密度分布，我们得到$\rho=1.35$，$a=2.25\times10^{-3}\mathrm{km}^{2}$，$s=-3.52\times10^{-4}\mathrm{km}^{2}$，故$\overline{A}_{\mathrm{L}}=0.006077\mathrm{km}^{2}$，而据许冲等编目区内实际滑坡面积均值为$0.005874\mathrm{km}^{2}$，与式（5-15）计算差别不大。

3. 总滑坡面积

一次大地震事件常常诱发大量滑坡，对所有滑坡面积的认知和评价常常被人们所关注，常被用于地震灾害程度评估和指导灾后防灾减灾。采用式（5-15）中的理论平均滑坡面积$\overline{A}_{\mathrm{L}}$和总滑坡数量$N_{\mathrm{LT}}$，我们可以快速估算出一次地震滑坡事件过程中所有滑坡的总面积，如下式：

$$A_{\mathrm{LT}}=N_{\mathrm{LT}}\overline{A}_{\mathrm{L}}=\left(\frac{a}{\rho-1}+s\right)N_{\mathrm{LT}} \tag{5-16}$$

汶川地震滑坡事件中，滑坡总数量为 197481 个，故所有滑坡总面积为 $1200\mathrm{km}^{2}$，而当前人们对汶川地震的调查研究只是局限在某一局部重灾区范围内，我们的研究为汶川地震后滑坡的数据确定提供了翔实可靠数据。

4. 滑坡频率体积分布

体积是滑坡尺寸的又一测量指标，但滑坡体积的确定相对于面积更加困难，因为滑坡面积可直接从遥感影像获得，而体积则常常需要现场深入测量。为此对滑坡的分布研究也总是从滑坡面积的角度分析，但滑坡体积大小常常影响造山带地表侵蚀速率和河流泥沙输移量，故对滑坡体积的研究引起国内外学者的关注。

如 Simonett[10]在新几内亚通过实地调查获得了 201 个滑坡的面积与体积幂律关系式：

$$V_{\mathrm{L}}=0.024A_{\mathrm{L}}^{1.368} \tag{5-17}$$

Hovius 等[160]通过研究也得到一个滑坡体积与面积关系式：

$$V_{\mathrm{L}}=\varepsilon A_{\mathrm{L}}^{1.5}, \quad \varepsilon=0.05\pm0.02 \tag{5-18}$$

Parker 等[14]通过汶川地震研究给出了汶川地震滑坡面积与体积关系式：

$$V_{\mathrm{L}}=0.106A_{\mathrm{L}}^{1.388} \tag{5-19}$$

这 3 个公式均为经验公式且差别较小，而我们本次主要对汶川地震滑坡进行研究，故我们选取式（5-19）作为接下来研究的基础。利用滑坡分布可以得到滑坡平局体积 $\bar{V}_{\mathrm{L}}$，从式（5-1）可得：

$$\bar{V}_{\mathrm{L}}=\frac{V_{\mathrm{LT}}}{N_{\mathrm{LT}}}=\frac{\int_0^{\infty}V_{\mathrm{L}}\mathrm{d}N_{\mathrm{L}}}{N_{\mathrm{LT}}}=\frac{\int_0^{\infty}V_{\mathrm{L}}\left(\frac{\mathrm{d}N_{\mathrm{L}}}{\mathrm{d}A_{\mathrm{L}}}\right)\mathrm{d}A_{\mathrm{L}}}{N_{\mathrm{LT}}}=\frac{\int_0^{\infty}V_{\mathrm{L}}\left(N_{\mathrm{LT}}p\left(A_{\mathrm{L}}\right)\right)\mathrm{d}A_{\mathrm{L}}}{N_{\mathrm{LT}}}=\int_0^{\infty}V_{\mathrm{L}}p\left(A_{\mathrm{L}}\right)\mathrm{d}A_{\mathrm{L}} \tag{5-20}$$

将式（5-19）代入式（5-20），可得：

$$\bar{V}_{\mathrm{L}}=0.106\int_0^{\infty}A_{\mathrm{L}}^{1.388}p(A_{\mathrm{L}})\mathrm{d}A_{\mathrm{L}} \tag{5-21}$$

接下来将式（5-3）代入式（5-21），并认为与面积 A_{L} 相比，参数 s 可忽略不计，同时设 $x=A_{\mathrm{L}}/a$，故可得到：

$$\bar{V}_{\mathrm{L}}=\frac{0.106a^{1.388}}{\Gamma(\rho)}\int_0^{\infty}\frac{1}{x^{\rho-0.388}}\exp\left(-\frac{1}{x}\right)\mathrm{d}x \tag{5-22}$$

从滑坡概率密度分布图发现，对于 $\rho<1.5$ 时大面积的滑坡积分是分散的，本次汶川地震滑坡分布的参数 $\rho=1.35$，故为了获得一个有限的平均滑坡体积，我们必须首先对最大滑坡进行分析，将最大滑坡面积定为 A_{Lmax}，并对式（5-22）进行积分可得：

$$\bar{V}_{\mathrm{L}}=\frac{0.106a^{1.388}}{\Gamma(\rho)}\left[\frac{1}{(1.388-\rho)}\left(\frac{A_{\mathrm{Lmax}}}{a}\right)^{1.388-\rho}-5.05\right] \tag{5-23}$$

要确定平均滑坡体积，首先应确定一次地震过程中所激发的最大滑坡面积 $A_{\mathrm{L\,max}}$。利用概率密度定义（式（5-1））和大面积滑坡的概率分布（式（5-4）），我们可以得到滑坡面积（$\geqslant A_{\mathrm{L}}$）的累积滑坡数量 $N_{\mathrm{LC}}\left(\geqslant A_{\mathrm{L}}\right)$，可写成：

$$N_{\mathrm{LC}}\left(\geqslant A_{\mathrm{L}}\right)=\int_{A_{\mathrm{L}}}^{\infty}\mathrm{d}N_{\mathrm{L}}=\int_{A_{\mathrm{L}}}^{\infty}N_{\mathrm{LT}}P\left(A_{\mathrm{L}}\right)\mathrm{d}A_{\mathrm{L}}=\frac{N_{\mathrm{LT}}}{a\Gamma\left(\rho\right)}\int_{A_{\mathrm{L}}}^{\infty}\left(\frac{a}{A_{\mathrm{L}}}\right)^{\rho+1}\mathrm{d}A_{\mathrm{L}}=\frac{N_{\mathrm{LT}}}{\rho\Gamma\left(\rho\right)}\left(\frac{a}{A_{\mathrm{L}}}\right)^{\rho} \tag{5-24}$$

假如我们定义 $A_{\mathrm{L\,max}}$ 为最大滑坡面积，则相应的滑坡数量 $N_{\mathrm{LC}}\left(\geqslant A_{\mathrm{L}}\right)=1$，故：

$$A_{\mathrm{L\,max}}=a\left(\frac{N_{\mathrm{LT}}}{\rho\Gamma\left(\rho\right)}\right)^{\frac{1}{\rho}} \tag{5-25}$$

对于图 5-10 所示的汶川滑坡分布，相应参数 $\rho = 1.35$，$a = 2.25\times10^{-3}\text{km}^2$，$s = -3.52\times10^{-4}\text{km}^2$。则上式可写成：

$$A_{\text{L max}} = 1.94\times10^{-3} N_{\text{LT}}^{0.7407} \tag{5-26}$$

利用式（5-20）的滑坡面积与体积关系式，并将式（5-26）代入式（5-20），则最大滑坡体积 $V_{\text{L max}}$ 为

$$V_{\text{L max}} = 1.83\times10^{-5} N_{\text{LT}}^{1.028} \tag{5-27}$$

接下来我们在利用式（5-25）计算最大滑坡面积来估算平均滑坡体积，将式（5-25）代入式（5-23），则平均滑坡体积可写成：

$$\bar{V}_{\text{L}} = \frac{0.106a^{1.388}}{\Gamma(\rho)}\left[\frac{1}{(1.5-\rho)}\left(\frac{N_{\text{LT}}}{\rho\Gamma(\rho)}\right)^{\frac{1.5-\rho}{\rho}} - 24.25\right] \tag{5-28}$$

同时将滑坡分布图 5-10 得到的参数代入上式可得：

$$\bar{V}_{\text{L}} = 2.45\times10^{-5}(26.17N_{\text{LT}}^{0.0281} - 24.25) \tag{5-29}$$

据上式建立平均滑坡体积 $\bar{V}_{\text{L}}$ 与滑坡总量 N_{LT} 之间对数关系图（图 5-11），发现在滑坡总数量 $10^4 \leqslant N_{\text{LT}} \leqslant 10^9$ 之间曲线呈最好的幂律直线关系：

$$\bar{V}_{\text{L}} = 1.3158\times10^{-5} N_{\text{LT}}^{0.0692} \tag{5-30}$$

通过不同方法计算得到的汶川地震平均滑坡体积可知（表 5-4），计算结果虽处于同一数量级，但计算偏差仍然较大，这可能与各种方法的数据样本精度和数量，以及适用范围有关。

表 5-4　不同方法计算得到汶川地震诱发滑坡平均体积

参数	公式号	汶川地震诱发滑坡事件
滑坡平均体积/10^5m^3	（6-17）	0.57
	（6-18）	5.01
	（6-19）	3.13
	（6-30）	3.06

5. 地震诱发滑坡能级

地震震级表示地震发生过程中所释放出能量的大小，不同震级的地震往往造成不同规模的滑坡灾害。当前人们认为地震震级越大则造成滑坡数量和规模越大，影响范围越广，并从历史地震能级与其激发滑坡规模、数量等之间形成了一定统计关系，但很少研究地震能级与其激发滑坡尺度之间关系，也就是缺少衡量地震激发滑坡事件的标度。一次地震滑坡事件规模的获得对于灾害预测和防治具有重要的作用，也是当前所急需解决的问题，故在这里我们引入地震滑坡能级标度 m_{L}[156]，通过确立汶川地震滑坡能级与滑坡规模之间的关系，建立地震能级与滑坡能级之间的联系，用以对青藏高原东边界的地震激发滑坡的危

害进行客观定量的评价。

$$m_{\mathrm{L}} = \lg N_{\mathrm{LT}} \tag{5-31}$$

在一次地震滑坡事件中，滑坡的总面积和总体积也可被用于确定滑坡的能级标度，将式（5-16）代入式（5-31）：

$$m_{\mathrm{L}} = \lg A_{\mathrm{LT}} + 2.1687 \tag{5-32}$$

同样也可用滑坡总体积来表达，据式（5-30）可得：

$$V_{\mathrm{LT}} = \overline{V_{\mathrm{L}}} N_{\mathrm{LT}} = 1.3158 \times 10^{-5} N_{\mathrm{LT}}^{1.0692} \tag{5-33}$$

$$m_{\mathrm{L}} = 0.88 \lg V_{\mathrm{LT}} + 3.98 \tag{5-34}$$

历史上某次大地震激发的滑坡证据大多非常清晰，但随着时间推移在后续崩滑作用下，小规模和中等规模滑坡痕迹可能消失，而对于更加久远的地震事件，某些大滑坡也只能通过地形地貌和历史记录分析其地震成因，致使人们难以正确认知和评价当时地震滑坡灾害，对区域地表侵蚀和演化过程认识不清。据此可以建立预测的滑坡总面积、最大滑坡面积、总滑坡体积和最大滑坡体积等变量与地震滑坡能级之间的函数关系，这将有助于人们估计不同滑坡能级下滑坡的规模和范围。

6. 地震震级与滑坡能级

在不同地震激发滑坡事件中，区域地质地形条件、地球物理条件和气候条件各不相同，我们在对历史地震资料进行规整和分析过程中，利用统计方法建立了地震震级与滑坡总量之间的关系式，图 5-12 和表 5-5 为 18 个地震滑坡事件能级和相应滑坡数量的关系：

$$\lg V_{\mathrm{LT}} = 1.45M - 11.47(\pm 0.33) \tag{5-35}$$

其中，误差值（±0.33）为拟合曲线的标准差。

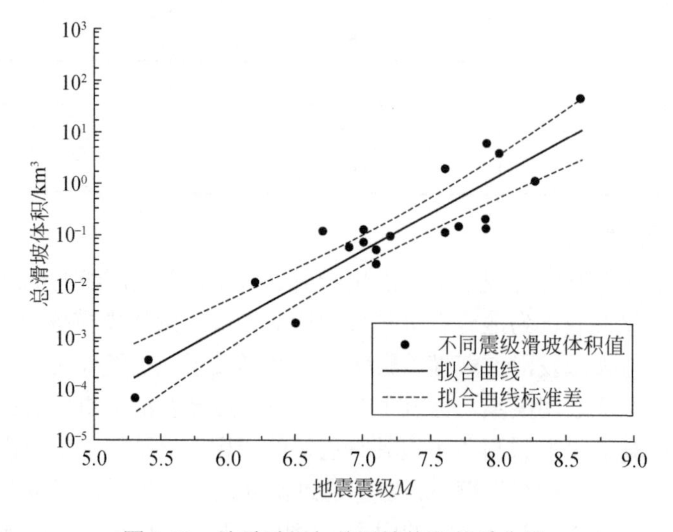

图 5-12　地震震级与总滑坡体积关系曲线

表 5-5　历史地震激发滑坡的特征表（改自 Malamud 等[155]）

位置	时间	震级	滑坡总体积 V_{LT}/m^3	滑坡总数量
新西兰 Arthur's Pass	1929 年 5 月 9 日	6.9	5.8×10^7	—
新西兰 Buller	1929 年 6 月 17 日	7.6	1.3×10^9	—
新几内亚 Torricelli Mtns	1935 年 9 月 20 日	7.9	2.15×10^8	—
印度 Assam	1950 年 8 月 15 日	8.6	47×10^9	—
美国 Daily city	1957 年 3 月 22 日	5.3	6.7×10^4	23
新西兰 Inangahua	1968 年 5 月 23 日	7.1	5.2×10^7	—
秘鲁	1970 年 5 月 31 日	7.9	1.41×10^8	—
巴布亚新几内亚	1970 年 10 月 31 日	7.1	2.8×10^7	—
危地马拉	1976 年 2 月 4 日	7.6	1.16×10^8	50000
巴拿马 Darien	1976 年 7 月 11 日	7.0	1.3×10^8	—
美国 Mt.Diablo	1980 年 1 月 24 日	5.8	—	103
美国 Mammoth 湖	1980 年 5 月 25 日	6.2	1.2×10^7	5253
美国 Coalinga	1983 年 5 月 2 日	6.5	1.94×10^6	9389
巴西萨尔瓦多	1986 年 10 月 10 日	5.4	3.78×10^5	216
厄瓜多尔	1987 年 5 月 5 日	7.2	9.53×10^7	
美国 Loma Prieta	1989 年 10 月 17 日	7.0	7.45×10^7	1500
美国 Northridge	1994 年 1 月 17 日	6.7	1.2×10^8	11000
日本阪神	1995 年 1 月 17 日	6.9	—	700
意大利翁布里亚马尔凯	1997 年 9 月 26 日	6.0	—	110
中国台湾集集	1999 年 9 月 21 日	7.7	0.15×10^9	22000
中国西藏察隅	1950 年 8 月 15 日	8.5		
中国炉霍	1973 年 2 月 6 日	7.9	—	137
美国 Denali	2002 年 11 月 3 日	7.9	—	—
中国汶川	2008 年 5 月 12 日	8.0	6.123×10^9	—
中国玉树	2011 年	7.1	—	2036
塔吉克斯坦 Sarez	1911 年	7.6	2×10^9	—
中国芦山	2013 年 4 月 20 日	7.0	—	1460

接下来将式（5-32）、式（5-33）与式（5-35）相联合，可得到地震震级与滑坡能级之间关系：

$$m_L = 1.276M - 6.11(\pm0.29) = \lg N_{LT} \tag{5-36}$$

如果设 $m_L = 0(N_{LT} = 1)$，也就是地震只激发一个滑坡，则地震能激发滑坡的临界震级为 $M = 4.8 \pm 0.2$。这理论结果与 Keefer[37] 和 Bommer 等[161] 所观测结果基本一致，他们曾经探讨了与滑坡相关的小地震表面波能级。一般来说，对于小地震（M<5.5），近震级、体波、面波和矩震级能产生相似的结果[161]。Keefer[37] 对美国（1958～1977 年）上百个

小地震诱发滑坡的研究发现，近震震级 $M \approx 4.0$ 是地震激发滑坡的临界值。杨涛等[35]在研究四川地区地震崩塌滑坡时指出诱发地震崩塌的最小震级为 *M*3.9，诱发滑坡的最小震级是 *M*4.2；Rodriguez 等[44]研究全世界 36 个地震滑坡事件发现一个更高的临界值。Bommer 等[161]对中美洲 1898～2001 年 62 个地震滑坡事件的研究发现，产生滑坡的最小地震的表面波能级为 $M \approx 4.8$。这些成果与我们的理论推论基本一致。

在式（5-36）基础上，我们建立地震距震级与总滑坡面积、最大滑坡面积和最大滑坡体积之间的关系，得到：

$$\lg A_{\mathrm{LT}} = 1.276M - 8.27(\pm 0.29) \tag{5-37}$$

$$\lg A_{\mathrm{L\,max}} = 0.945M - 7.23(\pm 0.21) \tag{5-38}$$

$$\lg V_{\mathrm{L\,max}} = 1.31M - 11.02(\pm 0.3) \tag{5-39}$$

7. 汶川地震诱发滑坡完整编目模型的验证

根据上面建立反演公式推测出汶川 2008 年 *M*8.0 大地震所触发滑坡的合理上下界限范围（表 5-6）。

表 5-6 汶川地震诱发滑坡相关参数推测值

滑坡评价指标	变量符号	单位	推测参数值	界限范围	
				下限	上限
滑坡事件能级	m_{L}	—	4.098	3.808	4.388
滑坡总数量	N_{LT}	个	12531	6426	24434
滑坡总面积	A_{LT}	km^2	86.70	44.46	169.04
滑坡总体积	V_{LT}	10^9m^3	1.35	0.63	2.88
最大滑坡面积	A_{Lmax}	km^2	2.14	1.32	3.47
最大滑坡体积	V_{Lmax}	10^9m^3	0.29	0.14	0.58

根据上面模型公式计算汶川 *M*8.0 地震触发滑坡堆积物总体积为 1.35×10^9m^3，并给出合理的上下界限范围值 0.63×10^9～2.88×10^9m^3。将本书结果与汶川震后众多学者的研究结果相对比，如李智广等[162]依据经验估计滑坡的厚度，并假设滑坡厚度随着距离余震集中带的增加而变小，得到汶川地震触发滑坡堆积物总体积为 2.793×10^9m^3；崔鹏也提到汶川地震触发滑坡堆积物体积约为 2.8×10^9m^3[16]；黄润秋[25]根据一般滑坡崩塌的平均体积，估算汶川地震崩塌滑坡堆积物总体积约为 7.5×10^9m^3 或 4.55×10^9m^3；Parker 等[14]构建了依据滑坡“体积–面积”的关系式得到了滑坡体积范围为 2.73×10^9～3.128×10^{10}m^3，“中值”为 9.08×10^9m^3；许冲等[61]通过统计汶川震区完整滑坡编录得到汶川地震滑坡体积为 6.123×10^9m^3。通过计算结果对比可知，本次模型计算结果基本与前人研究成果处于同一数量级（表 5-7），只是由于统计方法和资料样本不同可能存在一定差异，因为地震诱发滑坡规模和范围不仅受地震震级影响，还受地震震源深度、能量传递方向与衰减、地形起伏、

地层岩性和水文条件制约，故笔者认为如果经过合理的修正能对地震滑坡灾害评估提供重要的界限范围。

该方法也可以应用于古地震滑坡研究中，如果某个大滑坡具有明显的地震激发证据，且滑坡面积或体积可估算确定，则根据上面方法就能确定能激发此规模大滑坡的最小地震强度，并且可进一步利用历史记载资料或现代放射性碳元素等测年法测定滑坡的形成年代。

表 5-7　不同方法推测汶川地震滑坡体积值

滑坡总体积 $V_{LT}/10^9m^3$	数据来源
1.35（0.63～2.88）	本书模型估算
2.793	李智广等[162]
2.8	崔鹏[16]
7.5 或 4.55	黄润秋[25]
2.73～31.28	Parker 等[14]
6.123	许冲等[61]

5.2.3　邛海流域 1850 年地震诱发滑坡相关参数预测

利用汶川地震诱发滑坡完整编目建立了三参数反 Gamma 概率分布模型，并基于该模型建立了历史地震诱发滑坡相关参数的反演表达式，如滑坡总面积、总体积、总数量等，以实现对历史地震诱发滑坡相关参数的预测。1850 年 *M*7.5 大地震距今已有 160 多年，众多小滑坡受到破坏而难以识别，故根据上面反演公式，我们推测出邛海流域 1850 年 *M*7.5 大地震所触发滑坡的合理上下界限范围（表 5-8）。

表 5-8　邛海流域地震滑坡相关参数推算表

滑坡评价指标	变量符号	单位	推测参数值	界限范围	
				下限	上限
滑坡事件能级	m_L	—	3.46	3.17	3.75
滑坡总数量	N_{LT}	个	2884	1479	5623
滑坡总面积	A_{LT}	km^2	19.95	10.23	38.90
滑坡总体积	V_{LT}	10^9m^3	0.25	0.12	0.54
最大滑坡面积	A_{Lmax}	km^2	0.72	0.44	1.17
最大滑坡体积	V_{Lmax}	10^9m^3	0.06	0.03	0.13

经模型反演计算，得到 1850 年西昌 *M*7.5 大地震所诱发滑坡总体积为 $0.25\times10^9m^3$（0.12×10^9～$0.54\times10^9m^3$），滑坡总数量为 2884 个（1479～5623 个），滑坡总面积为 $19.95\times10^6m^2$（10.23×10^6～$38.9\times10^6m^2$）。

5.3 地震诱发滑坡对邛海流域侵蚀淤积贡献及长久效应

5.3.1 西昌 1850 年大地震后区域侵蚀速率模算

当前国内外很多学者关注地球表面侵蚀速率成因研究，如 Burbank[163]对侵蚀速率研究进行了深入评估，指出利用地质压力计和地质年代计联合得到的侵蚀速率为 1～30mm/a，而岩石风化速率仅为 0.005～0.02mm/a，远小于利用地质压力和地质年代等方法所测范围值，故可判断单一岩石风化速率不能造成地表物质快速卸载，并指出控制长期侵蚀速率的主要因素包括冰川侵蚀、基岩滑坡和大量崩滑体。滑坡物质常常被认为是重要的泥沙物质供给源，并控制着山地的侵蚀速率，如在新西兰南阿尔卑斯南部区域，Hovius 等[160]估算由滑坡造成的平均侵蚀速率为 9±4mm/a。Malamud 等[155]研究认为在地震活动构造区，大量岩质滑坡和岩崩体控制着区域的长期侵蚀速率，并发现在非常活跃的构造俯冲带内地震诱发的侵蚀速率达到 0.2～7mm/a，如日本和智利；在板块边界走滑断层附近区域，侵蚀速率达到 0.01～0.7mm/a，如加利福尼亚圣安第斯断层区和北安那托利亚断裂带。在世界范围内地震作用被认为是最重要的激发大量滑坡的控制因素，地震诱发滑坡总是对区域的地表侵蚀和河流产沙具有长期影响，控制着地表物质平衡和地貌过程演化。

为了获得地震滑坡对区域地表侵蚀速率大小的影响，我们利用上面历史地震滑坡反演模型推算邛海 1850 年地震滑坡体积值，并将其转变为区域侵蚀速率：

$$h_{\mathrm{L}} = \frac{V_{\mathrm{LT}}}{A_{\mathrm{R}} t_{\mathrm{L}}} \tag{5-40}$$

式中，t_{L} 为历史上能激发等量滑坡的大地震重复周期（a）；A_{R} 为地震滑坡密集影响区域的面积（km^2）。由于时空尺度的局限和历史地震记载的缺失，对某一区域历史地震周期存在众多异议。另外，虽然部分滑坡物质直接进入河道系统，但大部分物质仍暂时停留在山坡上，如停留在原位物质或被接下来的降水重新激活，这将存在一定的停歇时间，但时间是随机的，难以确定，故为了本次简化计算目的而忽略了该停歇时间，因此利用上式所得结果应为侵蚀速率的上限值。根据上面模型计算，1850 年西昌 *M*7.5 大地震所诱发滑坡总体积为 $0.25\times10^9\mathrm{m}^3$（$0.12\times10^9$～$0.54\times10^9\mathrm{m}^3$）。Ren 等[102]通过沟槽调查和碳-14 揭示过去 1100～1500 年，邛海区域 *M*7.0～7.5 级大地震平均发生率为 300～400 年。

据调查发现，1850 年西昌 *M*7.5 大地震破裂带长约 90km，但并不连续，初始破裂点位于西昌邛海段 20km 范围内，震动最为强烈，地表破裂并表现出向南突出发展的不对称特点，且分为大箐梁子—拖木沟段、荞窝—普格段和大河坝—松新段[106]。由于邛海流域特殊的地堑地垒结构，次级断裂带发育，大量滑坡密集分布于此，而向南方向延伸的 70km 破裂带内，地震滑坡影响范围较小，而根据许冲等[61]对汶川地震的研究，距离震中越近，斜坡物质响应率值越高，最高值出现在距震中 5～10km 范围内，而地震滑坡对区域侵蚀速率的影响主要集中在滑坡密集分布区，故根据西昌地震区烈度和断裂带延伸情况，综合确定本次研究的滑坡密集分布影响范围为 $450\mathrm{km}^2$。

因此西昌 1850 年大地震后地震诱发滑坡造成区域最大侵蚀速率达到 1.88mm/a（表 5-9），同时考虑到相关参数选择的合理性，以及实际地形、地质和气候变化等因素影响，给出了该区域侵蚀速率的变化范围值为 0.88～4.02mm/a。

表 5-9　西昌 1850 年 *M*7.5 大地震诱发滑坡对区域侵蚀速率影响

滑坡体积/10^9m^3	地震周期/年	滑坡主要范围/km^2	侵蚀速率/（mm/a）	界限范围	
				下限	上限
0.25	300	450	1.88	4.02	0.88

5.3.2　1850 年大地震诱发滑坡对邛海流域侵蚀淤积的贡献

一般认为岩性、地形地貌、坡度等因素对滑坡发育和空间分布有重要的影响，而在一个区域这些条件是不变的，要想形成易于滑坡发生的地质地形条件，首先需要内动力地质条件的激发才能改变，而作为内动力地质条件之一的地震活动显然对地貌形态和地质结构改变具有重要作用，对流域的泥沙侵蚀和淤积具有重要的影响。

高强度地震在山区可激发大量滑坡，而这些滑坡体将为流域提供大量泥沙；近年来在山区暴发的大地震均诱发了大量滑坡，如台湾 1999 年 *M*7.6 级地震，汶川 2008 年 *M*8.0 级地震，这些地震诱发的滑坡将长时间影响流域产沙量，而地震诱发滑坡对流域的产沙时效是多长？是值得研究的科学问题。邛海作为一个典型的半封闭湖泊，是历史事件记录的良好载体，又加上近 160 年来仅出现一次大规模地震诱发滑坡事件，故研究邛海流域侵蚀和淤积作用，将为我们研究地震诱发滑坡对流域产沙量影响创造难得的机会。

1. 不同时间尺度邛海流域泥沙淤积特征

邛海湖盆的形成经历了两次强烈断陷作用：早更新世末，频繁构造活动形成了断陷湖泊及一系列北北西向地堑地垒系，晚更新世中-早期，在邛海附近强烈地震活动形成了一组近东西向断裂。在两次断陷期间，构造活动相对稳定，湖泊主要表现为淤积，邛海湖盆转变为以河流为主，表现为以沉积作用为主。晚更新世中晚期以来，邛海盆地相对其西侧泸山断块山地大约下陷 130m[105]，相应的沉降速率为 1.03mm/a。在距今 15360 年以来，则木河断裂带西昌段的垂直运动速率为 0.64mm/a[123]。而 1976 年通过调查西昌高枧公社王家堡子一座建于 1612 年的墓碑（*h*=110cm）发现，该墓碑 90cm 埋葬都在第四纪沉积物中，其下降速率为 2.7mm/a[101]，说明自全新世以来，邛海湖盆转变为以河流泥沙淤积作用为主。另根据钻孔资料，沉积了厚度达 95m 左右的砂砾石夹黏土大箐梁子组地层，属河流-湖泊相沉积，自晚更新世末至全新世早期，湖底沉积了厚度为 54m 的冲积砂砾层和湖积砂质黏土的桐梓林组地层，以湖积层为主，自全新世中-晚期以来，沉积了 48m 厚砂质粉土层，以湖积层为主，以上事实说明自晚更新世末以来，邛海以沉积作用为主，前人根据邛海海底钻孔资料，计算得到全新世以来邛海泥沙淤积总量为 $29.15\times10^8m^3$，邛海淤积速度为 $25.35\times10^4m^3/a$，全新世以来邛海年均淤积速率为 4.04mm/a。

全新世以来：根据 1987 年邛海海底钻孔资料，邛海地堑全新世地层由白垩系砂岩、侏罗-白垩系砂岩、早更新世泥岩、中上更新统亚黏土层和亚石层及全新统亚黏土层组成。为计算全新世以来邛海泥沙淤积量，邓虎[164]根据全新世地层的厚度变化情况，将厚度变化小区域独立分段，将邛海地堑分成三段，经计算全新世以来邛海泥沙淤积总量 $29.15\times10^8m^3$，如全新世以来按 11500 年计，邛海淤积速度为 $25.35\times10^4m^3/a$，平均每年淤积约 4.04mm（表 5-10）。

表 5-10　邛海全新世以来泥沙淤积量

名称	第一段	第二段	第三段
平均厚度/m	22.68	48.44	70.68
覆盖面积/km^2	2.83	17.76	41.84
淤积体积/10^8m^3	0.64	8.60	29.57
总体积/10^8m^3	29.15		

1950～2003 年：邛海面积从 1952 年的 31km^2 减少到 2003 年的 27.4km^2，邛海的库容由 1952 年的 3.2 亿 m^3 减少到 2003 年的 2.93 亿 m^3，最大水深和平均水深也由原来的 34.0m 和 14.0m 分别减少到 2003 年的 18.32m 和 10.95m [165]。本次选取以上测量较为精准的这两组数据进行分析（表 5-11），其间间隔 51 年。

表 5-11　邛海流域典型年份淤积变化表

名称	最大面积/km^2	蓄水量/m^3	最大水深/m	平均水深/m
1952 年	31.00	3.2×10^8	34.00	14.00
2003 年	27.41	2.93×10^8	18.32	10.95
年均变化量	0.07	53×10^4	0.31	0.06

根据表 5-11 可知，邛海 51 年来淤积了 $27\times10^6m^3$ 泥沙，年均淤积速度为 $53\times10^4m^3$，平均每年淤积约 17.09mm/a，面积、库容和水深变化都说明邛海不断地萎缩。

结合上面模型反演和实测资料，计算得到 1850 年大地震以来的邛海泥沙淤积情况，其中，1850～1950 年年均泥沙淤积速率为 18.65mm，1950～2003 年年均泥沙淤积厚度为 17.09mm，不同时段的不同淤积速率反映了历史主要侵蚀事件和过程的影响（表 5-12）。当然由于不同时段邛海面积不断变化，以及史料的真实性和测量的准确程度等可能会对计算结果存在一定的影响。滑坡侵蚀作用可能在全新世时期对流域产沙并不起主导作用，然后在中间某些时段，由于某些典型事件的发生，控制侵蚀过程的主要贡献要素会发生改变，如 1850 年大地震发生后，湖盆泥沙年淤积量骤增，而且近 50 年来仍保持相当高的年均泥沙淤积量，故我们认为自 1850 年以来地震诱发的滑坡侵蚀控制着整个流域的侵蚀产沙过程，且一直持续到现在。

表 5-12　不同历史时期邛海泥沙淤积情况

时间	平均淤积量/10^8m^3	年均淤积量/（10^4m^3/a）	年均淤积厚度/（mm/a）
全新世以来	29.15	25.35	4.04
1850～1950 年	—	57.83（27.07～123.67）	18.65（8.73～39.89）
1950～2003 年	0.27	53	17.09

2. 不同时间段邛海流域侵蚀产沙特征

邛海流域面积 307.64km^2，周边共分布 8 条支沟，其中官坝河和鹅掌河为泥石流沟，每年具有不同程度泥石流暴发，其他 6 条支沟则主要以洪水为主。最大的官坝河流域面积 137.24km^2，其次为鹅掌河流域 54.31km^2，两个泥石流沟的流域面积占邛海全流域的 62.3%；从图 4-13 估算邛海流域全新世以来入海口附近堆积扇面积为 35.44km^2，其中官坝河和鹅掌河堆积扇面积明显较大，官坝河堆积扇面积为 25.83km^2，鹅掌河堆积扇面积为 3.38km^2，分别占总堆积扇面积的 71.8%和 9.40%，两个泥石流流域堆积扇面积占总堆积扇面积的 81.2%，说明官坝河和鹅掌河流域内具有较高的侵蚀速率，官坝河流域中上游和中下游区的平均侵蚀模数分别为 3842t/（km^2 • a）和 3538t/（km^2 • a），鹅掌河流域平均侵蚀模数达到 3542t/（km^2 • a），均高于邛海流域平均侵蚀模数 2781t/（km^2 • a）[142]，无论从各支沟流体性质和堆积扇面积大小来看，官坝河和鹅掌河流域内的物源量和侵蚀输沙能力都远大于其他支沟，这足以说明在同样气候和下垫面背景下，地质构造活动对两个流域的侵蚀产沙起着控制作用，地震诱发的大量滑坡极大地增加了流域侵蚀模数和侵蚀量，这与整个流域的地质构造格局相一致。

根据全新世以来不同时段邛海湖盆淤积情况，采用侵蚀模数法计算可得全新世以来流域年均侵蚀速率为 0.82mm/a，1950～2003 年流域年均侵蚀速率为 1.71mm/a，而上面计算可知 1850 年大地震后流域年均侵蚀速率为 1.88mm/a（表 5-13），从而得到年均淤积量为 57.83×10^4m^3/a。

王国芝等[166]依据盆地碎屑总量估算 160 万年的第四纪以来滇西高原平均剥蚀速率为 0.68～0.94mm/a，而邛海流域全新世 1 万年以来平均每年的剥蚀速率为 0.82m[167]，这一数值在青藏高原东缘算是较高值，这可能与该区域频繁地震活动对地表结构的扰动有关。而 1850 年以来平均剥蚀速率达到 1.88mm/a，这么高的侵蚀速率也与 1850 年 *M*7.5 级大地震对地表结构破坏的自然背景相符合，这也反映地震诱发滑坡的侵蚀对流域侵蚀产沙的重要作用，如 Parker 等[14]对汶川地震的研究指出，大量滑坡崩塌的产生，导致山体物质大量下泄，其总体积超过了由于地震造山运动导致物质的增生量（5～15km^3＞2.6±1.2km^3），故笔者认为邛海流域较高的侵蚀率与地震诱发的大量崩塌滑坡侵蚀有关，并且影响时间较长。

表 5-13　不同时间段邛海流域平均侵蚀速率表

时间	年均淤积量/（10^{4}m^3/a）	年均侵蚀速率/（mm/a）
全新世以来	25.35	0.82
1850～1950 年	57.83（27.07～123.67）	1.88（0.88～4.02）
1950～2003 年	53	1.71

注：邛海流域面积均采用 307.64km^2。

全新世以来邛海流域侵蚀速率为 0.82mm/a，1850 年由于大地震作用侵蚀速率增加到 1.88mm/a，且近 50 来一直保持在 1.71mm/a，说明大地震作用改变了流域侵蚀产沙的过程和控制因素。另外这一实际调查数据也与我们前面利用模型所得到的区域侵蚀速率相近，一方面说明地震滑坡对流域侵蚀产沙的控制作用，另一方面也验证我们的区域地震滑坡侵蚀模型的准确性。

3. 1850 年地震诱发滑坡对流域侵蚀淤积效应分析

自第四纪以来滇西高原平均剥蚀速率为 0.68～0.94mm/a[166]，而邛海流域自全新世以来年均侵蚀速率为 0.82mm[167]，这一数值在青藏高原东缘算是较高值，说明与青藏高原东边界频繁的区域活动构造有关，Bieman 等[168]研究认为构造活动较气候变化对地表的侵蚀的贡献作用更大[169]，Burbank 等[170]认为不同时间尺度的剥蚀速率变化是青藏高原构造活跃程度的反映，而不是气候变化的结果；而近 160 年来流域平均侵蚀速率大幅度增加，1850 年以来平均剥蚀速率达到 1.88mm，这么高的侵蚀速率必然与 1850 年 *M*7.5 级大地震对地表结构破坏的自然背景相符合。另通过对西昌地区地震与降水对滑坡泥石流的影响分析可知，滑坡泥石流与地震活动耦合关系为 100%，与干旱事件关系耦合率为 37.5%[164]，说明邛海所在的流域滑坡泥石流灾害主要受地震的控制，干湿气候循环对后期不稳定斜坡进一步破坏具有重要的促进作用（图 5-13）。

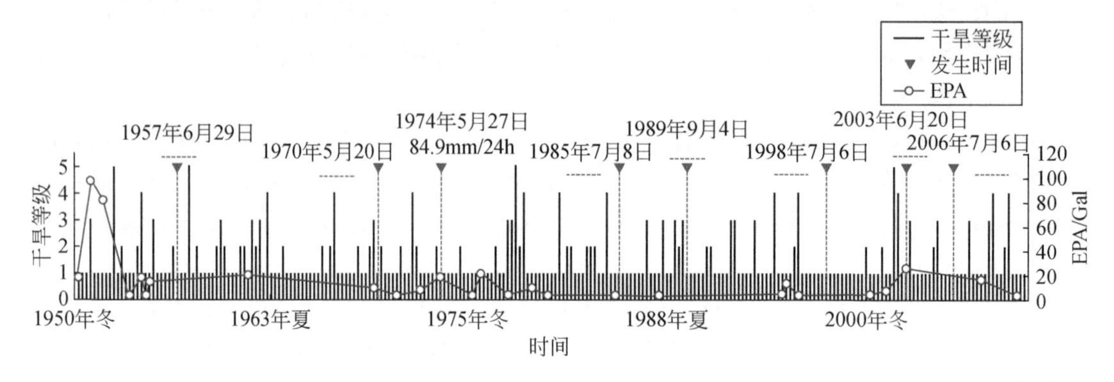

图 5-13　西昌附近（年平均降水 1000mm）地震有效峰值加速度和干旱等级与灾害时间关系图[164]

全新世以来邛海淤积速度为平均每年淤积约 4.04mm，1850～1950 年平均每年淤积约 18.65mm，1950～2003 年平均每年淤积约 17.09mm，这说明自 1850 年大地震后邛海年均泥沙淤积速度约是地震前淤积的 4 倍，在全新世和近代流域产沙量的波动显示，近代邛海流域严重泥沙淤积与地震诱发滑坡侵蚀十分密切，地震诱发滑坡侵蚀极大促进了湖盆和沟道内泥沙增长速率，且地震引发的环境改变被认为增加了湖泊和河道的泥沙淤积量。在邛海流域，产沙量是相当大的，且在过去 160 年来变化幅度较小，但总体呈降低趋势，这可能与随着时间推移，流域内物源量逐渐减少，且剩余物质自身产生固结稳定有关。虽然降水事件也诱发了一定量滑坡，但相对于地质构造活动，强降水诱发滑坡对流域产沙影响小[28]，而年季间产沙量有变化可能与气候波动而造成河流输移能力有关。Nakayama 等[171]认为大部分泥沙来源于沟道和古滑坡体堆积物，而新滑坡对泥沙的作用并不显著，如 1965 年 10 月 27 日东河上游者波祖河北岸发生滑坡堵河，就是 1850 年地震古滑坡的复活所形成。故我们认为 1850 年西昌 *M*7.5 地震诱发滑坡是控制流域产沙的主要因素，并将极大影响流域产沙相当长一段时间，而其长期活动性和发展趋势则可能主要受附近频繁地震活动和极端降水事件的时空耦合所控制，根本原因是附近频繁的地震活动对地震诱发古滑坡和不稳定斜坡体进行再次扰动，促使斜坡土体强度降低和产生大量微裂缝，以至逐渐固结的斜坡土体再次转变为易于滑动破坏的不稳定坡体，在降水作用下造成原停留在流域内的大量不稳定堆积体再次被铲刮和排泄，从而使流域内产沙量始终维持在较高的水平。

5.3.3　大地震诱发滑坡的长久侵蚀产沙效应分析

邛海流域全新世以来淤积速度为平均每年 4.04mm，自 1850 年 *M*7.5 级地震后到 1950 年年均淤积速率约 18.65mm/a，1950～2003 年平均每年淤积约 17.09mm，1850 年大地震前后邛海年均泥沙淤积速度相差约 4 倍，而且自 1850～2003 年，淤积速率几乎变化不大，足以说明 160 多年来地震诱发滑坡对流域产沙影响大。此外，地震活动对次生地质灾害的影响也有一定的滞后效应，而且泥沙淤积呈现波动形式，官坝河 1950～1998 年泥沙年均淤积速率为 6.04×10^4m^3，1998 年突发降水事件造成泥沙淤积量 68.98×10^4m^3/a，而后又逐渐恢复至降水事件之前水平，达到 6.33×10^4m^3/a，这表明大量松散物质停积在沟道或坡脚附近，在频繁地震和强降水作用下启动逐渐被携带至下游。由于时间尺度限制，大量研究主要基于震后一段时间产沙量的调查，并发现随着时间推移最大产沙量逐渐减少。Ohmori 等[172]发现在 1984 年日本长野县南部地震后一年内的年输沙量是震前的 10 倍多，并且在震后 4 年里始终保持 3 倍以上。Lin 等[24]研究发现在台湾 1999 年集集地震后产沙量是震前的 2 倍多，但在接下来的 6 年内，随着滑坡体逐渐被植被覆盖，产沙量较震前值只是稍微高一点。对于汶川大地震，一些学者认为震后 5～10 年将是泥石流活跃期[16]，震后活动时间可持续长达 10～30 年，甚至更长[110]。然而，所有来自地震滑坡的松散物质在一段时间内并不能被排泄完，而是表现出间歇波动性特征，泥沙衰竭对滑坡活动性起到关键控制作用。一个流域内的滑坡侵蚀过程随着时空变化而会发生较大改变，侵蚀淤积作用可能被某些因素所减缓：①松散物质临时储存在坡脚或沟道内，Mikoš 等[173]调查发现在 1998 年 Easter 地震后，由于缺少足够势能，大约有 260000m^3 岩崩体物质停积在坡脚而未能到达河流系统，在接下来很长一段时间里降水作用可能携带 480000m^3 泥沙进入河道，在 Soča 河上游的次支沟道内的洪水过程中总是能观察到高含沙水流。黄润秋等[113]发现汶川 *M*8.0 地震产生超过 27.93×10^8m^3 松散物质，在坡体上的大约 4×10^8m^3 松散物质在接下来 20 年内易于产生滑坡破坏。②时机耦合过程：由于当年附近地震活动弱，而伴随着洪峰流量出现，滑坡可能并未启动，而破坏却出现在河流的输移能力较低时，致使滑坡物质只能逐渐缓慢被移除，延缓效应致使震后侵蚀量增加将持续很久。③植被类型和土体利用的变化。

为此笔者认为西昌 *M*7.5 地震滑坡物质停积在山坡或坡脚处，在接下来时间内这些松散物质再次启动，初始不稳定斜坡体逐渐发展为沟道混杂堆积物，这些物质现在控制河流产沙量的供给，如 Keefer[7]通过对比全世界 12 个地区产沙量发现，在地震活动区地震诱发滑坡控制着流域长期产沙量。Korup[91]调查新西兰南部西部陆地区域的各种类型滑坡的产沙量，认为大地震滑坡产沙淤积可以持续至少 100 年。Pierson 等[92]指出在新西兰一次 *M*7.7 地震后滑坡松散物质的大部分停留在流域内至少 50 年。Koi 等[28]调查发现 1923 年神户大地震所激发的大量滑坡物质被输移至下游沟道且保持在流域内，本次大地震影响流域产沙量超过 80 年。

邛海流域 1850 年以来较高的剥蚀速率达到 1.71mm/a（1950～2003 年），要恢复至全新世以来的侵蚀速率 0.82mm/a，仍需很长时间，具体影响多长时间是一个值得研究和探索的课题。Ouime 等[15]认为地震诱发的滑坡增加了龙门山地区千年尺度的侵蚀速率；刘锋等[1]在汶川大地震后定量估算了岷江流域地震滑坡卸载和产沙时效，指出汶川地震诱发滑坡物质完全卸载输移将需要 3100 年，而这与龙门地震区发生 *M*8.0 大地震的重复周期相近（3000 年）。在过去发生的大规模缓慢运动泥滑体或土流体，其历史运动和沉积作用可能经历上千年[174]。邛海流域大量滑坡发育主要受则木河断裂带控制，唐荣昌等[175]对全新世以来则木河断裂变形特征的研究发现，则木河发生 7 级以上大地震的重复周期为 333 年左右，这与 1536 年和 1850 年两次 7.5 级地震发生间隔相当。Ren 等[102]通过沟槽调查和碳-14 指出 7.0～7.5 级大地震平均发生率为 300～400 年。所以笔者推断邛海流域 1850

年 7.5 级大地震触发滑坡可能将影响流域产沙量达到同一规模地震重复期 300 年左右。

5.4 人类活动对邛海流域侵蚀产沙的短期促进作用

1850 年以来邛海流域平均每年淤积约 18.65mm，约是 1850 年大地震前淤积速度的 4 倍，说明近代邛海流域严重泥沙淤积与地震诱发滑坡侵蚀十分密切，而随着时间推移，流域内物源量逐渐减少，剩余物质自身产生固结稳定，侵蚀淤积速率本应有所降低，然而，1950～2003 年平均每年淤积却仍达到约 17.09mm，这可能与邛海流域近年来频繁人类经济活动有关，不合理的人类开发对邛海流域侵蚀产沙产生短期促进作用。

5.4.1 邛海流域生态环境变化

遥感解译显示（图 5-14、图 5-15，表 5-14、表 5-15），邛海流域居民地面积由 1975 年的 4.014km^2 增加至 2007 年的 11.07km^2，说明从 1975～2007 年邛海流域内的人口增加较快；1975～2007 年，邛海流域内的林地面积变化幅度为 0.69%，说明邛海流域整体林地面积变化较小。但据 2010 年西昌市市志记载，1950 年官坝河流域林地覆盖率为 48.9%，并结合遥感解译从 1950～1975 年官坝河流域林地面积变化幅度为 8.92%，林地面积变化幅度较大，其较大幅度变化主要是 1960 年前后砍伐非常多树木大炼钢铁造成的，而从 1975～2007 年，官坝河流域林地面积变化幅度为 1.40%，变化幅度较小。1975～2007 年，邛海流域内的耕地面积变化幅度为 1.46%，说明邛海流域耕地面积变化较小，而邛海流域旱地面积增加幅度为 4.88%，官坝河流域旱地面积增加幅度为 2.75%，说明邛海流域和官坝河流域山区开垦土地越来越多，造成流域上游地区水土流失严重。邛海流域和官坝河流域内裸地面积 30 多年来呈逐渐减少趋势，减少幅度分别为 1.92%和 2.66%。这些减少的裸地大部分开垦为旱地，据实地调查，强降水的时候，由于植物根系保土能力差，大部分的泥沙随雨水进入河流中。

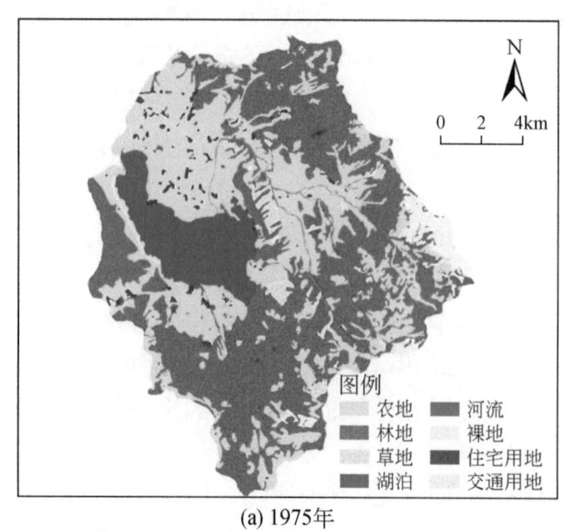

(a) 1975年

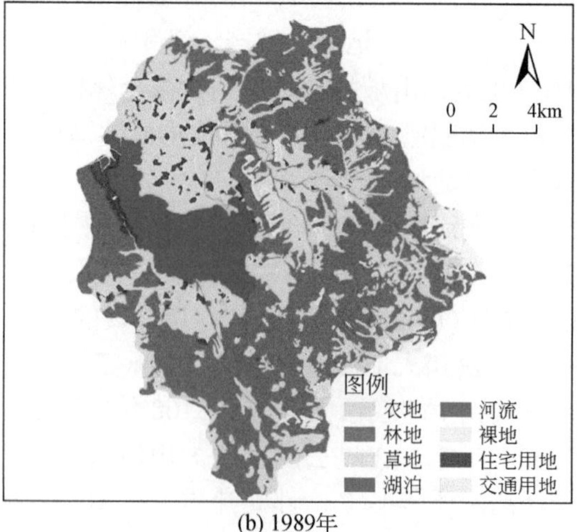

(b) 1989年

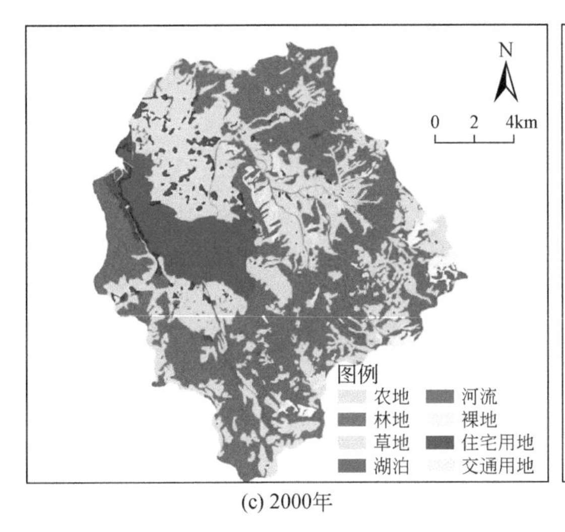

(c) 2000年

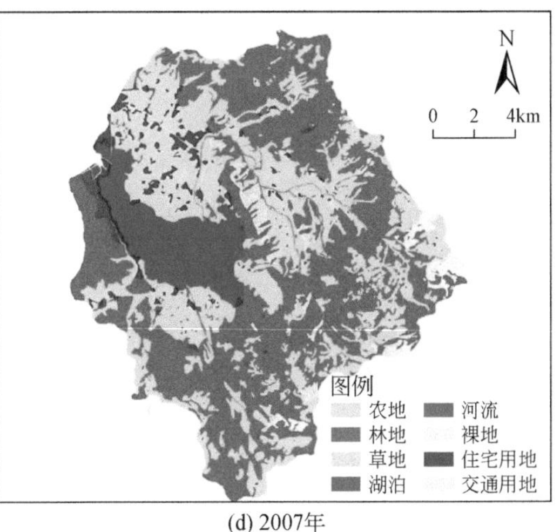

(d) 2007年

图 5-14　邛海流域遥感解译

表 5-14　邛海流域土地利用遥感解译结果

类型	1975 年	1989 年	2000 年	2007 年
水田/km^2	85.17	79.76	77.07	77.18
旱地/km^2	23.19	24.10	27.50	28.07
林地/km^2	141.54	141.54	141.54	141.54
灌木林/km^2	6.91	7.07	6.79	7.10
草地/km^2	5.18	5.25	5.45	5.61
居民地/km^2	4.01	8.03	9.63	11.07
交通用地/km^2	0.21	1.07	1.12	1.34
湖泊/km^2	29.31	29.91	30.89	29.46
河流/km^2	4.45	4.57	3.76	4.47
裸地/km^2	7.65	5.96	4.87	5.73
总面积/km^2	307.64	307.64	307.64	307.64
林地覆盖率/%	48.26	48.31	48.22	48.32
耕地覆盖率/%	35.22	33.76	33.99	34.21

由图 5-16 分析可以得出邛海流域和官坝河流域森林面积和耕地面积呈反比关系。1950～1975 年，由于人们滥砍滥伐树木，造成邛海流域水土流失严重，官坝河流域森林面积从 48.9%急剧下降至 40.88%，自此以后森林面积一直维持在 40%左右。

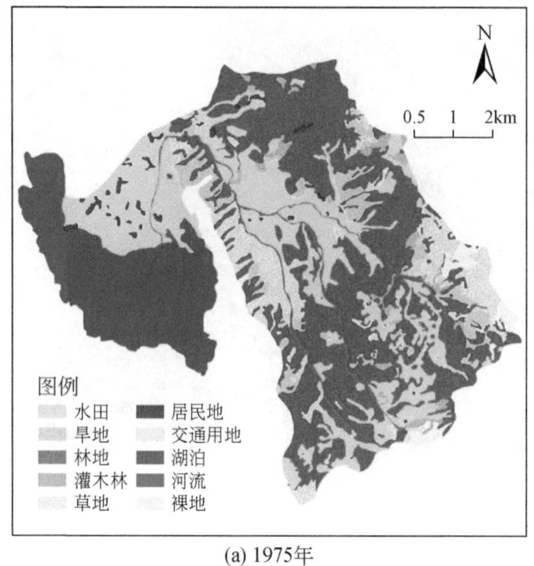

(a) 1975年

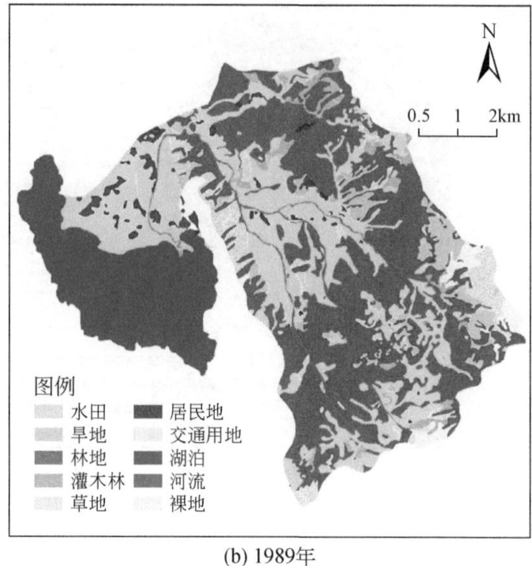

(b) 1989年

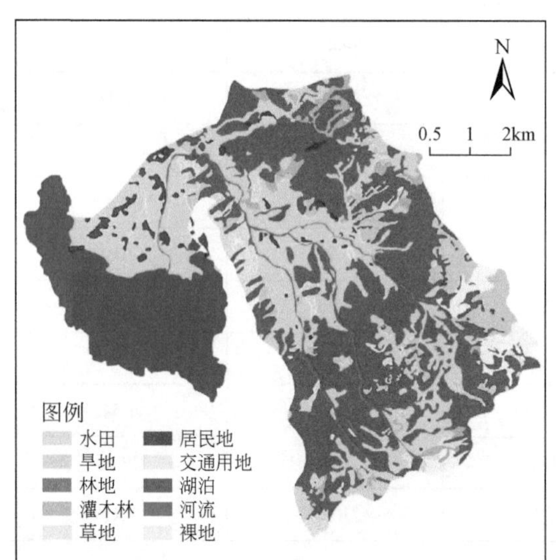

(c) 2000年

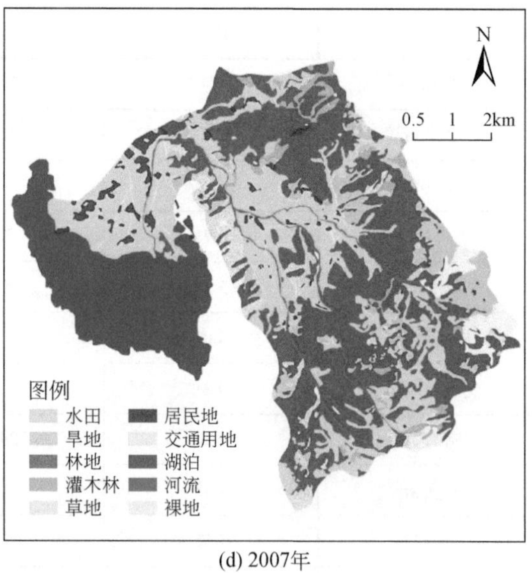

(d) 2007年

图 5-15　官坝河流域遥感解译

表 5-15　官坝河流域土地利用遥感解译结果

类型	1975 年	1989 年	2000 年	2007 年
水田/km^2	43.26	41.84	41.55	41.91
旱地/km^2	8.81	9.06	10.31	11.56
林地/km^2	64.20	63.99	64.18	61.99
灌木林/km^2	3.06	4.10	3.77	3.80
草地/km^2	4.18	5.26	5.45	5.55
居民地/km^2	1.71	3.04	3.27	3.91

续表

类型	1975 年	1989 年	2000 年	2007 年
交通用地/km^2	0.00	0.19	0.28	0.52
湖泊/km^2	28.77	28.06	27.93	27.07
河流/km^2	3.74	3.80	3.76	3.77
裸地/km^2	6.93	5.23	4.07	4.27
总面积/km^2	164.56	164.56	164.56	164.56
林地覆盖率/%	40.88	41.38	41.29	39.98
耕地覆盖率/%	31.64	30.93	31.51	32.49

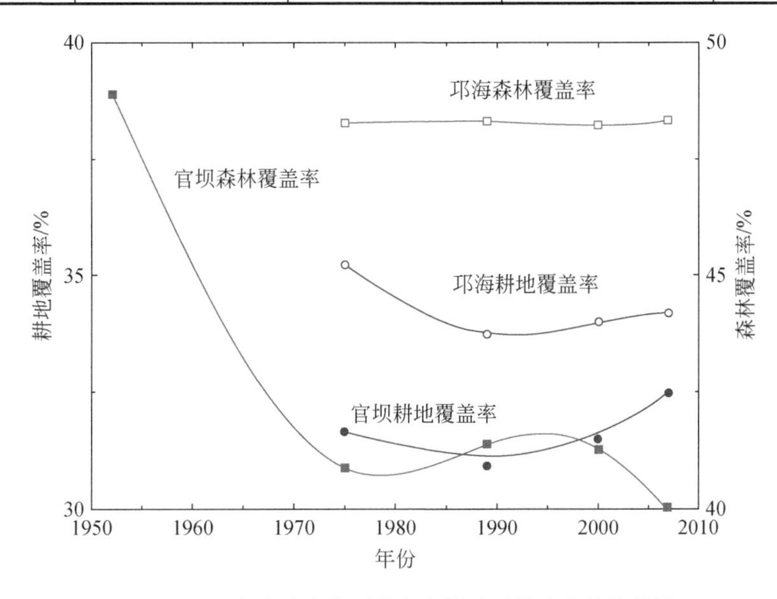

图 5-16　邛海流域森林覆盖率和耕地覆盖率变化趋势图

5.4.2　邛海流域人类活动

邛海流域是我国青藏高原东缘的强烈经济活动区，流域内有汉族和彝族等 12 个民族。统计显示公元 2 年时流域人口仅 880 人，邛海流域从公元 2 年到 1872 年人口在 0.89×10^3～2.05×10^3 摆动，平均 2.3～5.3 人/km^2。当时 89%的居民居住在平坝区，居住在山区的居民不到 1 人/km^2。1872～1937 年半个多世纪，人口从 2.05×10^3 增加到 13.12×10^3 人，平均 5.3～33.8 人/km^2，山区的人口密度为 0.5～4.0 人/km^2。1950 年邛海流域总人口为 2.52×10^4 人，其中平坝区 2.25×10^4 人，人口密度为 288.7 人/km^2；山区 0.28×10^4 人，人口密度为 8.92 人/km^2。2010 年邛海流域总人口为 9.33×10^4 人，人口密度 303 人/km^2。邛海流域人口 2010 年比 1950 年增加了 6.81×10^4 人，增加幅度为 270%（图 5-17）。

邛海流域人口从公元 2 年到 1950 年变化不明显，但 1950 年以后人口出现激增，增幅比例达到 270%，对于土地承载力而言，人口增加越快，人地矛盾越突出，说明 1950 年以后人类活动强烈影响着邛海泥沙淤积，人类活动加速了近期邛海泥沙淤积过程。

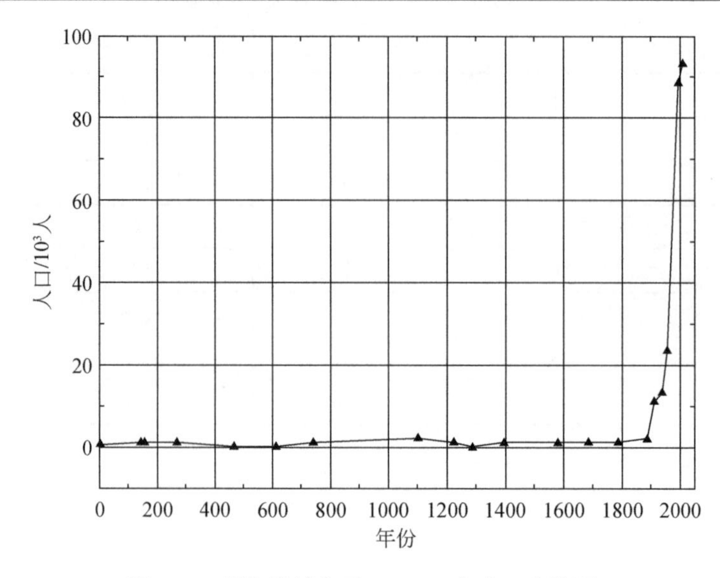

图 5-17　邛海流域公元 2～2010 年人口变化图

邛海流域人口变化确定方法：依据李世平编著的《四川人口史》，采用各区域人口密度和统计方法推算公元 2～1872 年的邛海流域人口，1950 年以后依据 2010 年西昌市年鉴按邛海流域所属各基层乡、派出所为单位进行统计，以及现场调查复核最终得到 1950～2010 年的人口变化数据

官坝河作为邛海流域最大支沟，包含西昌市川兴镇、大兴乡、红星乡，以及昭觉县的普诗乡的部分村庄（表 5-16），流域内人口约为 22600 人，人口密度达到 165 人/km^2，约占邛海流域总人口的 46%，其中，山区农业人口达到 13610 人，人口密度达到 115 人/km^2。

表 5-16　官坝河人口统计情况

区域	辖区	位置	总人口/人	非农业人口/人	农业人口/人	人口密度/（人/km^2）
官坝河	川兴镇	山前平原区	8990	230	8760	350
	大兴乡	中低山区	13610	—	6710	179
	普诗乡	中高山区		—	1300	35
	红星乡	中高山区		—	5600	129
总计			22600	230	22370	165

由于人口压力增大和经济发展需要，山区开展大范围毁林开荒和陡坡耕种等不合理活动，造成坡面裸露、水土流失加剧，山洪泥石流灾害频发，陈宁生等[176]研究指出近年来邛海山洪泥石流灾害与频繁人类活动关系密切。20 世纪 40 年代官坝河流域植被覆盖率仅为 16.3%，50 年代开展大规模飞播造林和植树造林活动，植被覆盖率达到了 48.90%，80 年代随着农业经济快速发展，毁林开荒加剧，植被退化严重，植被覆盖率仅为 33.16%，近年来随着政府采取退耕还林政策和水土保持措施，截至 2010 年官坝河流域的植被覆盖率达到 47.62%左右，官坝河流域植被覆盖率逐渐转好，生态环境得以快速恢复[165]。然而，由于人多地少矛盾持续存在，短时间内不合理人类活动仍将继续，又加上植被的水保功能和生态效益具有滞后性，官坝河主沟及支沟水土流失仍然较严重，当前官坝河上游和中下

游区侵蚀模数分别为 3841.92t/（km^2 • a）和 3537.90t/（km^2 • a），新任寺河和麻鸡窝河侵蚀模数分别为 3317.35t/（km^2 • a）和 2176.88t/（km^2 • a）[177]，大量泥沙进入沟道成为泥石流重要补给源，进而加速官坝河入湖口泥沙淤积，官坝河堆积扇面积占邛海流域堆积扇总面积的 66%。

5.5　小　　结

（1）由于山洪泥石流携带大量滑坡松散物质进入邛海而造成严重泥沙淤积，邛海面积从 1952 年的 31km^2 减少到 2003 年的 27.4km^2，库容由 1952 年的 $3.2\times10^8m^3$ 减少到 2003 年的 $2.93\times10^8m^3$；自 1998 年以来，官坝河入海口总淤积量为 $181.08\times10^4m^3$，湖岸线被推进 665m，1998 年当年一次性泥沙推进了 172m，入海淤积量为 $68.98\times10^4m^3$。

（2）官坝河沟道从上游、中游、入海口和湖底沉积模式依次为砾石带、砂石带、粉砂带和淤泥带，邛海内湖底扇和水下堤的泥沙主要来自于官坝河和鹅掌河上游的滑坡物质。

（3）利用汶川地震滑坡完整编目建立了三参数反 Gamma 概率分布模型，给出拟合参数 $\rho=1.35$，$a=2.25\times10^{-3}\text{km}^2$，$s=-1.82\times10^{-4}\text{km}^2$，并基于模型对汶川滑坡面积均值和总面积进行了计算：$\bar{A}_{\text{L}}=0.06077\text{km}^2$，$A_{\text{LT}}=1200\text{km}^2$，建立了平均滑坡体积与滑坡数量很好的幂律分布关系：$\bar{V}_{\text{L}}=1.3158\times10^{-5}N_{\text{LT}}^{0.0692}$，$10^4\leqslant N_{\text{LT}}\leqslant10^9$；同时引入滑坡能级，利用地震震级与地震滑坡体积历史数据建立地震震级与滑坡能级的关系式：$m_{\text{L}}=1.276M-6.11(\pm0.29)$，并得到地震诱发滑坡的最小震级为 $M=4.8\pm0.2$，进而推演出历史地震滑坡总面积和总体积等相关计算公式及误差范围：$\lg V_{\text{LT}}=1.45M-11.47(\pm0.33)$，$\lg A_{\text{LT}}=1.276M-8.27(\pm0.29)$，并计算得到汶川地震滑坡总体积为 $0.5\times10^9m^3$，上下界限范围为 0.23×10^9～$1.06\times10^9m^3$，与前人的估算数据基本处于同一数量级范围。

（4）利用历史地震反演模型推演邛海流域1850年 *M*7.5 大地震的触发滑坡数量为2884个（1479～5623 个），滑坡总体积为 $0.25\times10^9m^3$（0.12×10^9～$0.54\times10^9m^3$），滑坡总面积为 $19.95\times10^6m^2$（10.23×10^6～$38.9\times10^6m^2$），并据此推算出 1850 年大地震滑坡造成的区域最大侵蚀速率达到 1.88（0.88～4.02）mm/a，邛海最大淤积速率为 18.65（8.73～39.89）mm/a，与实测得到的全新世以来邛海流域泥沙淤积速率和区域侵蚀速率分别为 4.04mm/a 和 0.82mm/a 对比，地震前后邛海流域侵蚀速率相差 2.29（1～4.9）倍，淤积速率相差了 4.6（2.16～9.87）倍，反映出地震滑坡对流域侵蚀产沙具有重要贡献，进而揭示了 1850 年地震滑坡对流域灾害具有长久影响效应，甚至可能影响一个地震周期 300 年。

（5）从不同时间尺度泥沙淤积速率和侵蚀速率变化来看，整个流域的输沙过程呈间歇性的波动式变化，大地震诱发滑坡是控制流域产沙变化的主要因素，并将影响流域产沙相当长一段时间，而滑坡的长期活动性则可能主要受附近频繁地震活动和极端降水事件的时空耦合控制。

（6）全新世至 1850 年的剥蚀速率为 0.82mm/a，邛海流域面积（减去邛海水面面积）279.59km^2，计算得出邛海的寿命为 1230 年，1850～1952 年、1952～2003 年的平均剥蚀速率分别为 1.82mm/a 和 1.71mm/a，可以计算得到在近年来地震和人类强活动的影响下，邛海的寿命将减少为 629 年。

第6章 邛海流域泥沙综合治理与生态效益评价

6.1 典型支沟泥石流防治规划与工程设计

邛海流域山洪泥石流沟发育，规模大频率高，泥沙淤积严重，急需治理。由于在邛海流域众多山洪泥石流沟中，官坝河山洪泥石流灾害和泥沙问题最为严重和典型，故选取官坝河作为山洪泥石流典型支沟，进行防治规划和工程治理。

6.1.1 官坝河泥石流灾害现状

官坝河流域处于邛海东侧，每年均会有大量泥沙随洪水进入邛海，造成邛海水域面积逐年减少。1998～2009年，入海口总淤积量为181.08×10^4m^3，年平均淤积量为15.09×10^4m^3，淤积邛海海域水面面积 20.2×10^4m^2，年平均淤积邛海水面面积 1.7×10^4m^2，向邛海推移了655m，年平均推移长度为55m。其中1998年发生百年一遇泥石流，当年一次性推进了172m，推进面积 8.9×10^4m^2，淤积体积为 68.97×10^4m^3。2008～2009年，官坝河河口泥沙前进约90m。泥沙淤积使得邛海的寿命缩短，湖水水深变浅，调节水源的能力降低，严重影响邛海地区工程建设和旅游开发，急需进行治理。

6.1.2 官坝河泥石流形成条件

泥石流只有在同时具备陡峭的地形、充足的松散固体物质和丰富的水源三个基本条件时才有可能发生。其中地形地貌和松散固体物质是泥石流形成的内在因素，降水（水源）是激发泥石流形成的外在因素。

1. 地形地貌条件

1）流域地形地貌特征

官坝河流域地势东高西低，整个流域的水系发育，其走向为南北向，呈钩子状，在象鼻寺处出现拐点，由东西流向改为北南流向，在海拔1510m处汇入邛海。主沟河道呈串珠状，张巴寺河源头至大湾子为上游，属中高山峡谷地貌；大湾子至象鼻寺段为中游，为低山宽谷，其中大兴乡石安村至建新园艺场段，河道展宽，转化为平原型的宽浅河谷，建新园艺场至象鼻寺段为低山宽谷；象鼻寺至入海口段为宽浅宽谷。支沟上游主要为中高山峡谷和“U”谷，下游为浅宽谷。

2）流域沟床比降特征

沟床比降是流体由位能转变为动能的底床条件，是影响泥石流的形成、运动和堆积的重要因素。一般来说，泥石流源区的沟床坡度在15°～40°范围内。此范围内，沟床坡度越大越有利于泥石流的形成，反之亦然。

根据实地调查，在官坝河上游，地形起伏较大，沟道弯曲、狭窄，沟岸坡度陡，以“V”字形沟谷为主，沟床纵比降较大，比降变化于83.33‰～463.88‰；在中游断陷盆地段发育游荡型河流，河道内心滩、边滩较多，形成辫流，坡度较缓，比降在 59.78‰～83.33‰；下游到出口处地势平坦，属于平原型宽浅河流，比降 13.56‰。官坝河干流比降特征见表 6-1 和图 6-1。

表 6-1　官坝河干流纵比降特征参数统计表

编号	河段长度/km	最低高程/m	最高高程/m	高差/m	平均比降/‰
L1	1.737	1510（入海口）	1513（吴家院子）	3	1.73
L2	3.216	1513（吴家院子）	1541（象鼻寺）	28	8.71
L3	4.687	1541（象鼻寺）	1622（新任寺河汇入）	81	17.28
L4	1.345	1622（新任寺河汇入）	1659（麻鸡窝河汇入）	37	27.51
L5	1.606	1659（麻鸡窝河汇入）	1755（大萝卜沟汇入）	96	59.78
L6	2.422	1755（大萝卜沟汇入）	1908（大湾子）	153	63.17
L7	1.692	1908（大湾子）	2049（石顶子）	141	83.33
L8	6.121	2049（石顶子）	2999.7（源头）	950.5	155.22

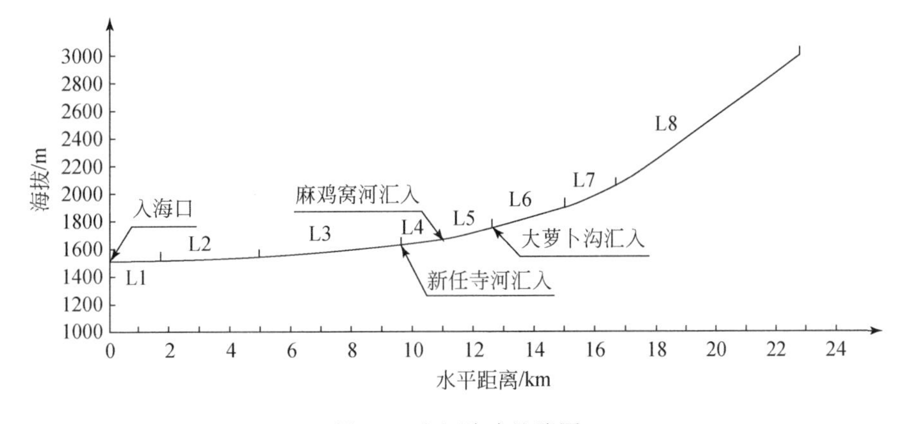

图 6-1　主河沟床比降图

流域内发育的泥石流支沟众多，其中具有危害的有三条。三个支沟的沟床比降为 89‰～96‰，中上游比降更大，一般在 122.43‰～127.88‰范围内，下游比降减小，属于典型的漏斗形沟谷。流域各支沟比降特征见表 6-2。

表 6-2　流域支沟比降特征参数统计表

沟名	沟长/km	流域最高点/m	流域最低点/m	相对高差/m	沟床比降/‰
麻鸡窝	12.96	2900	1659	1241	93.1
新任寺	13.02	2800	1622	1178	89.1
大萝卜	3.57	2100	1755	345	96.3

官坝河流域支沟中上游山高坡陡，沟床纵比降大，这使坡面和沟床上的松散堆积物拥有较大的势能，当遇到暴雨时，受坡面和沟谷径流的影响，可能激发产生泥石流。

2. 物源条件

官坝河的泥沙来源主要分为三部分：①上游的面源侵蚀（含坡耕地水土流失）；②由

于重力侵蚀作用形成的沟道松散坡积物；③官坝河流域沟道堆积物及古老泥石流堆积物和冲洪积物。

1）坡面侵蚀

坡面侵蚀产沙主要分布于流域的上游，坡度为 5°～25°，主要因为当地居民开荒耕地和砍伐树木，造成坡体裸露，在降水、日照等综合作用下，产生土壤流失。官坝河主沟及支沟由于水土流失导致坡面侵蚀较严重，侵蚀严重程度由重到轻依次为官坝河主流（张巴寺河）、新任寺河、官坝河中下游区、马鸡窝河，其总侵蚀量分别为 18.45×10^4t/a、9.43×10^4t/a、9.04×10^4t/a 和 4.94×10^4t/a；侵蚀模数由大到小依次为官坝河主流（张巴寺河）、官坝河中下游区、新任寺河和马鸡窝河，分别为 3841.92t/（km^2·a）、3537.9t/（km^2·a）、3317.35t/（km^2·a）和 2176.88t/（km^2·a）。

分析遥感资料可知，官坝河流域内裸地面积为 7.82km^2，占整个流域的 5.7%；另据实地调查，源区裸地土层厚度较厚，平均厚度为 1.6m，下游土层平均厚度为 0.2m，从上游至下游逐渐变薄，故整个流域裸地平均厚度为 0.9m，坡面侵蚀量达到 $686.26\times10^4m^3$/a。分析坡面侵蚀形成纹沟，直接参与水土流失的土层仅为表层土，厚度为 0.5m，故本次动土源为裸地 0.5m 厚度内土体，直接动储量为 $311.5\times10^4m^3$。

2）滑坡崩塌

滑坡崩塌是官坝河泥石流最主要的松散固体物质来源。主沟流域滑坡体主要分布于中游大湾子以上区域，主要受断层控制。支沟滑坡体主要分布于中上游，沟谷的物质主要由碎石土组成，下伏基岩为泥岩、砂岩，滑坡体表面的平均坡度 20°～30°，个别达到 35°，总体上稳定，但大部分滑坡体后缘多存在裂缝，基脚受水流侵蚀冲刷，在雨季会出现蠕滑和局部崩滑。主要流域物源量如表 6-3 所示。

表 6-3 流域内滑坡崩塌类物源统计表

名称	物源方量/10^4m^3		
	松散堆积物	崩塌滑坡堆积物	合计
官坝河主河（张巴寺段）	22.66	67.08	89.74
新任寺河	8.39	6.35	14.74
麻鸡窝河	7.35	2.5	9.85
大萝卜沟	—	2.19	2.19

崩滑补给是不连续的，在沟道径流的作用下，沟岸侵蚀常牵引起崩塌滑坡的发生，流域内有崩滑体总量 $116.52\times10^4m^3$，其中滑坡量为 $78.12\times10^4m^3$，坡积物质物源量为 $38.4\times10^4m^3$，在降水和地震的联合作用下，滑坡和崩塌可能启动，最大的一次滑坡量估算为 $12\times10^4m^3$，如果是多处发生崩塌和滑坡，数量还会增大。

3）沟道堆积物

沟道堆积物断断续续地分布在主支沟内，主要分布于中下游河床比降为 2%～5%的区域。主沟中下游约有 50%以上的沟段有松散的泥石流冲洪积堆积物分布，该类土体为少黏粒的漂卵砾石土，支沟中游也有大量分布，支沟中下游约 40%的沟段有冲洪积物分布，由（漂）块石混砂砾石组成，一般厚度数十厘米至数米（表 6-4）。

表 6-4　沟道堆积物方量统计表

名称	面积/km^2	平均厚度/m	体积/m^3	淤积量/10^4m^3
大萝卜沟	0.01	0.20	2100.00	0.21
新任寺河	0.16	0.40	62160.00	6.22
麻鸡窝河	0.06	0.30	18312.00	1.83
张巴寺河（官坝河主河段）	0.40	0.50	200700.00	20.07
凹琅河（官坝河中下游段）	0.21	0.50	106875.00	10.69
官坝河（官坝河下游段）	0.13	0.30	37800.00	3.78
合计	0.97		427947.00	42.79

通过现场调查知沟道堆积物较多，共约有 $42.79\times10^4m^3$，其中张巴寺河（官坝河主河）堆积方量为 $20.07\times10^4m^3$。由于河床堆积物表面被水流“粗化”，大部分为粗大颗粒，多数会沿程堆积在沟道内，只有少量被带至下游，基本维持沟道内的冲淤平衡。

4）古老泥石流堆积物

古老泥石流堆积物是第四纪以来的地质历史时期暴发的泥石流堆积形成的，在川南和滇东北的泥石流沟广泛分布有 Q_3 时期（晚更新世）暴发的泥石流堆积物。官坝河流域的老泥石流堆积物已形成高台地，主要分布于大湾子下游附近，表面黏粒组分较少，颗粒大部分为棱角状，少量次圆状和圆状，块石含量 50%～60%，呈半胶结状态，岸坡陡立，高度为 5～15m，两岸堆积老泥石流堆积量为 $349.73\times10^4m^3$。

综上统计，官坝河流域松散物源总量 $1195.31\times10^4m^3$，其中残坡积物和崩滑堆积物为 $116.53\times10^4m^3$；沟道泥石流堆积物和冲-洪积物 $42.79\times10^4m^3$；坡面侵蚀物为 $686.26\times10^4m^3$，老泥石流堆积物 $349.73\times10^4m^3$。根据物源分布及特征分析，动土源主要为坡面侵蚀物及崩塌滑坡堆积物，坡面动储量为 $311.5\times10^4m^3$，崩塌滑坡堆积物动储量为 $116.53\times10^4m^3$。故本次动储量约为 $428.03\times10^4m^3$，占总物源量的 35.8%。

3. 水源条件

工程区域属低纬度、高海拔地区，呈现中亚热带高原山地气候，受印度洋西南季风控制，区域降水集中于 5～10 月，均值为 953.3mm，占年降水量的 93%，其中 7 月最大。暴雨形成洪峰较快，洪水持续过程在 6～12 小时内，洪水含沙量高，洪水陡涨陡落，多呈单峰，地表径流量大；地下水的类型主要有第四系松散地层中的空隙潜水和基岩裂隙水两大类，地表水、地下水呈中性-弱碱性，对钢筋、混凝土无侵蚀作用。

6.1.3　官坝河泥石流特征分析

1. 沟谷发育特征

官坝河山洪泥石流流域可划分为清水区、形成区、流通区、堆积区（见图 3-2）。

（1）从入海口到象鼻寺处沟段为泥石流堆积区。该段地势相对平坦，海拔 1508～1558m，沟长 5.42km，平均纵坡 9.2‰，岭谷高程相对较小，象鼻寺至入海口为宽浅宽谷。象鼻寺-吴家院子河道两岸已修导流防护堤，堤高 2～3m，河道宽 20～80m，河道内心滩、边滩较多，粗大颗粒减少；吴家院子到提灌站处，河道窄浅，宽度约为 15m；老提灌站到入海口处为 1998 年官坝河截弯取直后的泥沙堆积区，平面上呈梭子状，河道宽 10～20m，河口两侧呈沙嘴状，滩地已大部分开发成耕地。

（2）从大坪子到象鼻寺处为流通区。海拔 1558～2215m，沟道总长为 12.5km。①上段为大坪子—石安村，沟长 6.2km，平均纵坡 75‰，其中大坪子至大湾子段坡耕地较少，两岸植被覆盖度高，坡度较陡，弯道较多，局部地段基岩出露，大湾子至石安村为低山谷地地貌，为“U”形谷，宽度为 10～200m，常流水期河面宽度为 2～8m，两岸阶地发育，坡度近乎直立；②中段为石安村—建新园艺场，河道展宽，转化为宽浅河谷，以堆积为主，沟长 4.12km，平均纵坡 36.7‰，主河道宽度为 50～250m，汊流多，辫状水系发育，心滩边滩大部分已开发成耕地；③下段为建新园艺场—象鼻寺段，槽型谷，沟长 3.38km，平均纵坡 13.6‰，弯道多，沟道宽窄不一，沟床 10～50m，两岸山坡陡立，植被覆盖良好。

（3）泥石流形成区为大坪子至洛哈段，海拔 2215～2500m，呈漏斗型，坡度陡，坡耕地多，森林砍伐严重，水土流失严重；坡岸重力侵蚀严重，崩塌滑坡数量较多。

（4）依据实地勘查与遥感分析，泥石流清水区位于源头至洛哈段，海拔 2500～2999m，该区局部沟道植被完好，崩塌、滑坡少，为清水汇流区（图 6-2）。

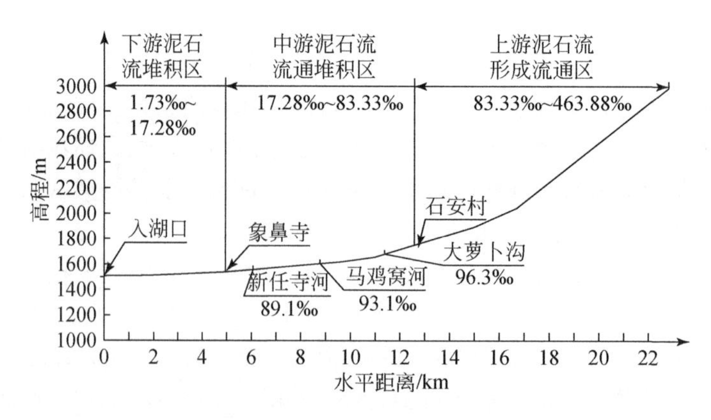

图 6-2　泥石流分区特征图

2. 官坝河泥石流发展趋势分析

官坝河具备了泥石流形成必须具备的三大条件：一定的松散固体物源、强大的水动力和适合的地形条件。从单因素分析可知，官坝河在未来依然可能暴发泥石流，在强地震和强降水等多因素的偶然联合作用下，可能会发生超过百年一遇的泥石流。由于官坝河流域的水土保持工作和植树造林工作取得了一定的成效，水土流失现状明显改善，泥石流的规模和频率都会减小。

3. 官坝河泥石流防治标准

鉴于官坝河主要危害对象为村镇，主沟工程按 20 年一遇设计，50 年一遇校核。支沟工程按 10 年一遇设计，20 年一遇校核。

6.1.4　官坝河泥石流防治规划

1. 防治目标及范围

本次泥石流防治以控制山区山洪泥石流对邛海的淤积，延长邛海的寿命，保护流域范围内人民生命财产的安全，打造典型示范工程为目标，防治范围为官坝河的整个流域，重点是主沟张巴寺河中上游的泥石流形成区。

泥石流防治以官坝河小流域为基本单元，其范围从上游清水区，形成中游的流通区到下游整个堆积区。其中，上游清水区属于生态环境治理区，下游堆积扇危险区属于人类社会活动灾害治理区，两区灾害性质和治理要求各不相同。泥石流形成区是防治泥石流的关键部位，是实施主动治理和使用硬性措施的集中地段，堆积扇危险区是减轻泥石流灾害损失的重点，是部署被动防御设施和采取软性措施的主要地段。

2. 主要防治措施

本次官坝河治理采用全流域综合治理模式，集上游防止山洪泥石流发生，中游限制泥石流活动，下游免除泥石流灾害，保护流域山地自然环境和减少入湖泥沙淤积为一体。对流域实施软性防护和硬性防护相结合的综合治理，包括生物的、工程的、预报预警的和行政与法制管理的综合措施。最终建立具有多个防御层次，多种防护功能的防御体系（图 6-3）。

1）生物防御体系

以官坝河上游水源区坡面治理为主，兼顾中游形成区及下游沟道堆积区，以退耕还林还草和封山育林工程为依托，提高乔灌草覆盖率等措施，达到抑制泥石流发生，减少水土流失，美化山地环境目的。在 25°以上坡耕地上进行退耕还林，以减少中度侵蚀面积，并在宜林荒山上进行飞播造林和封禁管理；在坡度小于 25°的坡耕地上大力提倡和推广坡改梯地及地埂栽植措施，以减少轻度水土流失和部分中度流失面积。

2）工程防护体系

沿形成区以下沟道布置各类治理工程。流域主沟形成区和各支沟的中上游修建谷坊群，控制流域产沙输沙量；在流通区修建骨干拦砂坝，起固床、稳坡、防冲作用，减小泥石流容重和规模，促使水土分离；在流通区-堆积区修建护岸、潜槛及排导槽和导流堤等，稳定沟床，疏导山洪和泥石流，降低泥沙浓度，保证入海泥沙的清洁。同时完善和补充已有工程，形成完整的治理和防护体系，达到控制水土流失的目的。

A. 主沟措施

根据官坝河入海泥沙淤积量大及泥石流的形成分区和防治功能分区，水源区和形成区坡面裸露，坡面侵蚀导致水土流失严重等特点，该区域应针对性地设置浆砌谷坊，谷坊高度控制在 10m 以下；官坝河中上游沟道滑坡崩塌多，应控制这些地方的物源。

B. 支沟措施

官坝河流域面积较大、来水量大，历史上有多次山洪泥石流发生。支流主要有三条：麻鸡窝河、新任寺河和大萝卜沟（包括大河山沟），另外还有一些规模较小的溪沟，因此，对其进行有针对性的设防。具体措施为：有针对性地设置浆砌谷坊，较大支沟设置 3～5 个，一般支沟设置 2～3 个谷坊，谷坊高度控制在 5m 以下，对主沟有较大影响的支沟在沟口上部设置拦砂坝。

3）预报预警体系

在山洪泥石流的形成流通区安装自动遥测雨量计和泥石流预报器。监测山洪泥石流的发生，传送危害信息，减少人员伤亡和经济损失。

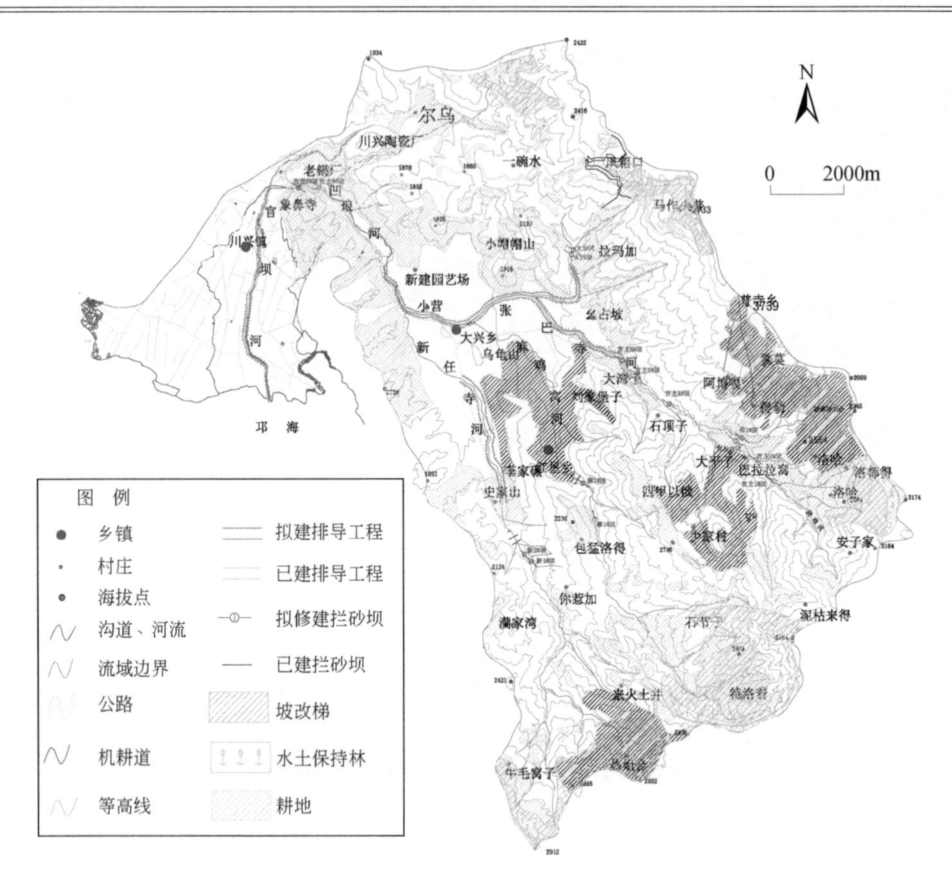

图 6-3　官坝河流域综合治理布置图

4）行政管理措施与法制体系

在治理工程实施和运行期间，由当地政府部门统一领导，对全流域的生物和工程措施进行管理和监督，确保工程的效果及使用寿命；同时，积极开展防御泥石流灾害、保护生态环境的科普宣传和应急培训工作，提高当地群众的防灾减灾、环境保护意识、责任和义务。

6.1.5　官坝河泥石流防治工程设计

本次泥石流防治工程主要包括拦挡工程和排导防护工程。拦挡工程包括谷坊工程和拦砂坝工程，共 14 座，分布于流域内主支沟内，其中谷坊 12 座，拦砂坝 2 座；排导防护工程分为四段，分别为官坝河大兴段、官坝河焦家村段、新任寺河段和大萝卜沟段，位置如图 6-4 所示。

本书以目前公认的用于小流域设计洪水的推理公式为基础，并参照《四川省水文手册》，选用适当的参数值，计算出流域的洪峰流量，进而采用《泥石流灾害防治工程设计规范》中方法进行泥石流流量的计算，见表 6-5 和表 6-6。

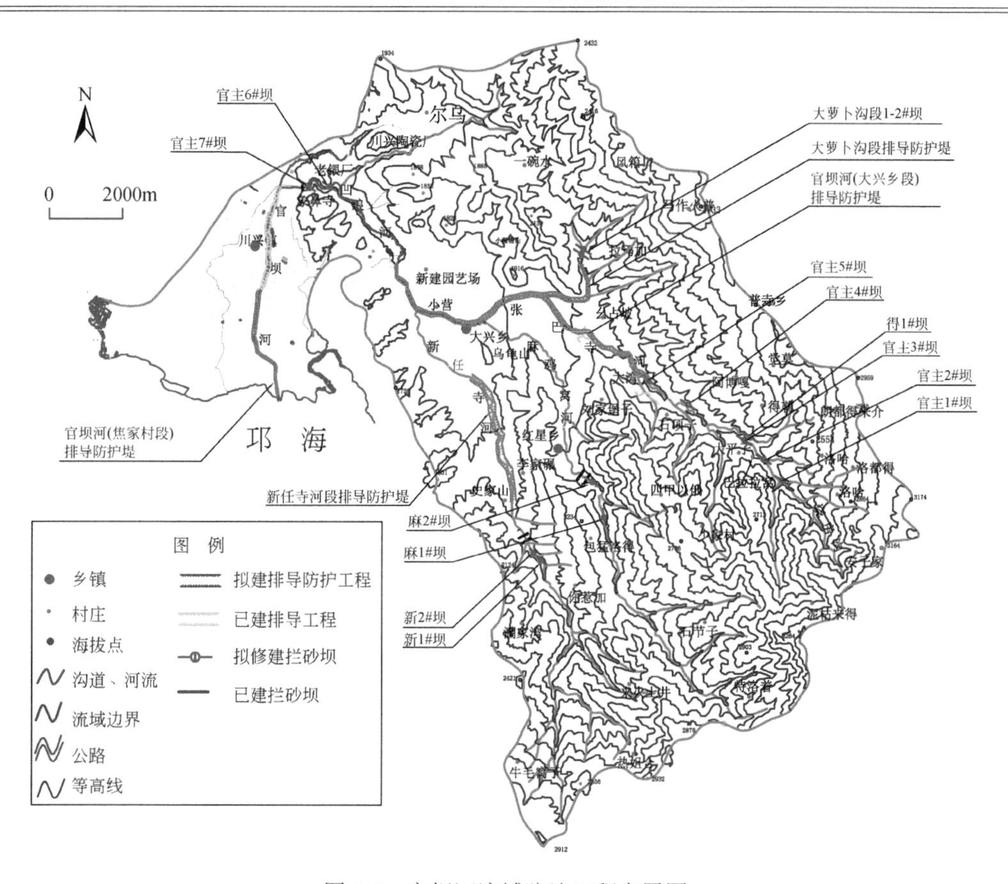

图 6-4　官坝河流域防治工程布置图

表 6-5　官坝河拟布设工程断面附近泥石流参数计算结果表

名称	频率	官坝寺主河				麻鸡窝河	新任寺河	大萝卜沟	得勒洼石
参数	*P*/%	入海口	老银厂附近	大湾子附近	巴拉拉窝上游 300m	过水路面上游	已修坝附近	左支沟沟口	沟口处
容重	1	1.50	1.77	1.87	2.01	1.77	1.82	1.67	1.77
	2	1.42	1.69	1.78	1.93	1.69	1.74	1.58	1.69
	5	1.30	1.58	1.67	1.82	1.58	1.62	1.47	1.58
	10	1.22	1.49	1.58	1.73	1.49	1.54	1.39	1.49
流速	1		5.62	8.02	6.23	3.33	3.86	3.86	3.19
整体冲击力	1		168.33	360.09	234.50	58.97	81.24	74.48	54.31
石块冲击力	1		205.67	559.76	646.25	109.61	130.75	58.13	46.37

表 6-6　各拟布设工程处不同频率泥石流流量值　　（单位：m^3/s）

名称	Q_{cp}=1%	Q_{cp}=2%	Q_{cp}=5%	Q_{cp}=10%
主沟 1#	—	—	—	—
主沟 2#	125.04	100.62	76.31	61.82
主沟 3#	93.62	75.34	57.14	46.29
主沟 4#	214.93	177.72	138.64	114.27
主沟 5#	233.49	192.53	149.78	123.24

续表

名称	Q_{cp}=1%	Q_{cp}=2%	Q_{cp}=5%	Q_{cp}=10%
主沟 6#	308.16	257.61	205.80	173.20
主沟 7#	380.22	318.35	254.96	215.10
麻鸡窝河 1#	91.75	79.60	67.04	58.82
麻鸡窝河 2#	64.23	55.72	46.93	41.17
新任寺河 1#	107.41	91.43	76.64	67.05
新任寺河 2#	75.19	64.00	53.65	39.80
得勒洼石	36.72	33.28	29.30	26.64
大萝卜沟 1#	63.07	56.68	50.39	46.21
大萝卜沟 2#	39.66	36.25	32.23	29.05

1. 主流拦砂坝工程设计

拦挡工程包括谷坊工程和拦砂坝工程，共 14 座，分布于流域内主支沟内，其中谷坊 12 座，拦砂坝 2 座，以主沟 7#坝为例，其位于象鼻寺过水坝上游处，该处亦为出山口，距入海口 5066m，坝顶高程 1559.1m，上游弯道多，两岸山坡陡立，不存在居民点和耕地的淹没问题，拟采用混凝土的结构形式，该处两岸基岩出露，坝下游过流坝可做副坝，对坝下缘基脚起到防冲和保护作用；在坝体右侧山坡修筑便道，以便上坝巡查检修图 6-5。

1）溢流坝段

溢流坝段长 30m，上部为开敞式溢流堰，中上部多孔排水，下部 5m 不开孔的拦砂坝结构。开敞式溢流堰水平，长度为 30m；两侧微倾，坡度 5%，宽度 2.85～3m，溢流段最低点距非溢流段坝顶 3m。上游坝坡系数 0.5，下游 0.1。基础宽度 15.9m。最大净坝高 15m，最小净坝高 14.5m。基础齿墙深 10m。坝身与基础均用 C_{15} 混凝土。

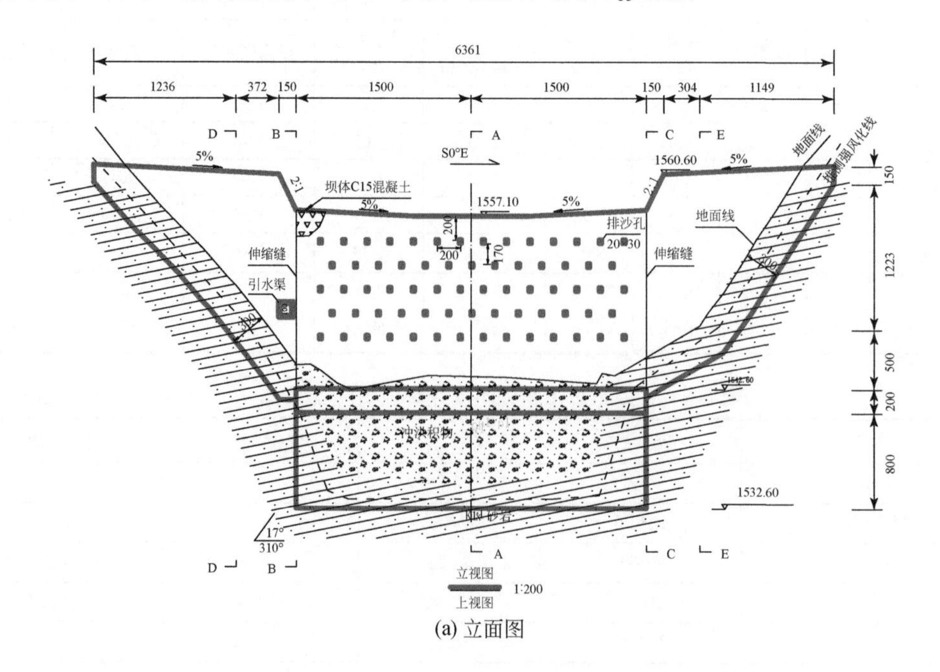

(a) 立面图

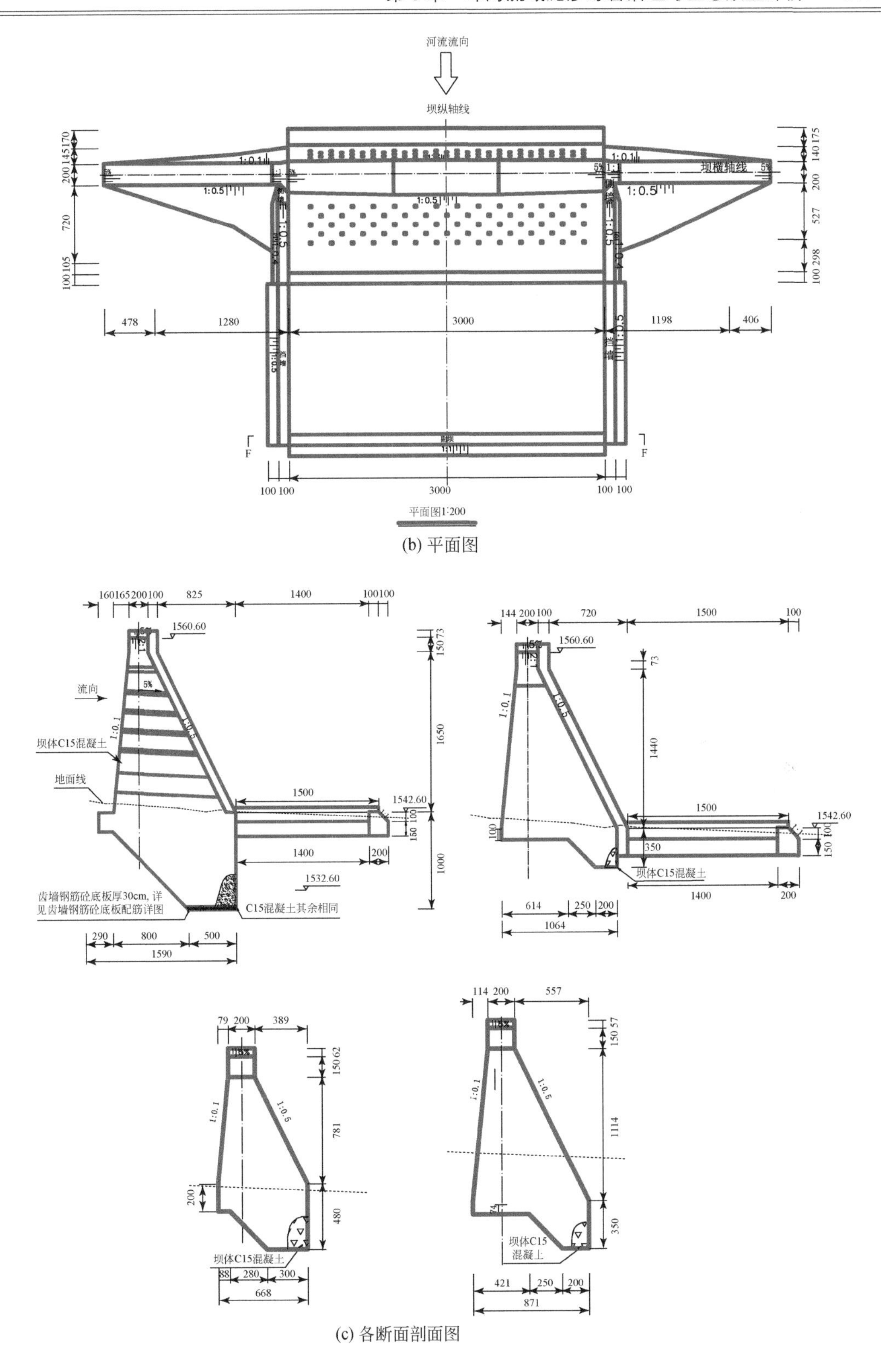

(b) 平面图

(c) 各断面剖面图

图 6-5　主流拦砂坝 7#坝工程设计图（单位：cm）

2）非溢流坝段

非溢流坝段长：左岸 12.74m，右岸 15.82m。上游坝坡系数 0.5，下游 0.1。坝顶宽均为 2m。基础齿墙深均为 3.5m。坝身与基础均用 C_{15} 混凝土浇筑。

3）侧墙及消力池挡墙

侧墙顶长 1～1.5m，宽 1m，外侧坡系数为 0.4，下游侧边坡系数为 0.5，上游侧边坡紧贴非溢流段下游侧边坡，墙高：左岸 14.4m，右岸 13.76m。基础埋深 2.5m。

消力池挡墙长 15m，墙高 1m，顶宽 1m，内侧为直墙，外侧边坡系数 0.5，基础埋深 2m，墙身与基础均用 C_{15} 混凝土浇筑。

4）副坝

坝下游消能工采用副坝型。

A. 副坝

副坝为混凝土石重力式结构，长 30m，净坝高 1.0m，基础深度 1.5m。顶宽 1m，底宽 2.0m，外侧边坡系数 1，内侧边坡垂直。基础和坝身均采用 C_{15} 混凝土浇筑。

B. 细部构造

副坝坝身不开孔，顶面做成顺向坡，流向纵坡为 5%。

副坝内应回填粒径大于 40cm 的粗大块石。

5）细部构造

A. 伸缩、沉降缝

伸缩、沉降缝合二为一。溢流坝段和非溢流坝段接触部位设伸缩沉降缝。

伸缩沉降缝采用 2cm 浸泡沥青后的木板或三毡四油的沥青板。

B. 齿墙

溢流坝段基础齿墙深 10m，底宽 5m，上游面边坡系数 1.0，下游面竖直，齿身为 C_{15} 混凝土浇制。

非溢流坝段基础齿深 3.5m，底宽为 2m，上游面边坡系数 1.0，下游面垂直。齿身为 C_{15} 混凝土浇制。

C. 排水孔

坝身中中部的排水孔作品字形排列，共五排，排距 1.7m，平距 2.0m，孔宽 0.2m，高 0.3m，流向纵坡为 5%，坝身底部 5m 不开孔。

D. 便道

在坝体右侧山坡修筑上、下便道，路宽 1m，坡度 1∶1.5，上下边坡总长 80m，以便上坝巡查检修。

2. 支沟拦砂坝工程设计

支流拦砂坝工程设计以麻鸡窝河 1#拦砂坝为例（图 6-6）。

1）溢流坝段

溢流坝段长 15m，上部为开敞式溢流堰，下部为多孔排水的拦砂坝结构。开敞式溢流堰分为三段，长度均为 5m；中部水平，坝顶宽度 2m，两侧微倾，坡度 5%，溢流段最低点距非溢流段坝顶 1.8m；上游坝坡系数 0.5，下游 0.1。基础宽度 9.39m。最大净坝高 8.2m，最小净坝高 8.0m。基础齿墙深 1.6m。坝身及基础用 $M_{7.5}$ 浆砌石，齿墙底部现浇钢筋混凝土底板厚 30cm，下游坝锺处设置 C_{15} 混凝土挡坎。在坝体右侧山坡修筑便道，以便上坝巡查检修。

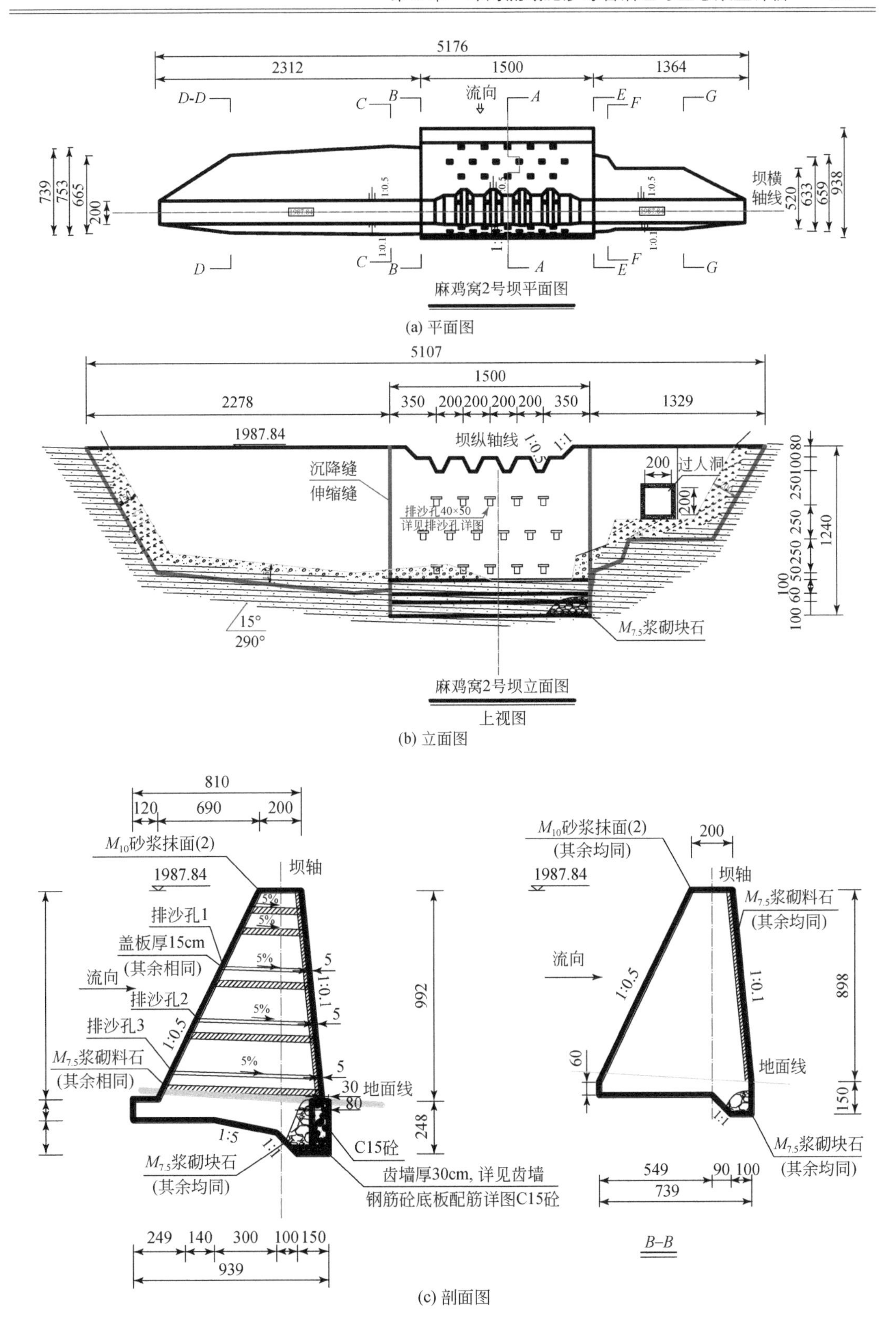

图 6-6　支流麻鸡窝河 1#拦砂坝工程设计图（单位：cm）

2）非溢流坝段

非溢流坝段长：左岸 9.56m，右岸 20.05m。上游坝坡系数 0.5，下游 0.1。坝顶宽为 2.0m。基础齿墙深均为 1～1.5m。坝身与基础均用 $M_{7.5}$ 浆砌石砌筑。

3）细部构造

A. 伸缩、沉降缝

伸缩、沉降缝合二为一。溢流坝段和非溢流坝段接触部位设伸缩沉降缝。

伸缩沉降缝采用 2cm 浸泡沥青后的木板或三毡四油的沥青板。

B. 齿墙

溢流坝段基础齿墙深 1.6m，底宽 1.5m，上游面边坡系数 1.0，下游面竖直，齿身为 $M_{7.5}$ 浆砌块石浇筑。齿墙底部设一层 30cm 厚钢筋混凝土（按构造钢筋布筋）。

非溢流坝段基础齿深 1～1.5m，底宽为 1m，上游面边坡系数 1.0，下游面垂直。齿身用 $M_{7.5}$ 浆砌块石。

C. 排水孔

坝身中部的排水孔作品字形排列，上排（*A* 排）5 个，中排（*B* 排）6 个，下排（*C* 排）7 个，排距均为 1.5m。上排（*A* 排）与中排（*B* 排）平距均为 2m，孔宽 0.4m，高 0.5m，流向纵坡为 5%；下排（*C* 排）平距 2m，为梳齿孔，倒喇叭形，孔宽 0.5m，高 1.5m，流向纵坡为 5%。

D. 预制钢筋混凝土板

排水孔顶部预制钢筋混凝土顶板。预制板有 0.8m×0.8m×0.15m、0.8m×0.93m×0.15m、0.8m×0.4m×0.15m 三种规格。

E. 便道

在坝体右侧山坡修筑上、下便道，路宽 1m，坡度 1∶1.5，上下边坡总长 30m，以便上坝巡查检修。

3. 排导防护堤工程设计

排导防护工程分为四段，分别为官坝河大兴段、官坝河焦家村段、新任寺河段和大萝卜沟段。其中官坝河大兴段排导防护堤最具代表性，下面进行详细介绍。

官坝河主河拟建防洪堤起点自大湾子处（拟建 5#坝处），终点为大兴乡建新园艺场处，桩号为 00+00.0～73+90，设计堤顶高程 1603.52～1964.24m，护堤左堤长 7390m，右堤长 7385m，槽首设计流量 $P_{5\%}$=149.8m^3/s，流速为 4.5m/s，槽尾设计流量 $P_{5\%}$=200.2m^3/s，流速为 5.5m/s；该河段共有三处主要支流汇入口，由下游至上游分别为新任寺河、麻鸡窝河和大萝卜沟河。由于支流汇入导致流量变化，因此可将河段分为四段，如图 6-7 所示，由下游至上游分别为Ⅰ、Ⅱ、Ⅲ、Ⅳ段。

防护堤基本截面尺寸为顶宽 0.8m，底宽 2.0m，高 4.0m，基础埋深 1.5m，左、右间距 10.0m，在弯道处布设 1 道肋坎，基础与堤基埋深一致，采用 $M_{7.5}$ 浆砌石砌筑，迎水面边坡直立，堤脚采用砂砾石回填。背水面边坡采用 1∶0.3，整个基础置于稍密砂砾石层上。具体可按Ⅰ、Ⅱ、Ⅲ、Ⅳ段进行划分，不同段落防护堤具体尺寸和类型详见图 6-8。

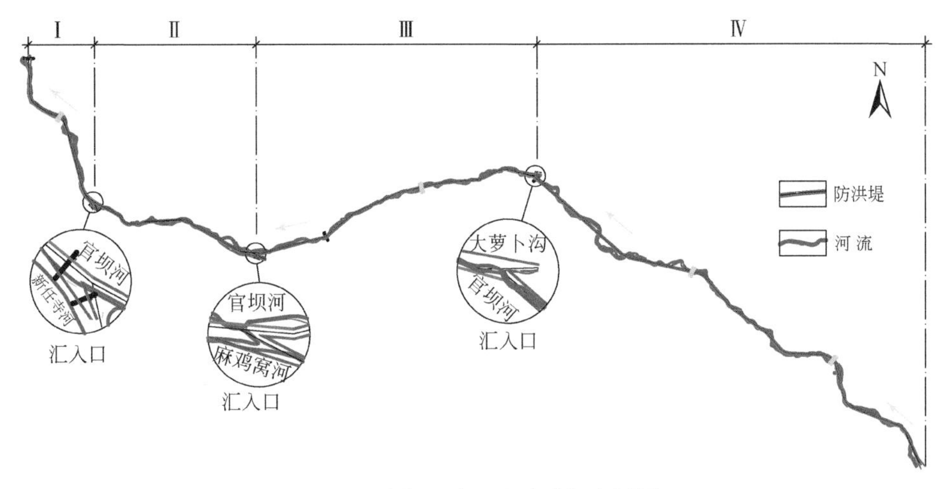

图 6-7　官坝河大兴段防洪堤布置图

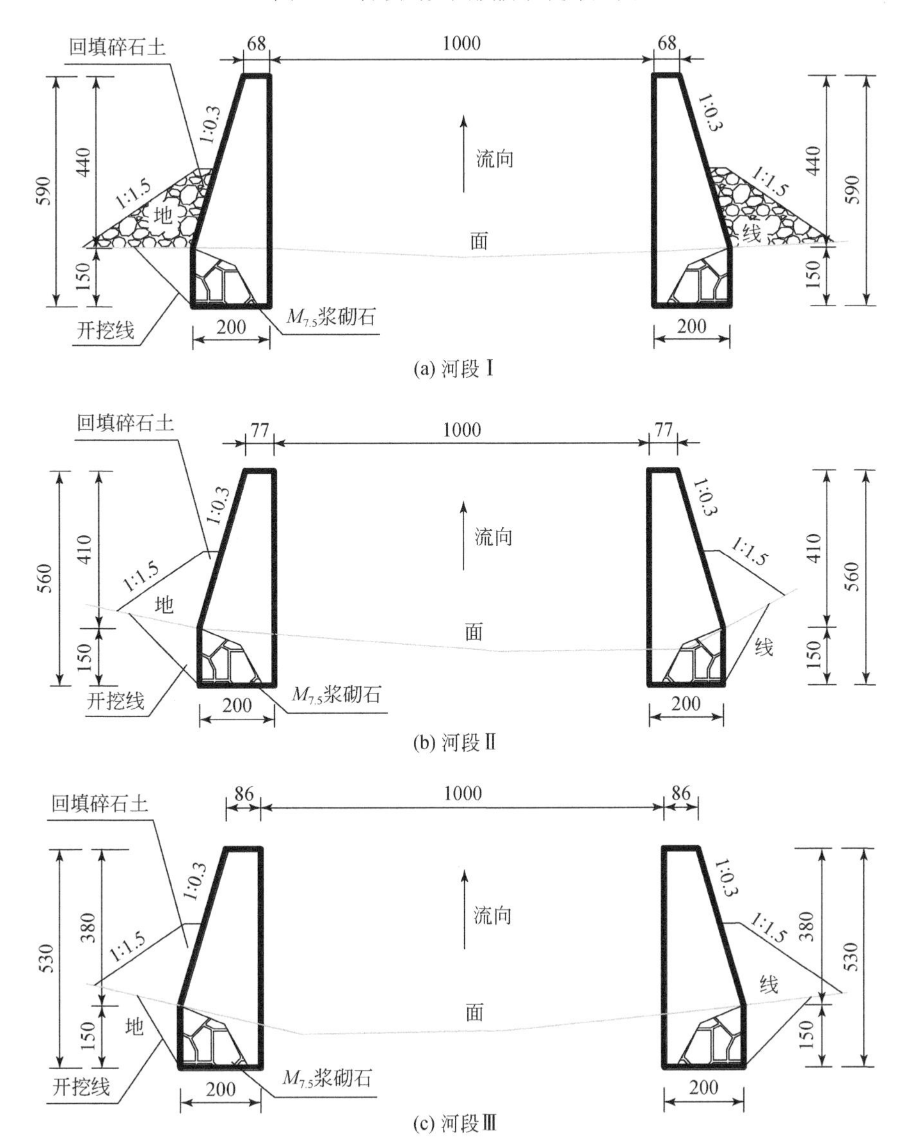

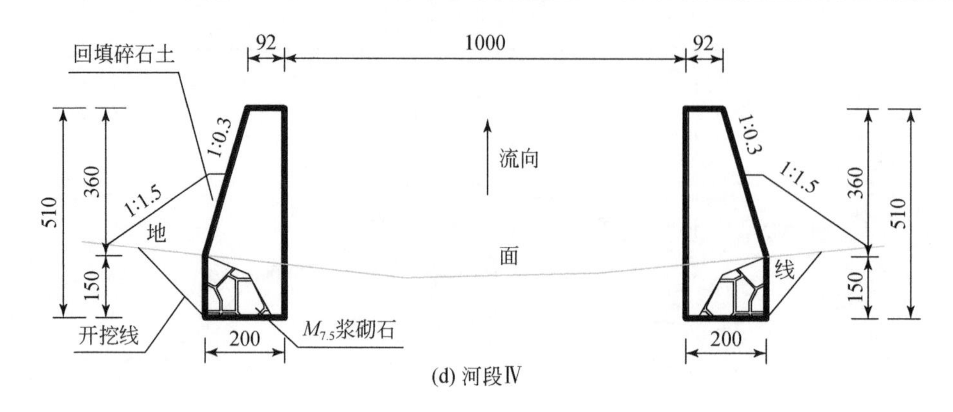

(d) 河段Ⅳ

图 6-8　不同段落防护堤标准横断面尺寸（单位：cm）

1）肋坎

为了防止堤内水流冲刷淘蚀堤底基础，在每个弯道处布设一道防冲肋坎，并且根据各段特点采用不同尺寸类型，具体尺寸和类型详见图 6-9。

2）踏步

为了方便当地居民过沟方便及安全，在不同沟段布设便桥，根据沿途堤岸的尺寸变化，具体尺寸和类型详见图 6-10，根据实际使用条件及相关工程经验，本次踏步距采用 200m，且在两岸防护堤之间交错布置。官坝河（大兴乡段）需布设 37 个。

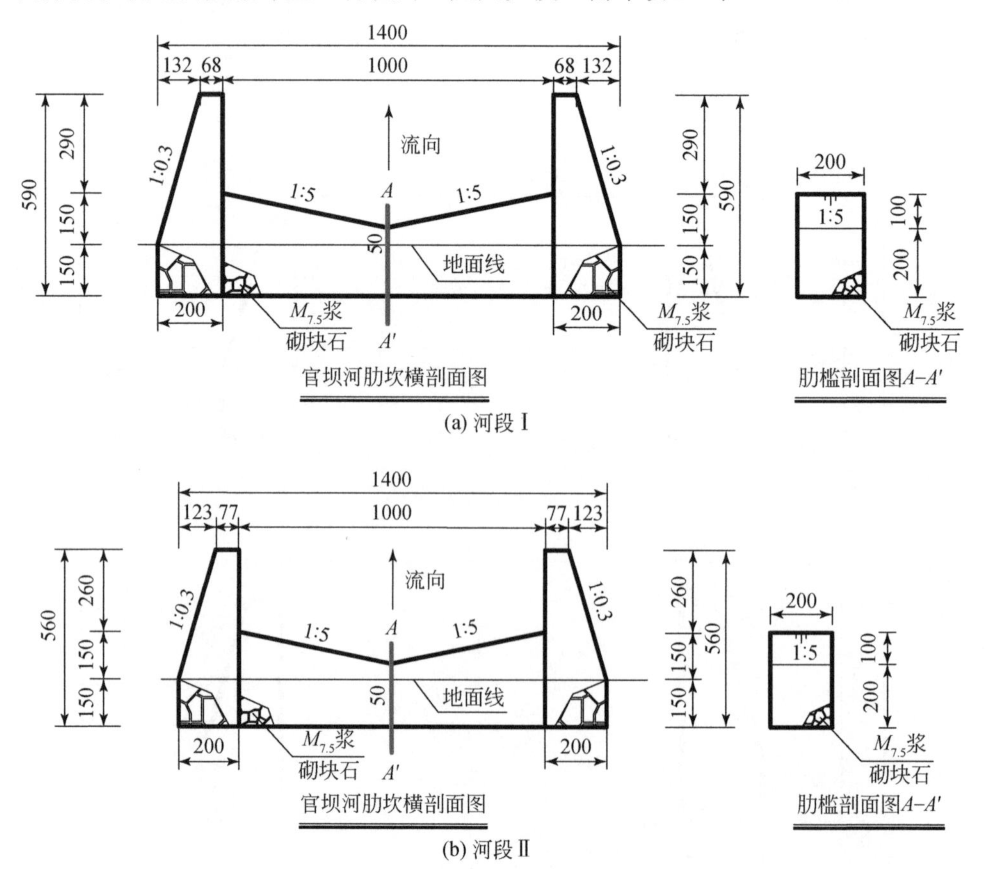

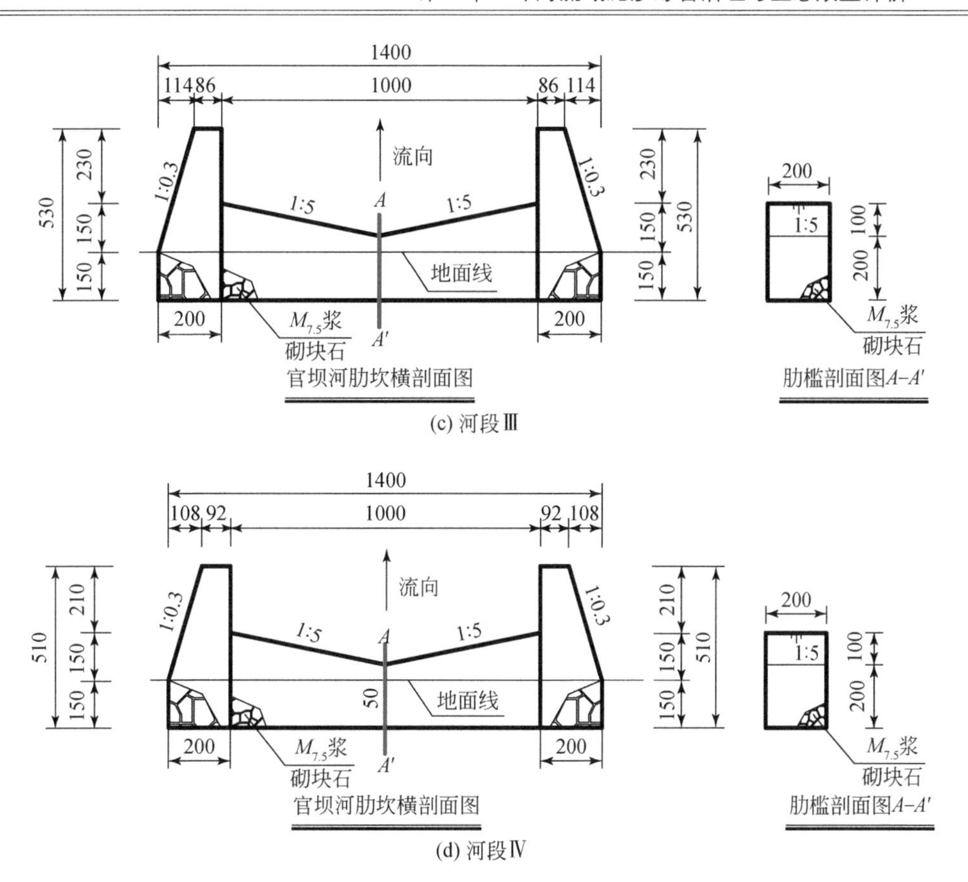

(c) 河段Ⅲ

(d) 河段Ⅳ

图 6-9　不同段落防护堤弯道肋坎标准横断面尺寸（单位：cm）

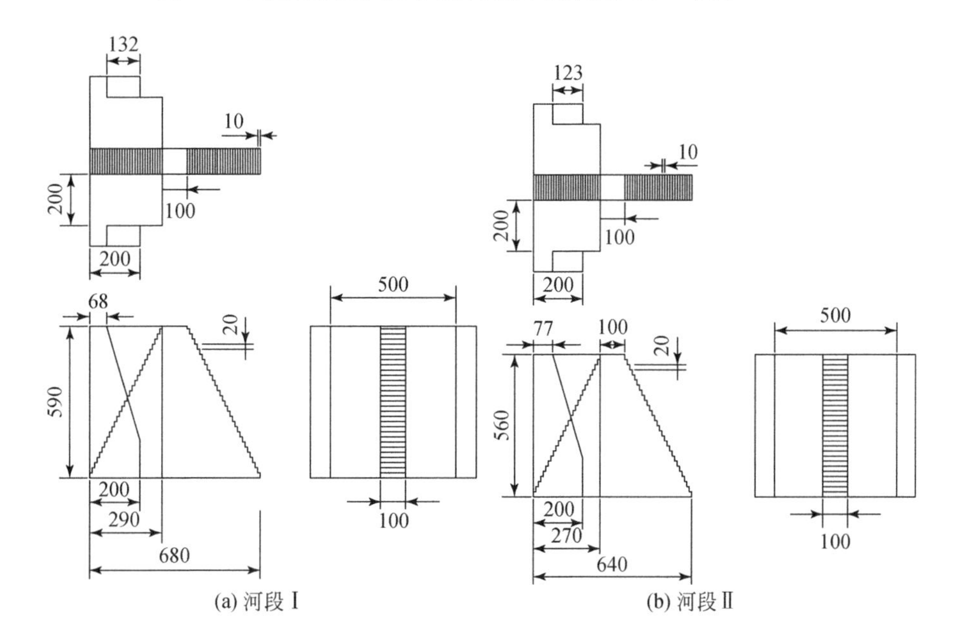

(a) 河段Ⅰ

(b) 河段Ⅱ

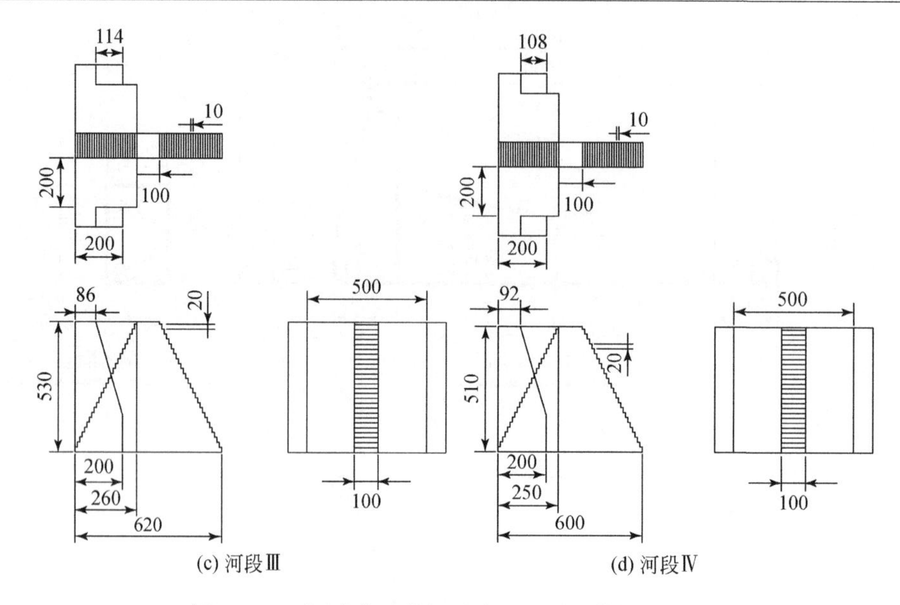

(c) 河段Ⅲ　　(d) 河段Ⅳ

图 6-10　不同段落防护堤踏步设计图（单位：cm）

3）便桥

为了方便当地居民过沟运输方便，在不同沟段布设便桥，根据实际沟道特点和需要，在官坝河（大兴乡段）布设 4 座小桥。

4）弯道

由于在弯道处存在弯道超高，根据计算，各弯道超高值为 0.2～0.8m，弯道突岸排导防护堤加高 0.5～1.0m，加宽为 0.1～0.3m（详见计算书），加高和加宽部分与原尺寸应以缓坡、渐变的形式过渡。

5）支沟汇入

为了保证支沟水流能顺利汇入主沟，并防止主沟水流回淤支沟，在各支沟沟口处布设一段排导防护堤，将支沟水流引入主沟，支沟排导防护堤呈喇叭形与主沟排导防护堤衔接，高度为 2～5m，顶面呈缓坡过渡，堤顶宽 0.5～0.8m，底宽 1.5～2m，基础埋深 1～1.5m，左、右间距 6～10m，采用 $M_{7.5}$ 浆砌石砌筑；同时为了防止支沟水流冲刷淘蚀主沟防护堤基底，主沟相对应一侧防护堤采取基础加深处理，基础埋深 2m，加深段范围为支沟水流冲击主沟防护堤的交汇点处上下游各 10m。下面以新任寺河支流汇入口为例进行介绍，详见图 6-11。

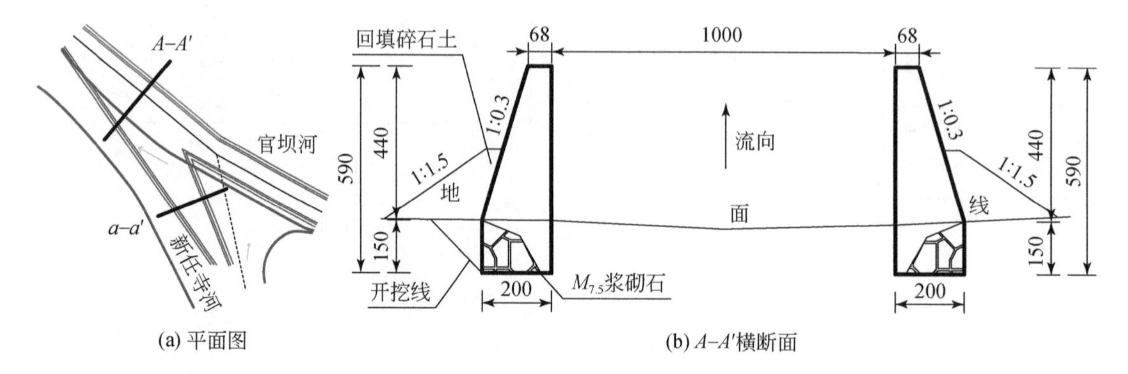

(a) 平面图　　(b) A–A'横断面

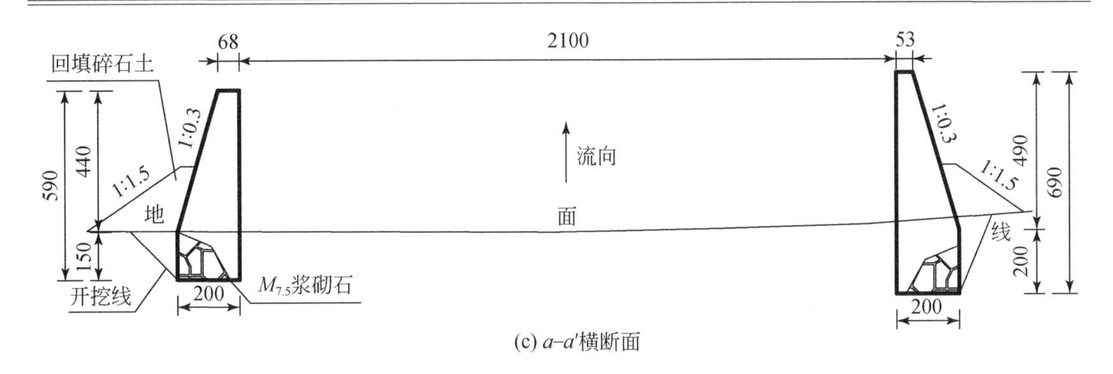

(c) a–a′横断面

图 6-11　支流汇入口处防护堤横断面设计图（单位：cm）

6.2　邛海流域泥沙治理生态效益评价

6.2.1　邛海寿命预测分析

邛海流域为青藏高原东边界强烈隆升和挤压过程中形成的典型构造断陷湖泊，在历史上经历了拉裂形成和变深发育的过程，当前则处于其后期填充淤积期，邛海面积和水深都在逐渐变小，邛海面积从 1952 的 31km^2 减少到 2010 年的 27km^2，邛海从 1952～2003 年的 51 年间淤积了 27×10^{6}m^3 泥沙，平均每年淤积约 17.09mm，平均水深也由原来的 14.0m 减少到 10.95m。邛海流域共分布 8 条支沟，最大的官坝河流域面积 137.24km^2，其次为鹅掌河，流域面积为 54.31km^2，两个泥石流沟的流域面积之和占邛海全流域的 62.3%，每年具有不同程度泥石流暴发，其他 6 条支沟则主要以洪水为主，对邛海泥沙淤积贡献较弱。何杰等指出邛海流域北片区的官坝河和南片区的鹅掌河对邛海泥沙淤积贡献较为突出[178]。余斌等发现鹅掌河泥石流灾害频发，将大量泥沙携带进入邛海产生严重淤积[179]。估算邛海流域全新世以来入海口附近堆积扇面积为 35.44km^2，其中官坝河和鹅掌河堆积扇面积明显较大，官坝河堆积扇面积 25.83km^2，鹅掌河堆积扇面积 3.38km^2，分别占总堆积扇面积的 71.8%和 9.40%，两个泥石流堆积扇面积之和占总堆积扇面积 81.2%，说明官坝河和鹅掌河泥石流活动对邛海的泥沙淤积贡献较大；另外，从整个流域侵蚀速率来看，官坝河流域中上游和中下游区的平均侵蚀模数分别为 3842t/（km^2 • a）和 3538t/（km^2 • a），鹅掌河流域平均侵蚀模数达到 3542t/（km^2 •a），均高于邛海流域平均侵蚀模数 2781t/（km^2 •a）[165]，无论从各支沟流体性质还是堆积扇面积大小来看，官坝河和鹅掌河流域内的物源供给和侵蚀输沙能力都远大于其他支沟，山洪泥石流活动控制着邛海流域侵蚀输沙和湖泊演化过程。目前世界各地正逐步进入地震活跃期和极端气候异常期，又加上近年来人类活动频繁，未来泥沙淤积问题将更加严重，如果湖泊在当前泥沙淤积严重时期不进行有效治理和规划，在假设当前地质构造稳定且水面变化不大的情况下，按当前泥沙淤积速率 17.09mm/a 进行估算，预测其寿命将仅约 600 年，邛海将被沉积物所填充而局部转变为陆地，又加上邛海周围各支沟泥沙淤积速率不等，未来邛海可能被泥沙淤积分割成大小不等的多处水塘。

6.2.2 邛海泥石流防治建议

邛海流域的侵蚀特征变化将为邛海流域泥石流及泥沙治理提供依据。本次对邛海流域周边典型小菁河、鹅掌河和干沟河进行调查，探索不同防治措施下各支沟侵蚀产沙特征，为官坝河及其他支沟泥石流和泥沙灾害制订合理治理方案提供参考。

目前小菁河、鹅掌河和干沟河入湖口处年淤积量分别为1500m^3、1162.45m^3和2157.78m^3。综合考虑上面沟道及入湖口淤积泥沙的颗粒分布特征，发现入湖口淤积泥沙颗粒大小为0.005～2mm，流入邛海内的泥沙颗粒为小于 0.005mm 的粉黏粒，故本次将粒径大于0.005mm 的泥沙定为推移质，粒径小于 0.005mm 的粉黏粒定为悬移质，结合各支沟上游的颗粒分布特征，估算小菁河、鹅掌河和干沟河每年入湖泥沙量分别为 163.67m^3、133.21m^3和 184.85m^3。

另据实地调查，小菁河和鹅掌河流域已建有拦挡和排导工程，并在上游进行了封山育林，而干沟河只是采取了一些水土保持措施。其中，小菁河左右两个支沟共 6 个拦沙坝，坝高 3m 左右，沟道坡度约 3°，坝内基本淤满，拦沙坝内年淤积量为 2045.62m^3；鹅掌河共 21 个拦沙坝，平均坝高 3m，沟道平均坡度 3°，坝内有超半数的库容已经淤满，拦沙坝内年淤积量为 976.89m^3。综合分析两条支沟陆上和陆下泥沙淤积结果，小菁河已建 6 个拦沙坝，每年拦截的泥沙量占流域年泥沙侵蚀量的 56%，湖口淤积和入湖淤积量分别占 40%和 4%；鹅掌河已建 21 个拦沙坝，每年拦截的泥沙量占流域年泥沙侵蚀量的 43%，湖口淤积和入湖淤积量分别占 51%和 6%。由此可见，两条支沟上的拦沙坝在短时间内发挥了很大的拦沙作用，特别是阻止泥沙淤积方面邛海起到了很大的作用且效果明显。

根据 3 条典型支沟泥沙淤积量反演流域的侵蚀产沙模数（表 6-7，图 6-12），小箐河的侵蚀模数约为 1766.40t/(km^2 • a)，鹅掌河的侵蚀模数约为 2054.97t/(km^2 • a)，干沟河的侵蚀模数约为 2356.49t/(km^2 • a)，均小于邛海流域的历史平均侵蚀模数 2575.97t/(km^2 • a)，说明采取相应的治理措施后，大大降低了流域的土壤侵蚀量和湖泊泥沙淤积量。另外各支沟所采取的治理形式不同和工程设计是否合理，将会导致治理效果差别较大，但整体来看，采用工程和生物措施相结合要优于单一工程治理。

表 6-7 邛海流域 3 条典型支沟泥沙堆积情况

流域	小箐河		鹅掌河	干沟河
	右支沟	左支沟		
流域面积/km^2	6.68		54.31	38
拦砂坝修建时间	2005.2.20		2002.2.15	
坝内年堆积量/m^3	1465.41	580.21	976.89	
入湖口年淤积量/m^3	1500.00		1162.45	2157.78
入湖年淤积量/m^3	163.67		133.21	184.85
流域侵蚀模量/[t/(km^2 • a)]	1766.40		2054.97	2356.49

针对官坝河山洪泥石流的特征及其侵蚀淤积危害，建议对全流域实施工程治理和生态防护相结合的综合治理模式，在官坝河流域建立具有多个防御层次、多种防护功能的防御

体系，即上游实行水土保持和封山育林，保护源区的生态平衡，中下游拦挡和排导相结合，将泥石流大量固体物质拦截于坝体内，降低山洪泥石流规模，并在中游沟道修建防护堤，将水流归槽，一方面可以保护沿岸已有耕地，另一方面也可以开发河滩地，缓解人多地少的窘境。同时，还应积极开展防御泥石流灾害、保护生态环境的科普宣传和应急培训工作，提高当地群众的防灾减灾、保护环境意识，强化居民防灾义务和责任。

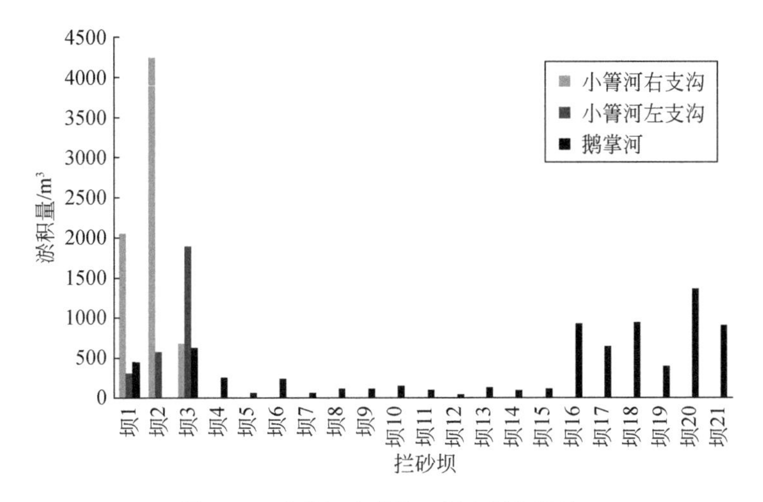

图 6-12　小箐河和鹅掌河坝内淤积泥沙

第7章　结论与展望

7.1　主 要 结 论

（1）区域调查发现邛海流域（307.64km^2）内共发育 179 个滑坡，其总体积和面积分别为 252×10^4m^3 和 54×10^4m^2，影响范围达到 162km^2。其中，官坝河和鹅掌河内滑坡数量分别为 98 个和 63 个，分别占总滑坡数量的 54.73%和 35.19%，这些滑坡在相同气候、下垫面背景条件下呈现明显分布差异，明显受则木河断裂及其次级断裂带控制，呈现明显簇状分布特点，平均滑坡数量密度为 1.1 个/km^2。

（2）总结出发震环境、簇状集群分布特点、滑坡类型和规模、滑坡高位下滑-高速碰撞特点、滑带特征、滑坡堰塞效应、新构造应力场特点和历史地震事件的 8 个标准对邛海流域滑坡特征进行判别，均显示出明显的地震激发特点。

（3）邛海流域历史上距今最大地震为西昌 1850 年 M7.5 地震，而 6 级以上地震触发滑坡数量才会显著增加，其比例随震级增加呈指数分布：$y = 1.46\exp(M/1.22) - 2.09$。当前，下游拦砂坝内淤积泥沙主要源于滑坡持续活动，故推断邛海流域内大量滑坡为 1850 年大地震所激发，至今已达 160 年。

（4）地震诱发滑坡短周期活动性主要受集中强降水控制，长周期活动性则可能受控于频繁地震和极端降水的耦合作用，邛海流域邻近区域地质灾害的发育与所在区频繁地震活动和极端降水事件存在明显的耦合关系，统计资料表明，附近地震次数（≤150km）至少为 10 次以上，且年降水量也在 900mm 以上的年份地质灾害频繁，并进一步指出频繁地震扰动可能对土体结构和强度产生 1～2 年的影响，这也是非极端气候年份流域发生滑坡泥石流事件的根本原因。

（5）一次强烈地震可以在远距离触发滑坡现象，超过了全球类似震级地震的距离极限标准，通过邛海流域地震台站所记录到的汶川地震动加速度数据分析，指出远距离地震对流域内斜坡体扰动变形主要是场地地层放大效应、地形放大效应和盆地边缘断层放大效应三者叠加的结果。

（6）通过 Newmark 法和邛海流域台站记录的汶川地震动加速度数据（相距 336km），计算了汶川地震对邛海流域内脆弱斜坡体（0.01g）的累积位移分别为 0.0602cm（东西向）和 0.1854cm（南北向），指出宏观破坏常以小块石坠落或出现微小裂缝，裂缝在 1～2 个雨季可能会恢复至初始状态，但如与雨季耦合则可能发生滑动破坏。

（7）利用土动三轴试验发现，振动次数超过 20 次后，高饱和度的岩土体累积变形效应更显著，土体强度会产生较大幅度降低，一方面说明一次强震可能对土体强度参数降低幅度显著，另一方面也反映了附近频繁地震的振动累积变形效应也可大幅度促进土体强度降低，特别是雨季处于高饱和状态的土体。

（8）通过运用渗流装置和 GDS 三轴仪对不同细颗粒含量土体进行固结渗透试验发现，土体渗透系数随细颗粒含量减少单调增加，且随着土体初始饱和度的增大而变得更加显著；固结作用对土体渗透系数影响随细颗粒含量减少而增强，随初始饱和度增加而变得明显，特别是对初始饱和度低于 20%或高于 50%时，固结前后土体的渗透性变化较大。经受地震扰动的土体，在强降水作用下内部细颗粒将会被侵蚀输移，进而改变土体性状，增大土体孔隙率和渗透性，但随着不断固结压缩，土体渗透稳定会逐渐增强。

（9）地震诱发滑坡对邛海流域泥石流灾害和泥沙淤积具有显著影响，且频繁的山洪泥石流携带大量滑坡松散物质进入邛海而造成严重泥沙淤积，邛海面积从 1952 年的 31km^2 减少到 2003 年的 27.4km^2。1998 年一次性泥沙推进了 172m，入海淤积量为 68.98×10^{4}m^3，1998 年至今，官坝河入海口总淤积量为 181.08×10^{4}m^3，湖岸线被推进 665m，邛海内湖底扇和水下堤的淤积泥沙主要来自于官坝河和鹅掌河上游的滑坡物质。

（10）利用汶川地震滑坡完整编目和三参数反 Gamma 函数建立历史地震滑坡反演模型，给出拟合参数 $\rho=1.35$，$a=2.25\times10^{-3}\text{km}^2$，$s=-1.82\times10^{-4}\text{km}^2$，并得出相关滑坡总体积计算公式及误差范围：$\lg V_{\text{LT}}=1.45M-11.47(\pm0.33)$，同时，利用该模型推演邛海流域 1850 年 M7.5 大地震的触发滑坡数量为 2884 个（1479～5623 个），滑坡总体积为 0.25×10^{9}m^3，（0.12×10^9～0.54×10^{9}m^3），并据此推算出 1850 年大地震诱发滑坡造成区域最大侵蚀速率达到 1.88（0.88～4.02）mm/a，邛海的最大淤积速率为 18.65（8.73～39.89）mm/a；与前人得到的全新世以来邛海流域泥沙淤积速率 4.04mm/a 和区域侵蚀速率 0.82mm/a 对比，地震前后邛海流域侵蚀速率相差 2.29（1～4.9）倍，淤积速率相差了 4.6（2.16～9.87）倍，表明地震诱发滑坡对流域侵蚀产沙具有重要贡献，进而揭示了 1850 年地震滑坡对流域侵蚀产沙具有长久效应，甚至可能影响一个地震周期 300 年。

（11）全新世至 1850 年的剥蚀速率为 0.82mm/a，邛海流域面积（减去邛海水面面积）279.59km^2，计算得出邛海的寿命为 1230 年，1850～1952 年、1952～2003 年的平均剥蚀速率分别为 1.82mm/a 和 1.71mm/a，在近年来地震和人类强活动的影响下，按此淤积速率预测其寿命将仅约 600 年，邛海将被沉积物所填充而局部转变为陆地，建议在邛海流域建立具有多个防御层次、多种防护功能的工程与生态相结合的防御体系，并加强流域管理和宣传培训等行政法治管理。

7.2 展　　望

本书在研究地震诱发滑坡的长期活动与长久灾害效应研究方面虽然取得了一定的成果，但依然存在不足，需要进一步开展相关研究。

（1）本次仅从宏观分布特点和历史地震史料分析邛海流域滑坡的长期活动性，需要选取典型滑坡进行钻孔取样，进行深入的试验和力学分析。

（2）近年来流域内人类活动频繁，致使植被覆盖变化明显，需要调查流域内人类分布、社会生产方式及对坡体扰动进行评价和分析，以便区分人类及地震活动各自对流域侵蚀淤积的贡献作用。

（3）滑坡失稳破坏临界加速度的确定借鉴于以往地震滑坡研究资料，需要进一步对邛海流域坡体进行调查评价和分析，以客观确定不同状态土体的临界加速度。

（4）计算得到远距离地震造成的坡体累积位移很小，其对坡体结构变形的影响大小、距离影响有效范围和雨水入渗的响应程度，以及变形位移的闭合和扩展时间等，需要采用室内模型和现场监测等进一步研究。

（5）在地震滑坡反演模型推演过程中，历史地震滑坡数据准确性和丰富程度有限，需要进一步完善数据并加以验证调整。

参 考 文 献

[1] 刘锋, 付碧宏, 杨顺虎. 龙门山地区类似 2008 年汶川大地震滑坡物质河流卸载时间的定量估算[J]. 地球物理学报, 2013, 56(5): 1517-1525.

[2] 殷跃平. 汶川八级地震滑坡特征分析[J]. 工程地质学报, 2009, 17(1): 29-38.

[3] 崔鹏, 庄建琦, 陈兴长, 等. 汶川地震区震后泥石流活动特征与防治对策[J]. 四川大学学报: 工程科学版, 2010, (5): 10-19.

[4] Mahdavifar M R, Solaymani S, Jafari M K. Landslides triggered by the Avaj, Iran earthquake of June 22, 2002[J]. Engineering Geology, 2006, 86(2): 166-182.

[5] Owen L A, Kamp U, Khattak G A, et al. Landslides triggered by the 8 October 2005 Kashmir earthquake[J]. Geomorphology, 2008, 94(1): 1-9.

[6] Xu C, Xu X, Yu G. Landslides triggered by slipping-fault-generated earthquake on a plateau: An example of the 14 April 2010, Ms 7.1, Yushu, China earthquake[J]. Landslides, 2013, 10(4): 421-431.

[7] Keefer D K. The importance of earthquake-induced landslides to long-term slope erosion and slope-failure hazards in seismically active regions[J]. Geomorphology, 1994, 10(1): 265-284.

[8] Dadson S J, Hovius N, Chen H, et al. Earthquake-triggered increase in sediment delivery from an active mountain belt[J]. Geology, 2004, 32(8): 733-736.

[9] Mathur L. Assam earthquake of 15th August 1950—a short note on factual observations[J]. MB Ramachandra Rao A Compilation of papers on the Assam Earthquake of August, 1953, 15(19): 56-60.

[10] Simonett D S. Landslide distribution and earthquakes in the Bewani and Torricelli Mountains, New Guinea[J]. Landform studies from Australia and New Guinea, 1967: 64-84.

[11] Yanites B J, Tucker G E, Mueller K J, et al. How rivers react to large earthquakes: Evidence from central Taiwan[J]. Geology, 2010, 38(7): 639-642.

[12] Fu B, Shi P, Guo H, et al. Surface deformation related to the 2008 Wenchuan earthquake, and mountain building of the Longmen Shan, eastern Tibetan Plateau[J]. Journal of Asian Earth Sciences, 2011, 40(4): 805-824.

[13] Huang R, Li W. Development and distribution of geohazards triggered by the 5.12 Wenchuan Earthquake in China[J]. Science in China Series E: Technological Sciences, 2009, 52(4): 810-819.

[14] Parker R N, Densmore A L, Rosser N J, et al. Mass wasting triggered by the 2008 Wenchuan earthquake is greater than orogenic growth[J]. Nature Geoscience, 2011, 4(7): 449-452.

[15] Ouimet W B. Landslides associated with the May 12, 2008 Wenchuan earthquake: Implications for the erosion and tectonic evolution of the Longmen Shan[J]. Tectonophysics, 2010, 491(1): 244-252.

[16] 崔鹏, 何思明, 王兆印, 等. 汶川地震次生山地灾害形成机理与风险控制[M]. 北京: 科学出版社, 2014: 50-150.

[17] Chen H, Hawkins A. Relationship between earthquake disturbance, tropical rainstorms and debris movement: An overview from Taiwan[J]. Bulletin of Engineering Geology and the Environment, 2009,

68(2): 161-186.

[18] Lin C W, Shieh C L, Yuan B D, et al. Impact of Chi-Chi earthquake on the occurrence of landslides and debris flows: example from the Chenyulan River watershed, Nantou, Taiwan[J]. Engineering Geology, 2004, 71(1): 49-61.

[19] 唐川, 梁京涛. 汶川震区北川 9.24 暴雨泥石流特征研究[J]. 工程地质学报, 2008, 16(6): 751-758.

[20] 游勇, 陈兴长, 柳金峰. 四川绵竹清平乡文家沟“8 • 13”特大泥石流灾害[J]. 灾害学, 2011, 26(4): 68-72.

[21] 方华. 汶川地震灾区震后泥石流起动临界阈值研究[D]. 中国科学院研究生院博士学位论文. 2012: 12-50.

[22] Cui P, Chen X Q, Zhu Y Y, et al. The Wenchuan earthquake(May 12, 2008), Sichuan province, China, and resulting geohazards[J]. Natural Hazards, 2011, 56(1): 19-36.

[23] 庄建琦. 汶川震后孕灾环境下泥石流形成机理实验研究[D]. 中国科学院研究生院博士学位论文. 2011: 20-50.

[24] Lin C W, Liu S H, Lee S, et al. Impacts of the Chi-Chi earthquake on subsequent rainfall induced landslides in central Taiwan[J]. Engineering Geology, 2006, 86(2): 87-101.

[25] 黄润秋. 汶川地震地质灾害后效应分析[J]. 工程地质学报, 2011, 19(2): 145-151.

[26] Nakamura H, Tsuchiya S, Inoue, et al. Sabo against earthquakes[J]. Kokon Shoin, Tokyo, Japan, 2000, 190-220.

[27] Bovis M J, Jakob M. The role of debris supply conditions in predicting debris flow activity[J]. Earth Surface Processes and Landforms, 1999, 24(11): 1039-1054.

[28] Koi T, Hotta N, Ishigaki I, et al. Prolonged impact of earthquake-induced landslides on sediment yield in a mountain watershed: The Tanzawa region, Japan[J]. Geomorphology, 2008, 101(4): 692-702.

[29] Inoue K. The Kanto Earthquake(1923)and sediment disasters[J]. The Earth Monthly, 2001, 23: 147-154.

[30] 李昭淑. 陕西省泥石流灾害与防治[M]. 西安: 西安地图出版社. 2002: 20-80.

[31] 刘传正, 苗天宝, 陈红旗, 等. 甘肃舟曲 2010 年 8 月 8 日特大山洪泥石流灾害的基本特征及成因[J]. 地质通报, 2011, 30(1): 141-150.

[32] Keefer D K. Landslides caused by earthquakes[J]. Geological Society of America Bulletin, 1984, 95(4): 406-421.

[33] Delgado J, Garrido J, López-Casado C, et al. On far field occurrence of seismically induced landslides[J]. Engineering Geology, 2011, 123(3): 204-213.

[34] Jibson R W, Harp E L. Extraordinary distance limits of landslides triggered by the 2011 Mineral, Virginia, earthquake[J]. Bulletin of the Seismological Society of America, 2012, 102(6): 2368-2377.

[35] 杨涛, 邓荣贵. 四川地区地震崩塌滑坡的基本特征及危险性分区[J]. 山地学报, 2002, 20(4): 456-460.

[36] 李树德, 任秀生, 岳升阳, 等. 地震滑坡研究[J]. 水土保持研究, 2001, 8(2): 24-25.

[37] Keefer D K, Wilson R. Predicting earthquake-induced landslides, with emphasis on arid and semi arid environments[J]. Landslides in a Semi-Arid Environment, 1989, 2: 118-149.

[38] 周本刚, 王裕明. 中国西南地区地震滑坡的基本特征[J]. 西北地震学报, 1994, 16(1): 95-103.

[39] 孙崇绍, 蔡红卫. 我国历史地震时滑坡崩塌的发育及分布特征[J]. 自然灾害学报, 1997, 6(1): 25-30.

[40] 许强. 汶川大地震诱发地质灾害主要类型与特征研究[J]. 地质灾害与环境保护, 2009, (2): 86-93.

[41] 孔纪名, 阿发友, 吴文平. 汶川地震滑坡类型及典型实例分析[J]. 水土保持学报, 2009, (6): 66-70.

[42] Liao H W, Lee C T. Landslides triggered bu the Chi-Chi earthquake, Asian association on remote sensing, Asian conference on remote sensing ACRS 2000.

[43] 李忠生. 国内外地震滑坡灾害研究综述[J]. 灾害学, 2004, 18(4): 64-70.

[44] Rodrıguez C, Bommer J, Chandler R. Earthquake-induced landslides: 1980–1997[J]. Soil Dynamics and Earthquake Engineering, 1999, 18(5): 325-346.

[45] Papadopoulos G A, Plessa A. Magnitude-distance relations for earthquake-induced landslides in Greece[J]. Engineering Geology, 2000, 58(3): 377-386.

[46] 李天池. 地震与滑坡的关系及地震滑坡预测的探讨. 滑坡文集, 第二集. 北京: 中国铁道出版社, 1979: 127-132.

[47] 辛鸿博, 王余庆. 岩土边坡地震崩滑及其初判准则[J]. 岩土工程学报, 1999, 21(5): 591-594.

[48] 许冲. 汶川地震滑坡详细编录及其与全球其他地震滑坡事件对比[J]. 科技导报, 2012, 30(25): 18-26.

[49] Richter C F. Elementary Seismology[M]. San Francisco: W H Freeman & Co(Sd), 1958: 100-150.

[50] Prestininzi A, Romeo R. Earthquake-induced ground failures in Italy[J]. Engineering Geology, 2000, 58(3): 387-397.

[51] Bozzano F, Mazzanti P, Prestininzi A, et al. Research and development of advanced technologies for landslide hazard analysis in Italy[J]. Landslides, 2010, 7(3): 381-385.

[52] 王雁林, 赵法锁, 郝俊卿. 汶川地震触发陕西省境内地质灾害灾险情特征[J]. 工程地质学报, 2011, 19(001): 52-58.

[53] 康来迅, 邹谨敞. 昌马断裂带地震滑坡的基本特征[J]. 华南地震, 1995, 15(1): 49-54.

[54] 梁庆国, 韩文峰. 强震区岩体地震动力破坏特征[J]. 西北地震学报, 2009, 31(1): 15-20.

[55] 李雪峰, 韩文峰, 谌文武. 大柳树坝址松动岩体波速特征研究[J]. 岩石力学与工程学报, 2006, 25(3): 596-600.

[56] 杜榕桓, 朱笔, 丁一汇. 山地灾害发展趋势预测[M]. 北京: 科学出版社, 2002: 50-120.

[57] 朱海之, 王克鲁, 赵其强. 从昭通地震破坏看山区地面破坏特点[J]. 地质科学, 1975, 8(3): 230-241.

[58] 编纂组, 江苏省地震局. 中国地震科技文献题录大全[Z]. 北京: 地震出版社, 1988.

[59] 齐信, 唐川, 陈州丰, 等. 汶川地震强震区地震诱发滑坡与后期降雨诱发滑坡控制因子耦合分析[J]. 工程地质学报, 2012, 20(4): 522-531.

[60] 唐永仪. 新构造运动在陇南滑坡泥石流形成中的作用[J]. 兰州大学学报(自然科学版), 1992, 23(4): 153-156.

[61] 许冲, 徐锡伟. 2008 年汶川地震导致的斜坡物质响应率及其空间分布规律分析[J]. 岩石力学与工程学报, 2013, (32): 3888-3908.

[62] Chigira M, Yagi H. Geological and geomorphological characteristics of landslides triggered by the 2004 Mid Niigta prefecture earthquake in Japan[J]. Engineering Geology, 2006, 82(4): 202-221.

[63] Hiroshi P S, Hiroyuki H, Fujiwara S, et al. Interpretation of landslide distribution triggered by the 2005 Northern Pakistan earthquake using SPOT5imagery[J]. Landslides, 2007, 4(2): 113-122.

[64] 黄润秋, 李为乐. "5·12" 汶川大地震触发地质灾害的发育分布规律研究[J]. 岩石力学与工程学报, 2008, 27(12): 2585-2592.

[65] 许强, 李为乐. 汶川地震诱发大型滑坡分布规律研究[J]. 工程地质学报, 2010, 18(6): 818-826.

[66] 吴树仁, 石菊松, 姚鑫, 等. 四川汶川地震地质灾害活动强度分析评价[J]. 地质通报, 2009, 27(11): 1900-1906.

[67] 刘洪兵. 地震中地形放大效应的观测和研究进展[J]. 世界地震工程, 1999, 15(3): 20-25.

[68] Celebi M. Topographical and geological amplification: case studies and engineering implications[J]. Structural Safety, 1991, 10(1): 199-217.

[69] Hartzell S H, Carver D L, King K W. Initial investigation of site and topographic effects at Robinwood Ridge, California[J]. Bulletin of the Seismological Society of America, 1994, 84(5): 1336-1349.

[70] Hutchinson J. General report: morphological and geotechnical parameters of landslides in relation to geology and hydrogeology: Proc 5th International Symposium on Landslides, Lausanne, 10-15 July 1988V1, P3-35. Publ Rotterdam: AA Balkema, 1988. In, International Journal of Rock Mechanics and Mining Sciences & Geomechanics Abstracts: Pergamon, 1989: 88.

[71] 周维垣. 高等岩石力学[M]. 北京: 水利电力出版社, 1990: 50-100.

[72] 胡广韬, 张珂, 毛延龙. 滑坡动力学[M]. 北京: 地质出版社, 1995: 40-80.

[73] 张倬元, 王士天, 王兰生. 工程地质分析原理[M]. 地质出版社, 1994: 20-100.

[74] 毛彦龙, 胡广韬. 地震滑坡启程剧动的机理研究及离散元模拟[J]. 工程地质学报, 2001, 9(1): 74-80.

[75] 祁生文, 伍法权, 刘春玲, 等. 地震边坡稳定性的工程地质分析[J]. 岩石力学与工程学报, 2004, 23(16): 2792-2797.

[76] 黄润秋, 向喜琼, 巨能攀. 我国区域地质灾害评价的现状及问题[J]. 地质通报, 2004, 23(11): 22-26.

[77] Terzaghi K. Soil Mechanics in Engineering Practice[M]. New York: John Wiley & Sons, 1996.

[78] Seed H B. The fourth Terzaghi lecture: Landslides during earthquakes due to liquefaction[J]. Journal of the Soil Mechanics and Foundations Division, 1968, 94(5): 1053-1122.

[79] 丁彦慧, 王余庆, 孙进忠. 地震崩滑与地震参数的关系及其在边坡震害预测中的应用[J]. 地球物理学报, 1999, 42(1): 101-107.

[80] 王涛, 吴树仁, 石菊松, 等. 基于简化 Newmark 位移模型的区域地震滑坡危险性快速评估—以汶川 M8.0 级地震为例[J]. 工程地质学报, 2013, 21(1): 16-24.

[81] Amin M M. Effects of earthquakes on dams and embankments[J]. Geotechnique, 1965, 15(2): 139-160.

[82] Wieczorek G F, Wilson R C, Harp E L. Map showing slope stability during earthquakes in San Mateo County, California[M]. Department of the Interior, US Geological Survey, 1985: 30-70.

[83] Jibson R W, Keefer D K. Analysis of the seismic origin of landslides: Examples from the New Madrid seismic zone[J]. Geological Society of America Bulletin, 1993, 105(4): 521-536.

[84] Gundall P A. A Computer Model for Simulating Progressive, Large-scale Movement in Blocky Rock Systems,Symp.of I.S.R.M.,1971.

[85] Ambraseys N, Menu J. Earthquake induced ground displacements[J]. Earthquake Engineering & Structural Dynamics, 1988, 16(7): 985-1006.

[86] Jibson R W. Predicting earthquake-induced landslide displacements using Newmark's sliding block analysis[J]. Transportation Research Record, 1993, 9:9.

[87] Romeo R. Seismically induced landslide displacements: A predictive model[J]. Engineering Geology, 2000, 58(3): 337-351.

[88] Jibson R W, Harp E L, Michael J. A method for producing digital probabilistic seismic landslide hazard

maps[J]. Engineering Geology, 2000, 58(3): 271-289.

[89] 王秀英, 聂高众, 王登伟. 利用强震记录分析汶川地震诱发滑坡[J]. 岩石力学与工程学报, 2009, 28(11): 2369-2376.

[90] 颜照坤, 李勇, 黄润秋, 等. 汶川地震对龙门山地区平通河河流系统沉积物输移的影响[J]. 自然杂志, 2011, 33(6): 337-340.

[91] Korup O. Large landslides and their effect on sediment flux in South Westland, New Zealand[J]. Earth Surface Processes and Landforms, 2005, 30(3): 305-323.

[92] Pierson T C. Initiation and flow behavior of the 1980 Pine Creek and Muddy river lahars, Mount St. Helens, Washington[J]. Geological Society of America Bulletin, 1985, 96(8): 1056-1069.

[93] Shieh C L, Chen Y, Tsai Y, et al. Variability in rainfall threshold for debris flow after the Chi-Chi earthquake in central Taiwan, China[J]. International Journal of Sediment Research, 2009, 24(2): 177-188.

[94] 刘采彦. 试论地震在泥石流活动中的作用[J]. 山西建筑, 2003, 29(7): 40-41.

[95] 朱平一, 何子文, 汪阳春, 等. 川藏公路典型山地灾害研究[M]. 成都: 成都科技大学出版社, 1999: 45-70.

[96] Chen N, Hu G, Deng M, et al. Impact of earthquake on debris flows—a case study on the wenchuan earthquake[J]. Journal of Earthquake and Tsunami, 2011, 5(05): 493-508.

[97] 唐川, 铁永波. 汶川震区北川县城魏家沟暴雨泥石流灾害调查分析[J]. 山地学报, 2009(5): 625-630.

[98] 胡凯衡, 崔鹏, 游勇, 等. 物源条件对震后泥石流发展影响的初步分析[J]. 中国地质灾害与防治学报, 2011, 22(1): 1-6.

[99] 邓太平. “5.12” 地震前后龙池地区泥石流发育特征及防治对策研究[D]. 成都理工大学硕士论文. 2011: 20-50.

[100] 甘遐荣, 林向, 何国涛. 四川西昌附近地震危险性初探[J]. 地震研究, 1982, 2(5): 179-189.

[101] 四川省西昌市志编纂委员会. 西昌市志[Z]. 成都: 四川人民出版社, 1996.

[102] Ren Z, Lin A, Rao G. Late Pleistocene Holocene activity of the Zemuhe Fault on the southeastern margin of the Tibetan Plateau[J]. Tectonophysics, 2010, 495(3): 324-336.

[103] 袁国林, 李昌侯, 米鸿雁, 等. 邛海湖盆形态研究[J]. 海洋湖沼通报, 2006(2): 18-22.

[104] 朱皆佐, 江在雄. 松潘地震[M]. 北京: 地震出版社, 1978: 72-102.

[105] 闻学泽. 西昌的第四纪构造运动与邛海盆地的形成[J]. 四川地震, 1982, 2: 32-36.

[106] He H, Oguchi T. Late Quaternary activity of the Zemuhe and Xiaojiang faults in southwest China from geomorphological mapping[J]. Geomorphology, 2008, 96(1): 62-85.

[107] Jibson R W. Use of landslides for paleoseismic analysis[J]. Engineering Geology, 1996, 43(4): 291-323.

[108] 王绍武, 黄建斌, 闻新宇, 等. 全新世中国夏季降水量变化的两种模态[J]. 第四纪研究, 2009, 29(6): 1086-1094.

[109] 张振克, 吴瑞金, 沈吉, 等. 近 1800 年来云南洱海流域气候变化与人类活动的湖泊沉积记录[J]. 湖泊科学, 2000, 12(4): 297-303.

[110] 黄润秋. 汶川地震地质灾害研究[M]. 北京: 科学出版社, 2009: 78-202.

[111] 姚令侃, 邱燕玲, 魏永幸. 青藏高原东缘进藏高等级道路面临的挑战[J]. 西南交通大学学报, 2012, (5): 719-734

[112] Qi S, Xu Q, Lan H, et al. Spatial distribution analysis of landslides triggered by 2008. 5. 12 Wenchuan

Earthquake, China[J]. Engineering Geology, 2010, 116(1): 95-108.

[113] Huang R, Fan X. The landslide story[J]. Nature Geoscience, 2013, 6(5): 325-326.

[114] Keefer D K. Landslides caused by earthquakes[J]. Geological Society of America Bulletin, 1984, 95(4): 406-421.

[115] 柴宗新，范建容. 金沙江下游侵蚀强烈原因探讨[J]. 水土保持学报, 2001, 15(5): 14-17.

[116] Dai F, Lee C. Frequency-volume relation and prediction of rainfall-induced landslides[J]. Engineering Geology, 2001, 59(3): 253-266.

[117] Keefer D K. Statistical analysis of an earthquake-induced landslide distribution—the 1989 Loma Prieta, California event[J]. Engineering Geology, 2000, 58(3): 231-249.

[118] 李焯芬，王可钧. 高水平地应力对岩石工程的影响[J]. 岩石力学与工程学报, 1996, 15(1): 26-31.

[119] 闻学泽. 则木河断裂的第四纪构造活动模式[J]. 地震研究, 1983, 6(1): 41-50.

[120] 陈洪凯，艾南山. 三峡库区的新构造应力场及其对库岸滑坡滑动优势方向的影响[J]. 地理研究, 1997, 16(4): 15-22.

[121] 邓起东. 中国几条活动断裂的运动机制，滑动速率和地震重复性的研究概述[J]. 国际地震动态, 1984, 3: 5-8.

[122] 乔建平，蒲晓虹. 川滇地震滑坡分布规律探讨[J]. 地震研究, 1992, 15(4): 411-417.

[123] 任金卫. 则木河断裂晚第四纪位移及滑动速率[J]. 地震地质. 1994, 16(2): 146.

[124] Montgomery D R, Brandon M T. Topographic controls on erosion rates in tectonically active mountain ranges[J]. Earth and Planetary Science Letters, 2002, 201(3): 481-489.

[125] 闻学泽，范军，易桂喜，等. 川西安宁河断裂上的地震空区[J]. 中国科学(D 辑), 2009, 38(7): 797-807.

[126] 王来贵，章梦涛，王泳嘉，等. 基岩振动干扰下的动力滑坡机制研究[J]. 工程地质学报，1997, 5(2): 137-142.

[127] Guy Lefebvre, Denis Leboeuf,Pierre Hornych, Luc Tanguay. Slope failures associated with the 1988 Saguenay earthquake, Quebec, Canada[J]. NRC Research Press Ottawa, Canada, 1992, 29(1).

[128] Wick E, Baumann V, Jaboyedoff M. Brief communication “Report on the impact of the 27 February 2010 earthquake (Chile, M w 8.8) on rockfalls in the Las Cuevas valley, Argentina”[J]. Copernicus GmbH, 2010, 10(119).

[129] Borcherdt R D. Effects of local geology on ground motion near San Francisco Bay[J]. Bulletin of the Seismological Society of America, 1970, 60(1): 29-61.

[130] Zhang Y, Qiao H, et al. Attenuation characteristics of the media in Sichuan Basin Region[J]. Journal of Seismological Research, 2007, 1: 43-48.

[131] 王海云. 渭河盆地中土层场地对地震动的放大作用[J]. 地球物理学报, 2011, 54(001): 137-150.

[132] 胡幸贤. 地震工程学[M]. 北京：地震出版社, 1988: 50-155.

[133] 王秀英，聂高众，王登伟. 汶川地震诱发滑坡与地震动峰值加速度对应关系研究[J]. 岩石力学与工程学报, 2010, 29(1): 82-89.

[134] 徐扬，罗词建，李小军，刘艳春，苏宗正，舒优良. 汶川 8.0 级地震陕西省数字强震动记录分析[J]. 震灾防御技术, 2009, 4(04): 363-372.

[135] 王海云. 渭河盆地中土层场地对地震动的放大作用[J]. 地球物理学报, 2011, 54(01): 137-150.

[136] 胡孟春. 渭河盆地的地质构造与构造地貌类型[J]. 地理研究, 1989(04): 56-64.

[137] 郭良迁, 占伟, 杨国华, 薄万举. 山西断陷带的近期位移和应变率特征[J]. 大地测量与地球动力学, 2010, 30(04): 36-42.

[138] 刘瑞春, 李自红, 赵文星, 张淑亮. 汶川 M8.0 地震前后山西地震带水平形变场变化特征研究[J]. 地震工程学报, 2014, 36(03): 634-638.

[139] 马保起, 曹代勇, 关英斌, 张杰林. 阳曲断陷的新构造特征及形成演化[J]. 地壳构造与地壳应力文集, 1996(S1): 119-125.

[140] 李青梅, 李惠智. 宁夏数字强震动台网记录的汶川 8.0 级地震加速度资料分析[J]. 高原地震, 2011, 23(02): 40-43.

[141] Wilson R C, Keefer D K. Dynamic analysis of a slope failure from the 6 August 1979 Coyote Lake, California, earthquake[J]. Bulletin of the Seismological Society of America, 1983, 73(3): 863-877.

[142] 编辑组. 四川地震资料汇编(第一卷)[Z]. 成都: 四川人民出版社, 1980.

[143] Wilson R C, Keefer D K. Predicting areal limits of earthquake-induced landsliding[J]. Geological Survey Professional Paper, 1985, 1360: 317-345.

[144] Seed H B, Idriss I M. Simplified procedure for evaluating soil liquefaction potential[J]. Journal of the Soil Mechanics and Foundations Division, 1971, 97(9): 1249-1273.

[145] 陈晓清, 崔鹏, 冯自立, 等. 滑坡转化泥石流起动的人工降雨试验研究[J]. 岩石力学与工程学报, 2006, 25(1): 106-116.

[146] 矫滨田, 鲁晓兵, 王淑云, 等. 土体降雨滑坡中细颗粒运移及效应[J]. 地下空间与工程学报, 2005, 1(7): 1014-1016.

[147] Tecca P R, Genevois R. Field observations of the June 30, 2001 debris flow at Acquabona(Dolomites, Italy)[J]. Landslides, 2009, 6(1): 39-45.

[148] Cui P, Yang K, Chen J. Relationship between occurrence of debris flow and antecedent precipitation: Taking the Jiangjia gully as an example[J]. Science of Soil and Water Consevation, 2003, 1(1): 11-15.

[149] Wei X L, Qi Y L, Cheng Q G, et al. Study on the effect of debris flows from Guanba River on Qiong Lake, Sichuan, China[J]. Advanced Materials Research, 2012, 599: 709-715.

[150] 余斌, 章书成, 王士革. 四川西昌邛海的浊流沉积初探[J]. 沉积学报, 2006, 23(4): 559-565.

[151] 殷跃平. 汶川八级地震地质灾害研究[J]. 工程地质学报, 2008, 16(4): 433-444.

[152] Dai F, Xu C, Yao X, et al. Spatial distribution of landslides triggered by the 2008 M8. 0 Wenchuan earthquake, China[J]. Journal of Asian Earth Sciences, 2011, 40(4): 883-895.

[153] Gorum T, Fan X, van Westen C J, et al. Distribution pattern of earthquake-induced landslides triggered by the 12 May 2008 Wenchuan earthquake[J]. Geomorphology, 2011, 133(3): 152-167.

[154] 许冲, 戴福初, 陈剑, 等. 汶川 M_S8. 0 地震重灾区次生地质灾害遥感精细解译[J]. 遥感学报, 2009(4): 745-762.

[155] Malamud B D, Turcotte D L, Guzzetti F, et al. Landslides, earthquakes, and erosion[J]. Earth and Planetary Science Letters, 2004, 229(1): 45-59.

[156] Malamud B D, Turcotte D, Guzzetti F, et al. Landslide inventories and their statistical properties[J]. Earth Surface Processes and Landforms, 2004, 29(6): 687-711.

[157] 胡元鑫, 刘新荣, 蒋洋等. 非完整滑坡编目三参数反 Gamma 概率分布模型[J]. 中南大学学报(自然科学版), 2011, 42(10): 3176-3181.

[158] Van Den Eeckhaut M, Poesen J, Govers G, et al. Characteristics of the size distribution of recent and historical landslides in a populated hilly region[J]. Earth and Planetary Science Letters, 2007, 256(3): 588-603.

[159] Stark C P, Hovius N. The characterization of landslide size distributions[J]. Geophysical Research Letters, 2001, 28(6): 1091-1094.

[160] Hovius N, Stark C P, Allen P. Sediment flux from a mountain belt derived by landslide mapping[J]. Geology, 1997, 25(3): 231-234.

[161] Bommer J J, Rodríguez C E. Earthquake-induced landslides in Central America[J]. Engineering Geology, 2002, 63(3): 189-220.

[162] 李智广, 曾红娟. 汶川地震受灾严重区域崩塌与滑坡体空间分布研究[J]. 中国水土保持科学, 2009, 7(4): 14-19.

[163] Burbank D. Rates of erosion and their implications for exhumation[J]. Mineralogical Magazine, 2002, 66(1): 25-52.

[164] 邓虎. 邛海流域泥沙淤积特征、成因及发展趋势分析[D]. 成都理工大学硕士论文. 2012: 50-95.

[165] 中国科学院水利部成都山地灾害与环境研究所. 邛海流域官坝河山洪泥石流防治工程勘查报告[R]. 四川, 2010.

[166] 王国芝, 王成善. 滇西高原第四纪以来的隆升和剥蚀[J]. 海洋地质与第四纪地质, 1999, 19(4): 67-74.

[167] 陈宁生. 官坝河山洪泥石流勘察与泥沙淤积邛海治理规划方案设计[R]. 中科院成都山地所. 2010.

[168] Robert Bierman P, Nichols K K. Rock to sediment-slope to sea with 10Be-rates of landscape change[J]. Annu Rev Earth Planet Sci, 2004, 32: 215-255.

[169] Kong P, Na C, Fink D, et al. Erosion in northwest Tibet from in - situ - produced cosmogenic 10Be and 26Al in bedrock[J]. Earth Surface Processes and Landforms, 2007, 32(1): 116-125.

[170] Burbank D, Blythe A, Putkonen J, et al. Decoupling of erosion and precipitation in the Himalayas[J]. Nature, 2003, 426(6967): 652-655.

[171] Nakayama M, Nakasuji A. On the sediment discharge of West-Tanzawa area, Kangawa Prefecture, caused by heavy rain in July, 1972[J]. Journal of the Japan Society of Erosion Control Engineering, 1974, 90: 28-36.

[172] Ohmori H, Sugai T. Toward geomorphometric models for estimating landslide dynamics and forecasting landslide occurrence in Japanese mountains[J]. Zeitschrift Fur Geomorphologie Supplementband, 1995: 149-164.

[173] Mikoš M, Fazarinc R, Ribičič M. Sediment production and delivery from recent large landslides and earthquake-induced rock falls in the Upper Soča River Valley, Slovenia[J]. Engineering Geology, 2006, 86(2): 198-210.

[174] Glade T. Landslide occurrence as a response to land use change: a review of evidence from New Zealand[J]. Catena, 2003, 51(3): 297-314.

[175] 唐荣昌, 黄祖智, 伍先国, 等. 则木河断裂全新世以来的新活动与地震[J]. 中国地震, 1986, 2(4): 82-88.

[176] Chen N S, Chen M L, Li J, et al. Effects of human activity on erosion, sedimentation and debris flow activity-A case study of the Qionghai Lake watershed, southeastern Tibetan Plateau, China[J]. Holocene,

2015, 25(6): 973-988.

[177] 云南省环境科学研究院. 邛海流域环境规划总报告[R]. 云南, 2004.

[178] 何杰, 邓虎, 胡桂胜. 邛海山洪泥石流淤积特征与趋势分析[J]. 成都理工大学学报(自然科学版), 2012, 39(3): 317-322.

[179] 余斌, 王士革, 章书成, 等. 鹅掌河泥石流对四川邛海影响的初步研究. 湖泊科学, 2006, 18: 57-62.

主要变量符号

变量	符号意义	公式
S	滑坡区域面积（km^2）	（1-1）
R	滑坡距离震中最远距离（km）	（1-2）
f/T	频率（Hz）或周期（s）	（4-1）
v	地震波剪切波速（m/s）	（4-1）
H	土层厚度（m）	（4-1）
$Q_{ij}(r,f)$	第 i 个台站记录的第 j 次地震的地震动傅氏谱	（4-2）
$E_j(f)$	第 j 次地震震源效应	（4-2）
$P_{ij}(r,f)$	第 i 个台站记录的第 j 次地震的路径效应	（4-2）
$S_i(f)$	第 i 个台站场地效应	（4-2）
r	某台站的震源距离（km）	（4-2）
R_{ij}	第 i 个台站第 j 次地震的震源距（km）	（4-3）
$Q(f)$	品质系数	（4-4）
D	Newmark 位移量（cm）	（4-6）
$a(t)$	地震加速度记录时程数据	（4-6）
A_c	临界加速的值（cm/s^2）	（4-6）
$p(A_L)$	滑坡面积概率密度（个/km^2）	（5-1）
$f(A_L)$	滑坡面积频率密度（个/km^2）	（5-1）
N_{LT}	滑坡总数量（个）	（5-1）
δN_L	介于滑坡面积 A_L 和 $A_L+\delta A_L$ 之间的滑坡数量（个）	（5-1）
δA_L	滑坡面积增量（km^2）	（5-1）
$\Gamma(\xi)$	伽马函数，$\Gamma(\xi)=\int_0^\infty y^{\xi-1}\exp(-y)\mathrm{d}y,\xi>0$	（5-3）
$\Gamma(\xi,\eta)$	不完全伽马函数，$\Gamma(\xi,\eta)=\int_\eta^\infty y^{\xi-1}\exp(-y)\mathrm{d}y,\xi>0$	（5-6）
ρ	在三参数反伽马概率分布中主要控制中大滑坡面积幂律衰减幅度参数值	（5-3）
a	在三参数反伽马概率分布中主要控制最大滑坡面积概率密度出现位置的参数值（km^2）	（5-3）
s	在三参数反伽马概率分布中主要控制小面积滑坡分布的指数翻转形式（km^2）	（5-3）
A_L	滑坡面积（km^2）	（5-3）

续表

变量	符号意义	公式
$\overline{A}_{L}$	滑坡平均面积（km^2）	（5-11）
$A_{L\max}$	最大滑坡面积（km^2）	（5-25）
A_{LT}	滑坡总面积	（5-16）
m_{L}	滑坡能级	（5-31）
V_{L}	滑坡体积（km^3）	（5-19）
$\overline{V}_{L}$	滑坡平均体积（km^3）	（5-20）
V_{LT}	滑坡总体积（km^3）	（5-33）
$V_{L\max}$	最大滑坡体积（km^3）	（5-27）
$N_{LC}(\geqslant A_{L})$	大于或等于面积 A_{L} 的累积滑坡数量（个）	（5-24）
t_{L}	为历史上能激发等量滑坡的大地震重复周期（年）	（5-40）
A_{R}	为地震滑坡密集影响区域的面积（km^2）	（5-40）
h_{L}	区域侵蚀速率（mm/a）	（5-40）